零基础学电工电路：
识图、安装与维修

韩雪涛　主　编
吴　瑛　韩广兴　副主编

U0378401

机械工业出版社

本书以市场需求为导向，根据国家相关职业资格标准安排电工电路识图及维修技能的学习内容，结合电工行业的培训特色和读者学习习惯，将电工电路识图、安装维修的知识和相关技能分成 17 章，内容包括电工识图基础、基本元器件的识读、基础电子电路的识读、实用单元电路的识读、电工电路的控制关系、电气线路的敷设、电气线路的接线与安装、电动机常用控制电路及接线、PLC 常用控制电路及接线、变频器常用控制电路及接线、配电线路布线与安装、照明线路布线与安装、智能家居系统的安装、配电及照明线路的检修调试、空调器电路维修、电动自行车维修、工业及农机设备维修。

本书采用微视频讲解互动的全新教学模式。本书在重要的知识点或技能环节附印有二维码，读者扫描书中的二维码，就可以在手机上观看相应知识技能的视频演示，与图书中的内容形成互补，从而达到最佳的学习效果。

本书主要面向电工在岗从业人员及待岗求职人员，也可供职业院校、培训学校及相关培训机构的师生和广大电工电子爱好者学习使用。

图书在版编目（CIP）数据

零基础学电工电路：识图、安装与维修/韩雪涛主编．—北京：机械工业出版社，2019.3（2025.2 重印）
ISBN 978-7-111-62127-0

Ⅰ．①零⋯　Ⅱ．①韩⋯　Ⅲ．①电工－基本知识②电路－基本知识
Ⅳ．①TM

中国版本图书馆 CIP 数据核字（2019）第 037055 号

机械工业出版社（北京市百万庄大街 22 号　邮政编码 100037）
策划编辑：任　鑫　责任编辑：任　鑫
责任校对：刘雅娜　封面设计：马精明
责任印制：单爱军
北京虎彩文化传播有限公司印刷
2025 年 2 月第 1 版第 5 次印刷
184mm×260mm · 22 印张 · 658 千字
标准书号：ISBN 978-7-111-62127-0
定价：79.00 元

凡购本书，如有缺页、倒页、脱页，由本社发行部调换

电话服务　　　　　　　　　　网络服务
服务咨询热线：010-88361066　　机 工 官 网：www.cmpbook.com
读者购书热线：010-68326294　　机 工 官 博：weibo.com/cmp1952
　　　　　　　　　　　　　　　金 书 网：www.golden-book.com
封面无防伪标均为盗版　　　教育服务网：www.cmpedu.com

电工电路是从事电工电子相关行业的基础，与应用技能联系紧密，具有内容涉及面广、实践性强的特点。尤其是近些年，随着城镇电气化水平的不断提高，电工电路的识读、安装与维修已经成为电工从业人员必须具备的专业技能，贯穿了电工从业领域的各个环节。如何能够在短时间内厘清电工电路知识，掌握实用的电路安装、维修技能已成为电工从业人员需面临的重要课题。

为解决这一问题，我们特组织编写了本书。本书以岗位就业为目标，所针对的读者对象为广大电工电子初级学习者，主要目的是帮助学习者完成对各类电工电路识读、安装与维修的专业技能培训。

为了能够编写好本书，我们依托数码维修工程师鉴定指导中心进行了大量的市场调研和资料汇总，从电工相关岗位的需求角度出发，对所涉及的电工电路专业知识和应用技能进行了系统的整理，并结合岗位培训特点，制定了全新的电工电路识读、安装与维修的培训内容，以适应相关的岗位需求。

需要特别提醒广大读者注意的是，为尽量与广大读者的从业习惯一致，本书所用的部分专业术语和图形符号，并没有严格按照国家标准进行统一改动，而是尽量采用行业内的通用习惯。

本书力求打造电工领域的"全新"教授模式，无论是在编写初衷、内容编排，还是表现形式、后期服务上，本书都进行了大胆的调整，**内容超丰富、特色超鲜明**。

在层次定位上——【明确】

从市场定位上，本书以国家职业资格为标准，以岗位就业为目的，定位在从事和希望从事电工行业的初级读者。从零基础出发，通过本书的学习实现从零基础到全精通的"飞跃"。

在涉及内容上——【全面】

本书内容全面，章节安排充分考虑本行业读者的特点和学习习惯，在知识的架构设计上按照循序渐进、由浅入深的原则进行，结合岗位就业培训的特色，明确从业范围，明确从业目标，明确岗位需求，明确学习目的。不再单一地对电工电路进行逐一拆分讲解，而是要让一本书尽量涵盖电工电路从识读到操作的所有知识点，争取提供一站式的解决方案。

在表现形式上——【新颖】

本书充分发挥"全图解"的特色。采用双色印刷方式，运用大量的实物图、效果图、电路图及实操演示图等辅助手段对知识技能进行讲解，使图书阅读起来十分顺畅，可节省学习时间、提升学习效率，获得最佳的学习效果。

哪怕对电工技术一无所知，只要从前向后阅读本书，不但能轻松快速入门，而且能迅速提高自己的电工技术水平。

在后期服务上——【超值】

本书的编写得到了数码维修工程师鉴定指导中心的大力支持，为读者在学习过程中和以后的技能进阶方面提供全方位立体化的配套服务。读者在学习和工作过程中有什么问题，可登录数码维修工程师鉴定指导中心官方网站（www. chinadse. org）获得超值技术服务。

另外，本书将数字媒体与传统纸质载体完美结合，读者可以通过手机扫描书中的二维码，即可打开相应知识点的动态视频学习资源，教学内容与图书中的图文资源相互衔接，确保读者在短时间内获得最佳的学习效果。这也是图书内容的"延伸"。

本书由韩雪涛担任主编，吴瑛、韩广兴担任副主编，参加编写的人员还有张丽梅、张湘萍、马梦霞、韩雪冬、朱勇、吴玮、宋明芳、唐秀鸯、周文静、吴鹏飞。

读者可以通过以下方式与我们联系。

数码维修工程师鉴定指导中心
网址：http://www. chinadse. org
电话：022-83718162、83715667，13114807267
地址：天津市南开区榕苑路 4 号天发科技园 8-1-401
邮编：300384

编　者

关于多功能隔色板的使用说明

为了让您更好地掌握本书中所讲解的知识、技能，实现不断复习、加深理解，进而达到完全掌握的学习目标，我们在书中特别赠送了多功能隔色板。

多功能隔色板的使用方法如下：

1. 您在阅读本书时可以发现，书中对于重点知识点、重点参数、重要技能等都进行了变色显示，阅读时要特别引起注意。

2. 在阅读完相关知识点后，您可将多功能隔色板置于之前阅读的页面上，透过隔色板，可发现之前做了重点标识的文字都消失了，而其他文字仍保留。您在此时可进行自我检测。

3. 检测完毕，移开多功能隔色板，对自己的答案进行核对，查缺补漏。

4. 逐页学习，反复核对，配合相关学习视频，实现技能飞跃。

值得一提的是，多功能隔色板不仅可以用于复习所学知识，还可作为书签方便您进行断点阅读哦！

视频二维码清单

目 录

安装接线篇

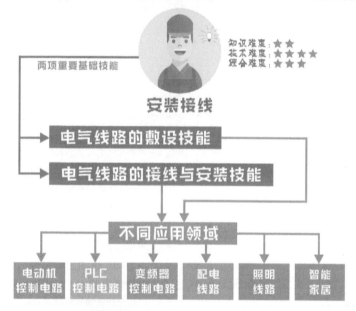

知识难度：★★
技术难度：★★★★
综合难度：★★★

安装接线

两项重要基础技能

电气线路的敷设技能

电气线路的接线与安装技能

不同应用领域

电动机控制电路　PLC控制电路　变频器控制电路　配电线路　照明线路　智能家居

安装接线篇

安装接线篇

应用维修篇

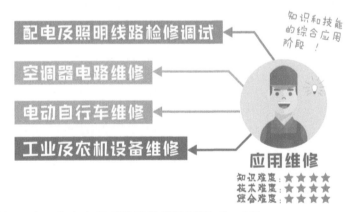

配电及照明线路检修调试

空调器电路维修

电动自行车维修

工业及农机设备维修

知识和技能的综合应用阶段！

应用维修
知识难度：★★★★★
技术难度：★★★★★
综合难度：★★★★★

第14章 配电及照明线路的检修调试 \\ 245

识图篇

第1章 电工识图基础

1.1 电工图的分类

1.1.1 电工接线图

电工接线图也称为电工系统图，是一种采用图形符号、线条、文字标注等元素组成的电路结构，主要用来表现某个单元或整个系统的基本组成、供电方式以及连接关系的电路图。图1-1为典型电动机点动控制电路的电工接线图。

图1-1 典型电动机点动控制电路的电工接线图

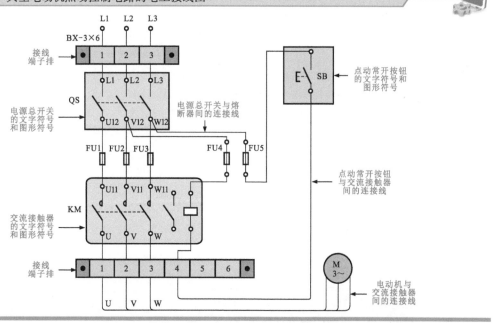

从图中可看出，该电工接线图体现了电动机点动控制系统中所使用的基本电气部件以及各电气部件间的实际连接关系和接线位置，其具体功能及特点如下：

◆ 接线图中包含了整个系统中所应用到的电气部件，并通过国家统一规定的图形符号及文字进行标识。

◆ 接线图中各电气部件的连接关系即为系统中物理部件的实际连接关系。

◆ 接线图中示出了整个系统的结构、组成。

| 提示说明 |

除了上述类型的电工接线图外，在一些家庭、企业供配电系统中，也常采用电工接线图的形式标识供配电系统的结构组成、连接关系、供电方式以及各电气部件的规格型号等，可帮助电工合理的选用电气部件并进行正确的连接，图1-2为典型供配电系统的电工接线图。

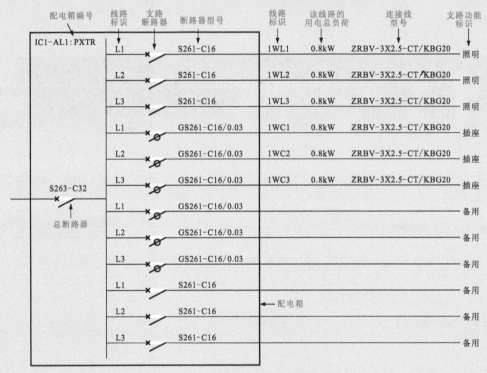

图1-2 典型供配电系统的电工接线图

从该供配电系统的电工接线图可看出，电压经总断路器（S263-C32）分为12条支路，分别为照明支路、插座支路和备用支路，照明支路选用不带漏电保护的断路器（S261-C16），插座支路选用带有漏电保护的断路器（GS261-C16/0.03），备用支路选用不带漏电保护的断路器（S261-C16）和带有漏电保护的断路器（GS261-C16/0.03）。除此之外，图中还标识出了连接线的型号为 ZRBV-3X2.5-CT/KBG20 以及各支路的用电总负荷均为 0.8kW。

电工接线图主要应用于电工的安装接线、线路检查、线路维修和故障处理等场合。如进行电工的安装接线时，可根据电工接线图的接线方式对其安装部件进行正确的安装连接；进行故障处理时若发现线路中有损坏的电气部件，可根据电工接线图中标识的电气部件的规格型号进行选用，然后进行代换。

1.1.2 电工原理图

电工原理图也称为电工电路图，也是一种采用图形符号、线条、文字标注等元素组成的电路结构，主要用来表现某个设备或系统的基本组成、连接关系以及工作原理的电路图。图1-3为典型电动机点动控制的电工原理图。

从图中可看出，电工原理图的特点是使用文字符号和图形符号来体现系统中所使用的基本电气部件，并使用规则的导线进行连接。其具体功能及特点如下：

◆ 原理图中展示出了整个系统的结构、组成。

◆ 原理图中各电气部件均采用国家统一规定的图形符号及文字进行标示。

◆ 原理图中同一个电气部件的不同部分可画在不同的电路中，如交流接触器 KM 的线圈被画在控制电路中；而常开主触点则被画在主电路中。

◆ 原理图中的图形符号的位置并不代表电气部件实际的物理位置。

◆ 原理图中示出了整个系统的工作原理。

图1-3 典型电动机点动控制的电工原理图

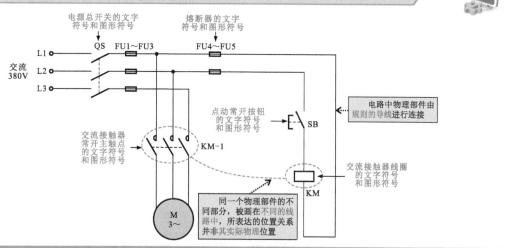

3

| 提示说明 |

除了上述类型的电工原理图外，在一些其他的电工原理图中不仅包含了许多电气部件，还包含了电子电路中的许多电子元器件，如图1-4所示。

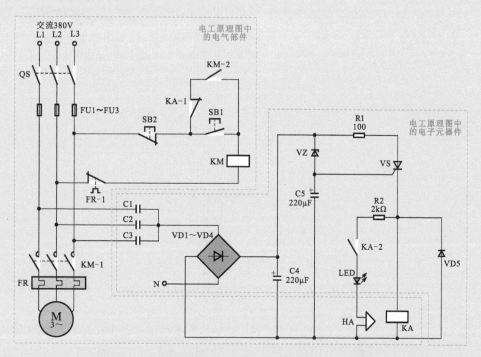

图1-4 典型电气部件与电子元器件构成的电工原理图

电工原理图主要应用于电气设备的安装接线、调试、检修等工作中，用于帮助电工了解电气控制线路的组成、电路关系以及电气设备的工作过程，使电工在电气安装接线、调试和维修中能够快速、准确地进行操作。如测试系统出现故障时，应根据电工原理图的工作过程，分析可能产生故障的部位，然后依次对其可能产生故障的元器件进行检测。

1.1.3　电工概略图

电工概略图也称为电工系统图或框图，是一种采用矩形、正方形、图形符号、文字符号、线条和箭头等元素概略地反映某一系统、某一设备或某一系统中分系统的基本组成以及它们在电气性能方面所起的基本作用、顺序关系、供电方式和电能输送关系的电路。图1-5为典型车间供配电线路的电工概略图。

图1-5　典型车间供配电线路的电工概略图

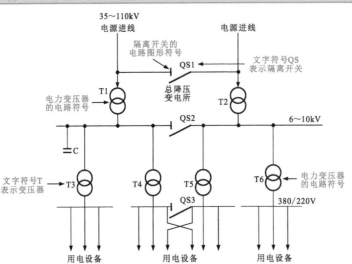

| 提示说明 |

由于电工概略图是用于体现"组成"和"关系"的一种电路表达方式，因此很多时候其基本的组成元素也采用简单的画法，有部分导线中画有短画线，用于表示该部分导线的数量，如图1-6所示。

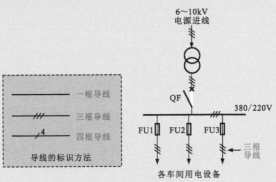

图1-6　电工概略图中导线的简单画法

从图可看出，电工概略图的特点是使用文字标识和图形符号来体现系统中所使用的基本电气部件，并使用规则的导线进行连接，通过箭头方向指示供电对象。

该类型的电路主要应用于电力系统的调试和检修中，用于帮助电工了解电力系统的组成、电路关系以及电力系统的工作过程。

1.1.4　电工施工图

电工施工图是一种采用示意图及文字标识的方法反映电气部件的具体安装位置、线路的分配、走向、敷设、施工方案以及线路连接关系等的电路结构，主要用来表示某一系统中电气部件的安装位置、线路分配及走向等。图1-7为典型室内的电工施工图。

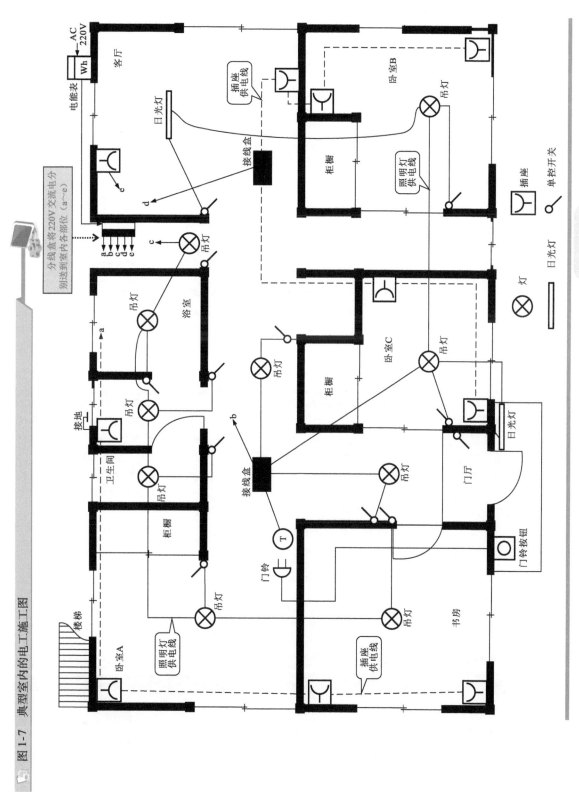

图 1-7 典型室内的电工施工图

从图中可看出，电工施工图的特点是使用示意图表示电气部件的实际安装位置，使用线条表示物理部件的连接关系以及线路走向。

该类型的电路主要应用于电气设备的安装接线、敷设以及调试、检修中。可帮助电工定位标记各电气设备的安装位置、线路的走向和电源供电的分配，然后根据标记的位置进行施工操作。当需要对整体线路进行调试、检修时，也需根据电工安装及布线图上的具体安装位置、线路的走向进行施工操作。

1.2 电气图的制图特点

1.2.1 电气图中的基本文字符号

文字符号是电工电路中常用的一种字符代码，一般标注在电路中电气设备、装置和元器件的近旁，以标识其种类和名称。

图1-8 为电工电路中的基本文字符号。

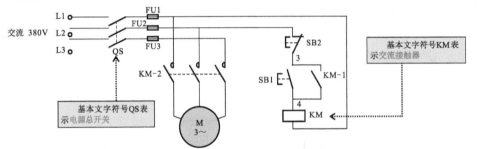

图1-8 电工电路中的基本文字符号

| 提示说明 |

通常，基本文字符号一般分为单字母符号和双字母符号。其中，单字母符号是按拉丁字母将各种电气设备、装置、元器件划分为23 个大类，每大类用一个大写字母表示。如"R"表示电阻器类，"S"表示开关选择器类，在电工电路中，单字母优先选用。

双字母符号由一个表示种类的单字母符号与另一个字母组成。通常为单字母符号在前，另一个字母在后的组合形式。例如，"F"表示保护器件类，"FU"表示熔断器；"G"表示电源类，"GB"表示蓄电池（"B"为蓄电池的英文名称 Battery 的首字母）。

电工电路中常见的基本文字符号主要有组件部件、变换器、电容器、半导体器件等。图1-9 为电气电路中的基本文字符号。

图1-9 电气电路中的基本文字符号

种类	组件部件										
字母符号	A/AB	A/AD	A/AF	A/AG	A/AJ	A/AM	A/AV	A/AP	A/AT	A/ATR	A/AR、AVR
中文名称	电桥	晶体管放大器	频率调节器	给定积分器	集成电路放大器	磁放大器	电子管放大器	印制电路板、脉冲放大器	抽屉柜触发器	转矩调节器	支架盘、电动机放大机

种类	组件部件			变换器（从非电量到电量或从电量到非电量）						B / BC	B / BO
字母符号	A			B						B / BC	B / BO
中文名称	分立元件放大器	激光器	调节器	热电传感器、热电电池、光电池	测功计、晶体转换器、送话器	拾音器扬声器耳机	自整角机、旋转变压器	印制电路板、脉冲放大器	模拟和数字变换器	变换器或传感器	电流变换器	光耦合器

图1-9　电气电路中的基本文字符号（续）

种类	变换器（从非电量到电量或从电量到非电量）								电容器			
字母符号	B/BP	B/BPF	B/BQ	B/BR	B/BT	B/BU	B/BUF	B/BV	C	C/CD	C/CH	D
中文名称	压力变换器	触发器	位置变换器	旋转变换器	温度变换器	电压变换器	电压-频率变换器	速度变换器	电容器	电流微分环节	斩波器	数字集成电路和器件

种类	二进制单元、延迟器件、存储器件										杂项	
字母符号	D					D/DA	D/D(A)N	D/DN	D/DO	D/DPS	E	E/EH
中文名称	延迟线、双稳态元件	单稳态元件、磁芯存储器	寄存器、磁带记录机	盘式记录机	光器件、热器件	与门	与非门	非门	或门	数字信号处理器	本表其他地方未提及的元件	发热器件

种类	杂项		保护器件								发电机电源	
字母符号	E/EL	E/EV	F	F/FA	F/FB	F/FF	F/FR	F/FS	F/FU	F/FV	G	G/GS
中文名称	照明灯	空气调节器	过电压放电器件、避雷器	具有瞬时动作的限流保护器件	反馈环节	快速熔断器	具有延时动作的限流保护器件	具有延时和瞬时动作的限流保护器件	熔断器	限压保护器件	旋转发电机、振荡器	发生器、同步发电机

种类	发电机、电源						信号器件				继电器、接触器	
字母符号	G/GA	G/GB	G/GF	G/GD	G/G-M	G/GT	H	H/HA	H/HL	H/HR	K	K/KA
中文名称	异步发电机	蓄电池	旋转式或固定式变频机、函数发生器	驱动器	发电机-电动机组	触发器（装置）	信号器件	声响指示器	光指示器、指示灯	热脱扣器	继电器	瞬时接触继电器、瞬时有或无继电器

种类	继电器、接触器											
字母符号	K/KA	K/KC	K/KG	K/KL	K/KM	K/KFM	K/KFR	K/KP	K/KT	K/KTP	K/KR	K/KVC
中文名称	交流接触器、电流继电器	控制继电器	气体继电器	闭锁接触继电器、双稳态继电器	接触器、中间继电器	正向接触器	反向接触器	极化继电器、簧片继电器、功率继电器	延时有或无继电器、时间继电器	温度继电器、跳闸继电器	逆流继电器	欠电流继电器

种类	电感器、电抗器					电动机						
字母符号	KVV	L	L	L/LA	L/LB	M	M/MC	M/MD	M/MS	M/MG	M/MT	M/MW(R)
中文名称	欠电压继电器	感应线圈、线路陷波器	电抗器（并联和串联）	桥臂电抗器	平衡电抗器	电动机	笼型电动机	直流电动机	同步电动机	可作为发电机或电动机用的电机	力矩电动机	绕线转子电动机

种类	模拟集成电路	测量设备、试验设备										
字母符号	N	P	P	P/PA	P/PC	P/PJ	P/PLC	P/PRC	P/PS	P/PT	P/PV	P/PWM
中文名称	运算放大器、模拟/数字混合器件	指示器件、记录器件	计算测量器件、信号发生器	电流表	（脉冲）计数器	电能表（电度表）	可编程控制器	环形计数器	记录仪、信号发生器	时钟、操作时间表	电压表	脉冲调制器

种类	电气操作的机械装置		终端设备、混合变压器、滤波器、均衡器、限幅器			
字母符号	Y/YM	Y/YV	Z	Z	Z	Z
中文名称	电动阀	电磁阀	电缆平衡网络	晶体滤波器	压缩扩张器	网络

种类	电力电路的开关					电阻器						
字母符号	Q/QF	Q/QK	Q/QL	Q/QM	Q/QS	R	R	R/RP	R/RS	R/RT	R/RV	S
中文名称	断路器	刀开关	负荷开关	电动机保护开关	隔离开关	电阻器	变阻器	电位器	测量分路表	热敏电阻器	压敏电阻器	拨号接触器、连接极

种类	控制电路的开关选择器									变压器		
字母符号	S	S/SA	S/SB	S/SL	S/SM	S/SP	S/SQ	S/SR	S/ST	T/TA	T/TAN	T/TC
中文名称	机电式有或无传感器	控制开关、选择开关、电子模拟开关	按钮开关、停止按钮	液体标高高	主令开关、伺服电动机	压力传感器	位置传感器	转数传感器	温度传感器	电流互感器	零序电流互感器	控制电路电源用变压器

📷 图1-9　电气电路中的基本文字符号（续）

种类	变压器							调制器变换器				
字母符号	T / TI	T / TM	T / TP	T / TR	T / TS	T / TU	T / TV	U	U / UR	U / UI	U / UPW	U / UD
中文名称	逆变变压器	电力变压器	脉冲变压器	整流变压器	磁稳压器	自耦变压器	电压互感器	鉴频器、编码器、交流译码器、电报译码器	变流器、整流器	逆变器	脉冲调制器	解调器

种类	电真空器件半导体器件							传输通道、波导、天线			
字母符号	U / UF	V	V / VC	V / VD	V / VE	V / VZ	V / VT	V / VS	W	W / WB	W / WF
中文名称	变频器	气体放电管、充气三极管、晶体闸流管	控制电路用电源的整流器	二极管	电子管	稳压二极管	晶体管、场效应晶体管	晶闸管	导线、电缆、波导、波导定向耦合器	偶极天线、抛物面天线	母线	闪光信号小母线

种类	端子、插头、插座						电气操作的机械装置			
字母符号	X	X	X / XB	X / XJ	X / XP	X / XS	X / XT	Y	Y / YA	Y / YB	Y / YC	Y / YH
中文名称	连接插头和插座、接线柱	电缆封端和接头、焊接端子板	连接片	测试塞孔	插头	插座	端子板	气阀	电磁铁	电磁制动器	电磁离合器	电磁吸盘

1.2.2　电气图中的辅助文字符号

电气设备、装置和元器件的种类和名称可用基本文字符号表示，而它们的功能、状态和特征则用辅助文字符号表示，如图1-10所示。

辅助文字符号通常由表示功能、状态和特征的英文单词前一、二位字母构成，也可由常用缩略语或约定俗成的习惯用法构成，一般不能超过三位字母。例如，"IN"表示输入，"ON"表示闭合，"STE"表示步进；表示"启动"采用"START"的前两位字母"ST"；表示"停止（STOP）"的辅助文字符号必须再加一个字母，为"STP"。辅助文字符号也可放在表示种类的单字母符号后边组合成双字母符号，此时辅助文字符号一般采用表示功能、状态和特征的英文单词的第一个字母，如"ST"表示启动、"YB"表示电磁制动器等。

📷 图1-10　典型电工电路中的辅助文字符号

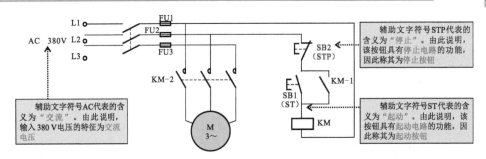

某些辅助文字符号本身具有独立的、确切的意义，也可以单独使用。例如，"N"表示交流电源的中性线，"DC"表示直流电，"AC"表示交流电，"PE"表示保护接地等。电气电路中常用的辅助文字符号如图1-11所示。

📷 图1-11　电气电路中常用的辅助文字符号

文字符号	A	A	AC	A, AUT	ACC	ADD	ADJ	AUX	ASY	B, BRK	BK
名称	电流	模拟	交流	自动	加速	附加	可调	辅助	异步	制动	黑

📷 图 1-11　电气电路中常用的辅助文字符号（续）

文字符号	BL	BW	C	CW	CCW	D	D	D	D	DC	DEC
名称	蓝	向后	控制	顺时针	逆时针	延时（延迟）	差动	数字	降	直流	减

文字符号	E	EM	F	FB	FW	GN	H	IN	IND	INC	N
名称	接地	紧急	快速	反馈	正、向前	绿	高	输入	感应	增	中性线

文字符号	L	L	L	LA	M	M	M	M, MAN	ON	OFF	RD
名称	左	限制	低	闭锁	主	中	中间线	手动	闭合	断开	红

文字符号	OUT	P	P	PE	PEN	PU	R	R	R	RES	R,RST
名称	输出	压力	保护	保护接地	保护接地与中性线共用	不接地保护	记录	右	反	备用	复位

文字符号	V	RUN	S	SAT	ST	S,SET	STE	STP	SYN	T	T
名称	真空	运转	信号	饱和	启动	位置定位	步进	停止	同步	温度	时间

文字符号	TE	V	V	YE	WH
名称	无噪声（防干扰）接地	电压	速度	黄	白

1.2.3　电气图中的组合文字符号

组合文字符号通常由字母＋数字代码构成，是目前最常采用的一种文字符号。其中，字母表示各种电气设备、装置和元器件的种类或名称（为基本文字符号），数字表示其对应的编号（序号）。图 1-12 为典型电工电路中组合文字符号的标识。将数字代码与字母符号组合起来使用，可说明同一类电气设备、元器件的不同编号。例如，电工电路中有三个相同类型的继电器，则其文字符号分别标识为"KA1、KA2、KA3"。反过来说，在电工电路中，相同字母标识的器件为同一类器件，字

📷 图 1-12　典型电工电路中组合文字符号的标识

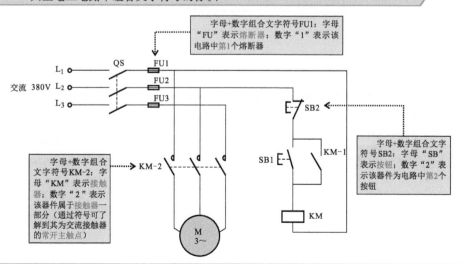

母后面的数字最大值表示该线路中该器件的总个数。

图中，以字母 FU 作为文字标识的器件有 3 个，即 FU1、FU2、FU3，分别表示该线路中的第 1 个熔断器、第 2 个熔断器、第 3 个熔断器；KM-1、KM-2 中的基本文字符号均为 KM，说明这两个器件与 KM 属于同一个器件，是 KM 中所包含的两个部分，即接触器 KM 中的两个触点。

1.2.4 电气图中的专用文字符号

在电工电路中，有些时候为了清楚地表示接线端子和特定导线的类型、颜色或用途，通常用专用文字符号表示。

1 表示接线端子和特定导线的专用文字符号

在电工电路图中，一些具有特殊用途的接线端子、导线等通常采用一些专用文字符号进行标识。图 1-13 为特殊用途的专用文字符号。

📷 **图 1-13 特殊用途的专用文字符号**

符号	L_1	L_2	L_3	N	U	V	W	L+	L-	M	E	PE
产品名称	交流系统中电源第一相	交流系统中电源第二相	交流系统中电源第三相	中性线	交流系统中设备第一相	交流系统中设备第二相	交流系统中设备第三相	直流系统电源正极	直流系统电源负极	直流系统电源中间线	接地	保护接地

符号	PU	PEN	TE	MM	CC	AC	DC
产品名称	不接地保护	保护接地线和中间线共用	无噪声接地	机壳或机架	等电位	交流电	直流电

2 表示颜色的文字符号

由于大多数电工电路图等技术资料为黑白颜色，很多导线的颜色无法正确区分，因此在电工电路图上通常用字母代号表示导线的颜色，用于区分导线。图 1-14 为常见的表示颜色的文字符号。

📷 **图 1-14 常见的表示颜色的文字符号**

符号	RD	YE	GN	BU	VT	WH	GY	BK	BN	OG	GNYE	SR
颜色	红	黄	绿	蓝	紫、紫红	白	灰、蓝灰	黑	棕	橙	绿黄	银白

符号	TQ	GD	PK
颜色	青绿	金黄	粉红

| 提示说明 |

除了上述几种基本的文字符号外，为了实现与国际接轨，近几年生产的大多数电气仪表中也都采用了大量的英文语句或单词，甚至是缩写等作为文字符号来表示仪表的类型、功能、量程和性能等。

通常，一些文字符号直接用于标识仪表的类型及名称，有些文字符号则表示仪表上的相关量程、用途等，如图 1-15 所示。

符号	A	mA	μA	kA	Ah	V	mV	kV	W	kW	var	Wh
名称	安培表（电流表）	毫安表	微安表	千安表	安培小时表	伏特表（电压表）	毫伏表	千伏表	瓦特表（功率表）	千瓦表	乏表（无功功率表）	电能表（瓦时表）

图 1-15 常见的专用文字符号

符号	varh	Hz	λ	$\cos\varphi$	φ	Ω	MΩ	n	h	$\theta\,(t^o)$	±	ΣA
名称	乏时表	频率表	波长表	功率因数表	相位表	欧姆表	兆欧表（绝缘电阻表）	转速表	小时表	温度表（计）	极性表	测量仪表（如电量测量表）

符号	DCV	DCA	ACV	OHM (OHMS)	BATT	OFF	MDOEL	HEF	COM	ON/OFF	HOLD	MADE IN CHINA
含义	直流电压	直流电流	交流电压	欧姆	电池	关、关机	型号	晶体管直流电流放大倍数测量孔与挡位	模拟地公共插口	开 / 关	数据保持	中国制造
用途	直流电压测量	直流电流测量	交流电压测量	欧姆阻值的测量								
备注	用V或V-表示	用A或A-表示	用V或V~表示	用Ω或R表示								

图 1-15 常见的专用文字符号（续）

1.2.5 电气图中的图形符号

电子元器件是构成电工电路的基本电子器件，常用的电子元器件有很多种，且每种电子元器件都用其自己的图形符号进行标识。

图 1-16 为典型的光控照明电工实用电路。识读图中电子元器件的图形符号含义，可建立起与

图 1-16 典型的光控照明电工实用电路

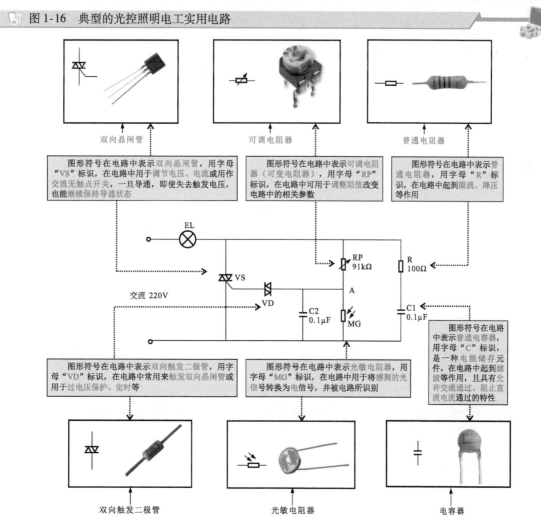

双向晶闸管

可调电阻器

普通电阻器

图形符号在电路中表示双向晶闸管，用字母"VS"标识，在电路中用于调节电压、电流或作交流无触点开关，一旦导通，即使失去触发电压，也能继续保持导通状态

图形符号在电路中表示可调电阻器（可变电阻器），用字母"RP"标识，在电路中可用于调整阻值改变电路中的相关参数

图形符号在电路中表示普通电阻器，用字母"R"标识，在电路中起到限流、降压等作用

图形符号在电路中表示双向触发二极管，用字母"VD"标识，在电路中常用来触发双向晶闸管或用于过电压保护、定时等

图形符号在电路中表示光敏电阻器，用字母"MG"标识，在电路中用于将感测的光信号转换为电信号，并被电路所识别

图形符号在电路中表示普通电容器，用字母"C"标识，是一种电能储存元件，在电路中起到滤波等作用，且具有允许交流通过、阻止直流电流通过的特性

双向触发二极管

光敏电阻器

电容器

实物电子元器件的对应关系。

图 1-17 为常用电子元器件的图形符号。电气图中常用的电子元器件主要有电阻器、电容器、电感器、二极管、晶体管、场效应晶体管和晶闸管等。

📁 **图 1-17 常用电子元器件的图形符号**

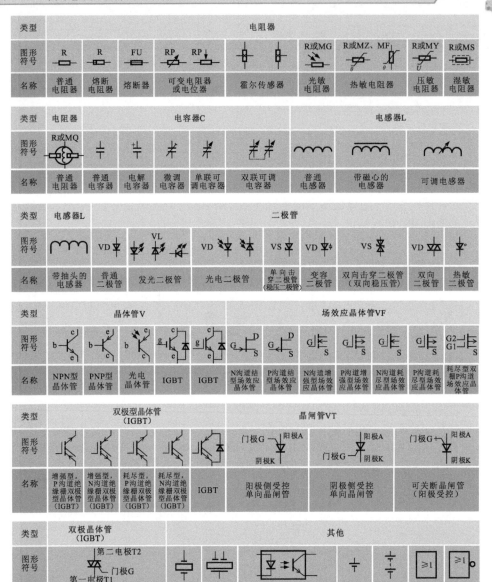

低压电气部件是指用于低压供配电线路中的部件，在电工电路中应用十分广泛。低压电气部件的种类和功能不同，应根据其相应的图形符号识别，如图 1-18 所示。

电工电路中，常用的低压电气部件主要包括交直流接触器、各种继电器、低压开关等。图 1-19 为常用低压电气部件的图形符号。

高压电气部件是指应用于高压供配电线路中的电气部件。在电工电路中，高压电气部件都用于电力供配电线路中，通常在电路图中也是由其相应的图形符号标识。图 1-20 为典型的高压配电线路图。

图 1-18 电气图中的常用低压电气部件

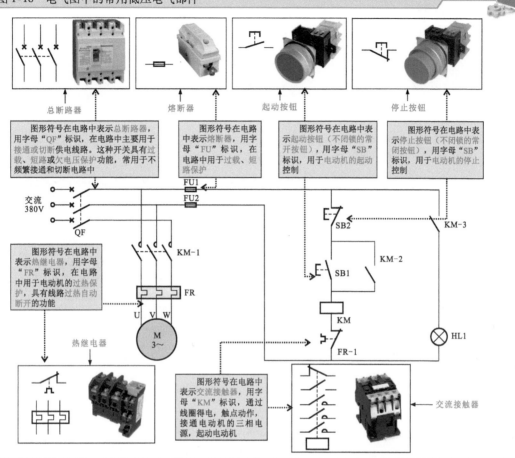

总断路器　熔断器　起动按钮　停止按钮

图形符号在电路中表示总断路器，用字母"QF"标识，在电路中主要用于接通或切断供电线路。这种开关具有过载、短路或欠电压保护功能，常用于不频繁接通和切断电路中

图形符号在电路中表示熔断器，用字母"FU"标识，在电路中用于过载、短路保护

图形符号在电路中表示起动按钮（不闭锁的常开按钮），用字母"SB"标识，用于电动机的起动控制

图形符号在电路中表示停止按钮（不闭锁的常闭按钮），用字母"SB"标识，用于电动机的停止控制

图形符号在电路中表示热继电器，用字母"FR"标识，在电路中用于电动机的过热保护，具有线路过热自动断开的功能

图形符号在电路中表示交流接触器，用字母"KM"标识，通过线圈得电，触点动作，接通电动机的三相电源，起动电动机

热继电器　交流接触器

图 1-19 常用低压电气部件的图形符号

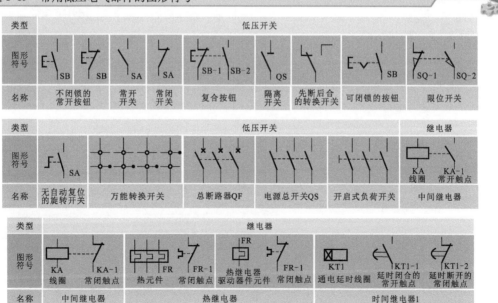

类型	低压开关							
图形符号	SB	SB	SA	SA	SB-1 SB-2	QS	SB	SQ-1 SQ-2
名称	不闭锁的常开按钮	常开开关	常闭开关	复合按钮	隔离开关	先断后合的转换开关	可闭锁的按钮	限位开关

类型	低压开关					继电器
图形符号	SA	万能转换开关	总断路器QF	电源总开关QS	开启式负荷开关	KA 线圈　KA-1 常开触点
名称	无自动复位的旋转开关	万能转换开关	总断路器QF	电源总开关QS	开启式负荷开关	中间继电器

类型	继电器			
图形符号	KA 线圈　KA-1 常闭触点	FR 热元件　FR-1 常闭触点	FR 热继电器驱动器件元件　FR-1 常闭触点	KT1 通电延时线圈　KT1-1 延时闭合的常开触点　KT1-2 延时断开的常闭触点
名称	中间继电器	热继电器		时间继电器1

📁 **图 1-19　常用低压电气部件的图形符号（续）**

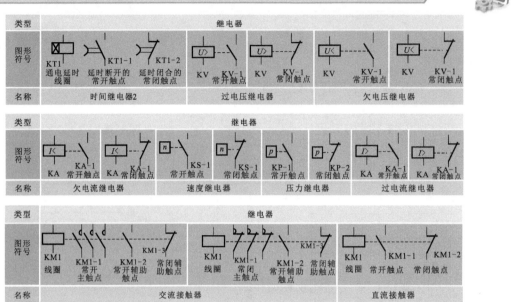

类型	继电器							
图形符号	KT1 通电延时线圈	KT1-1 延时断开的常开触点	KT1-2 延时闭合的常闭触点	KV 常开触点	KV-1 常闭触点	KV 常开触点	KV-1 常闭触点	
名称	时间继电器2			过电压继电器		欠电压继电器		

类型	继电器									
图形符号	KA 常开触点	KA-1 常闭触点	KS-1 常开触点	KS-1 常闭触点	KP-1 常开触点	KP-2 常闭触点	KA 常开触点	KA-1 常闭触点		
名称	欠电流继电器		速度继电器		压力继电器		过电流继电器			

类型	继电器									
图形符号	KM1 线圈	KM1-1 常开主触点	KM1-2 常开辅助触点	KM1-3 常闭辅助触点	KM1 线圈	KM1-1 常闭主触点	KM1-2 常开辅助触点	KM1-3 常闭辅助触点	KM1 线圈　KM1-1 常开触点　KM1-2 常闭触点	
名称	交流接触器								直流接触器	

📁 **图 1-20　典型高压配电线路**

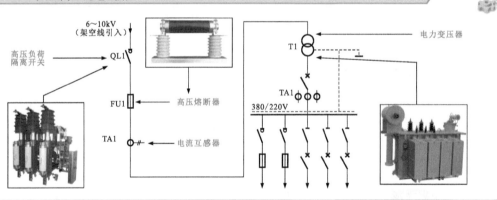

　　在电工电路中，常用的高压电气部件主要包括避雷器、高压熔断器（跌落式熔断器）、高压断路器、电力变压器、电流互感器、电压互感器等。其对应的图形符号如图 1-21 所示。

📁 **图 1-21　常用高压电气部件的图形符号**

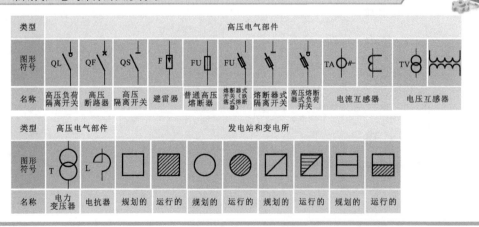

类型	高压电气部件									
图形符号	QL	QF	QS	F	FU	FU		TA		TV
名称	高压负荷隔离开关	高压断路器	高压隔离开关	避雷器	普通高压熔断器	熔断器式开关（跌落式熔断器）	熔断器式隔离开关	高压熔断器式负荷开关	电流互感器	电压互感器

类型	高压电气部件	发电站和变电所							
图形符号	T　L								
名称	电力变压器　电抗器	规划的	运行的	规划的	运行的	规划的	运行的	规划的	运行的

除此之外，电气图中如各种电声器件、灯控或电控开关、信号器件、电动机、普通变压器等功能部件也有不同的图形符号。图1-22为常用功能部件的图形符号。

图1-22 常用功能部件的图形符号

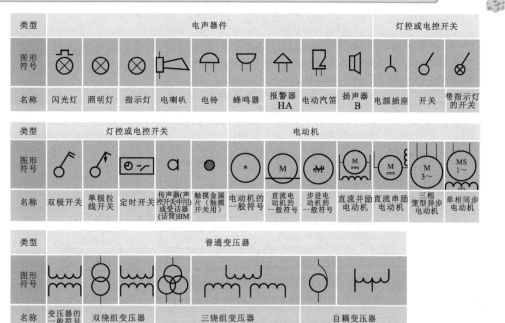

1.3 电气图的识读规则

1.3.1 电气图的识读方法

电气图识读前，首先需要了解电工电路识图的一些基本要求和原则，在此基础上掌握好识图的基本方法和步骤，可有效提高识图的技能水平和准确性。

1 结合电路图形符号、文字标识等进行识图

电工电路主要是利用各种电气图形符号和文字标识来表示其结构和工作原理的，因此掌握电工电路图中常用的图形符号和文字标识是学习识读电工电路图最基础的技能要求，图1-23为电动机点动、连续控制电工原理图，结合该电工原理图中的图形符号和文字标识等，可快速对电路中包含电气部件进行了解和确定。

2 结合对电工电路结构进行识图

了解各符号所代表电气部件的含义后，可根据电气部件自身特点和功能对电路进行模块划分，如图1-24所示。对于一些较复杂的电工电路，通过对电路进行模块划分，可快速了解电路的结构。

3 结合电工、电子技术的基础知识进行识图

各种电工电路图基本都是由各种电气部件、电子元器件和配线等组成的，只有了解各种电气部件或元器件的结构、工作原理、性能以及相互之间的控制关系，才能帮助电工技术人员尽快地读懂电路图，如图1-25所示。

图 1-23　电动机点动、连续控制电工原理图

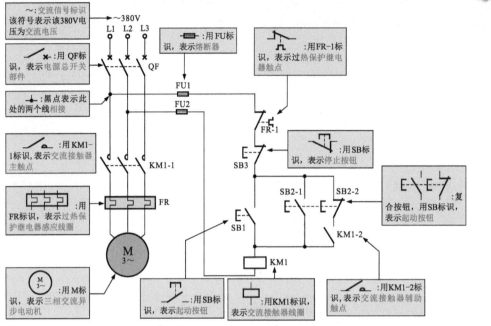

16

图 1-24　对电工电路根据电路功能进行模块划分

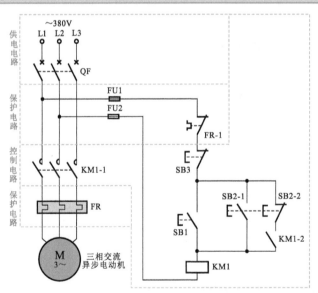

图 1-25　了解电气部件或电子元器件的工作过程

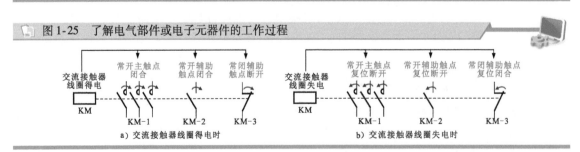

a）交流接触器线圈得电时　　　　　　　b）交流接触器线圈失电时

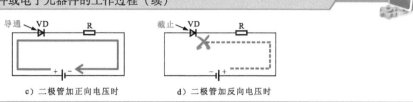

图 1-25　了解电气部件或电子元器件的工作过程（续）

c）二极管加正向电压时　　　　d）二极管加反向电压时

4　结合典型电工电路进行识图

典型电工电路是指该类电工电路图中最常见、最常用的基本电路，这种电路既可以单独使用，也可以应用于其他电路中作为功能模块扩展后使用。例如电力拖动电路中，最常见的、最基本的为一只按钮来控制电动机起停的电路，如图 1-26 所示。

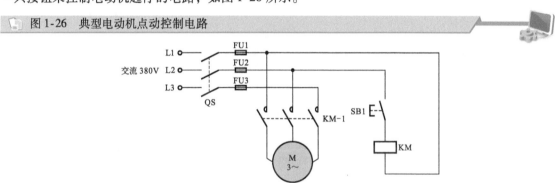

图 1-26　典型电动机点动控制电路

了解了该电路后，在此基础上加入联锁按钮、时间继电器、交流接触器等电气部件便构成了一些常见的电动机联锁控制电路、正反转控制电路等，而在此基础上再将几种电路组合，便可构成另外几种控制电路。如此也可以了解到，一些复杂的电路实际上就是几种典型电路的组合，因此熟练掌握各种典型电路，在学习识读时有利于快速地理清主次和电路关系，那么对于较复杂电工电路图的识读也变得轻松、简单多了。

5　对照学习识读电工电路图

作为初学者，我们很难直接对一张没有任何文字解说的电路图进行识读，因此可以先参照一些技术资料或书刊、杂志等找到一些与所要识读电路图相近或相似的图样，先根据这些带有详细解说的图样，跟随解说一步步地分析和理解该电路图的含义和原理，然后再对照手头的图样，进行分析、比较，找到不同点和相同点，把相同点的地方弄清楚，再有针对性地突破不同点或再参照其他与该不同点相似的图样，最后把遗留问题一一解决之后，便完成了对该图的识读。

1.3.2　电气图的识读步骤

识读电工电路，首先需要区分电路的类型和用途或功能，在对其有一个整体的认识后，通过各种电气部件的图形符号建立对应关系，然后再结合电路特点寻找该电路的工作条件、控制部件等，并结合相应的电工、电子电路，电子元器件、电气元件功能和原理知识，理清信号流程，最终掌握电路控制机理或电路功能，完成识图过程。

简单来说，识读电工电路可分为 6 个步骤，即明确用途→建立对应关系，划分电路→寻找工作条件→寻找控制部件→确立控制关系→理清信号流程，最终掌握控制机理和电路功能。

1 明确用途

明确电工电路的用途是指导识图的总纲领，即先从整体上把握电路的用途，明确电路最终实现的结果，以此作为指导识读总体思路。例如，在图1-23中，根据电路中的元素信息可以看到该图为一种电动机的点动控制电路，以此抓住其中的"点动""控制""电动机"等关键信息，作为识图时的重要信息。

2 建立对应关系，划分电路

根据电路中的文字符号和图形符号标识，将这些简单的符号信息与实际电气部件建立起一一的对应关系，进一步明确电路中所表达的含义，对读通电路关系十分重要，如图1-27所示。

图 1-27　建立电工电路中符号与实物的对应关系

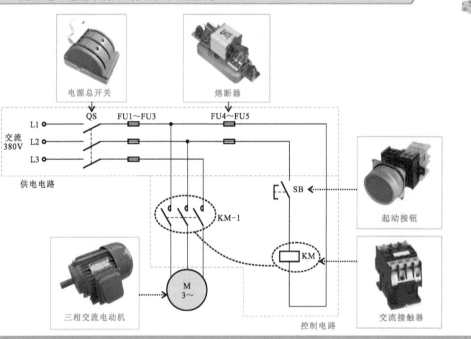

电源总开关：用字母"QS"标识，在电路中用于接通三相电源。

熔断器：用字母"FU"标识，在电路中用于过载、短路保护。

交流接触器：用字母"KM"标识，通过线圈的得电，触点动作，接通电动机的三相电源，起动电动机工作。

起动按钮（点动常开按钮）：用字母"SB"标识，用于电动机的起动控制。

三相交流电动机：简称电动机，用字母"M"标识，在电路中通过控制部件控制，接通电源起动运转，为不同的机械设备提供动力。

3 寻找工作条件

当建立好电路中各种符号与实物的对应关系后，接下来则可通过所了解器件的功能寻找电路中的工作条件，工作条件具备时，电路中的电气部件才可进入工作状态，如图1-28所示。

4 寻找控制部件

控制部件通常也称操作部件，电工电路中就是通过操作该类可操作的部件对电路进行控制的，它是电路中的关键部件，也是控制电路中是否将工作条件接入电路中，或控制电路中的被控部件执行所需要动作的核心部件。识图时准确找到控制部件是识读过程中的关键部件，如图 1-28 所示。

图 1-28　寻找工作条件和控制部件

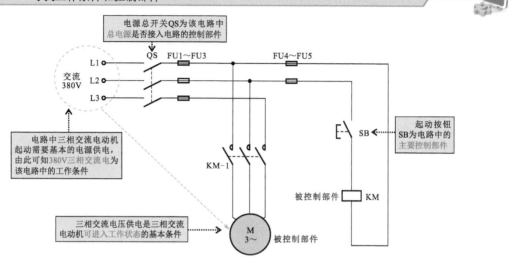

5　**确立控制关系**

找到控制部件后，接下来根据线路连接情况，确立控制部件与被控制部件之间的控制关系，并将该控制关系作为理清该电路信号流程的主线，如图 1-29 所示。

图 1-29　确立电工电路中的控制关系

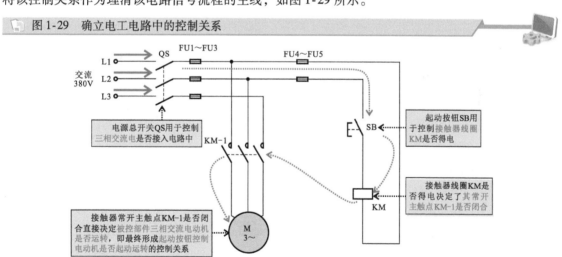

6　**厘清供电及控制信号流程**

确立控制关系后，接着可操作控制部件来实现其控制功能，并同时弄清每操作一个控制部件后，被控部件所执行的动作或结果，从而理清整个电路的信号流程，最终掌握其控制机理和电路功能，如图 1-30 所示。

合上电源总开关 QS，接通三相电源。按下起动按钮 SB，SB 内的常开触点闭合，电路接通，交流接触器 KM 线圈得电，常开主触点 KM-1 闭合，三相交流电动机接通三相电源起动运转。

图 1-30　厘清电工电路的信号流程

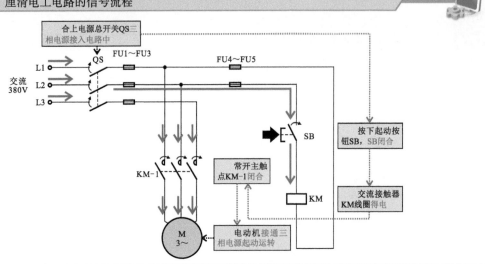

第2章 基本元器件的识读

2.1 电阻器、电容器、电感器

2.1.1 电阻器的电路符号与标识

电阻器在电工电路中的标识通常分为两部分：一部分是图形符号标识电阻器的类型；另一部分是字母＋数字标识该电阻器在电路中的序号及电阻值等主要参数。

典型电阻器的图形符号和电路标识如图2-1所示。

图2-1 典型电阻器的图形符号和电路标识

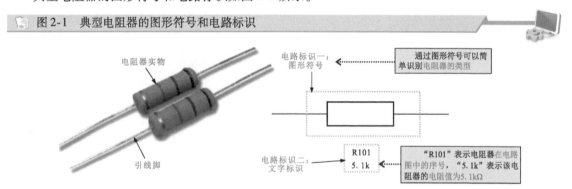

电阻器实物
引线脚

电路标识一：图形符号

通过图形符号可以简单识别电阻器的类型

电路标识二：文字标识

R101
5.1k

"R101"表示电阻器在电路图中的序号，"5.1k"表示该电阻器的电阻值为5.1kΩ

电阻器在电路图中主要由一个矩形框和两端的引线构成，矩形框就是电阻器的图形符号，两端引线相当于电阻器的两个引线脚，由图形符号两端伸出，与电子电路图中的电路线连通，构成电子线路。电阻器的名称、电阻值等主要信息，一般标识在图形符号旁边。

常见电阻器的图形符号以及外形见表2-1。

表2-1 常见电阻器的外形、图形符号和电路标识

种 类	外形结构	文字标识	图形符号	说 明
普通电阻器		R		最常见的一类电阻器，一般阻值固定，不可变
排电阻器		R		排电阻器是将多个分立的电阻器按照一定规律排列集成为一个组合型电阻器，也称排阻、集成电阻器或电阻器网络
熔断电阻		R 或 FB		熔断电阻器又叫保险丝电阻器，具有电阻器和过电流保护熔断丝双重作用，在电流较大的情况下熔化断裂从而保护整个设备不受损坏

（续）

种 类	外形结构	文字标识	图形符号	说 明
熔断器	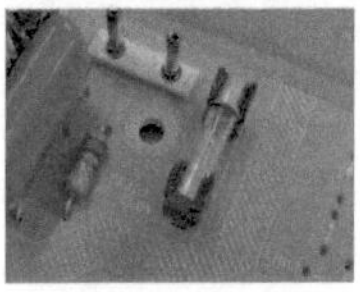	FU	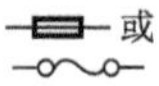 ▭ 或 ～	熔断器又称保险丝，阻值接近零，是一种安装在电路中，保证电路安全运行的电器元件。它会在电流异常升高到一定的强度时，自身熔断切断电路，起到保护电路安全的作用
可变电阻器	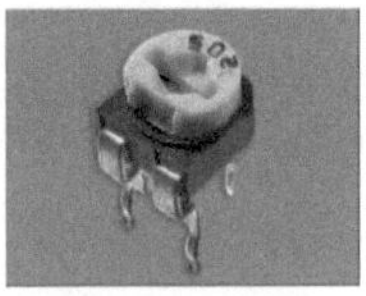	RP	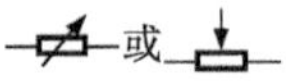 ⊿ 或 ▭	可变电阻器的阻值是可以调整的，常用在电阻值需要调整的电路中
热敏电阻器	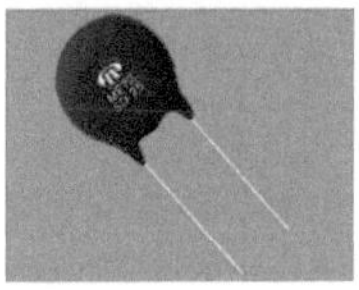	MZ、MF	 θ	热敏电阻的阻值会随温度的变化而变化，分为正温度系数（PTC）和负温度系数（NTC）两种热敏电阻。正温度系数热敏电阻的阻值随温度的升高而升高，随温度的降低而降低；负温度系数热敏电阻的阻值随温度的升高而降低，随温度的降低而升高
光敏电阻器		MG	 ▭	光敏电阻器的特点是当外界光照强度变化时，光敏电阻器的阻值也会随之变化
湿敏电阻器	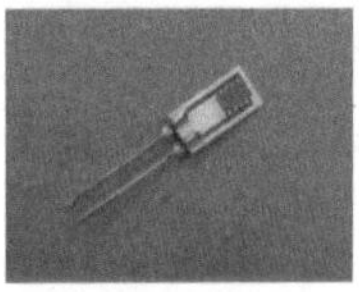	MS	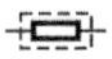 ▭	湿敏电阻的阻值随周围环境湿度的变化而变化，常用作湿度检测元件
气敏电阻器		MQ	 ⊕	气敏电阻器是利用金属氧化物半导体表面吸收某种气体分子时，会发生氧化反应或还原反应而使电阻值改变的特性而制成的电阻器
压敏电阻器	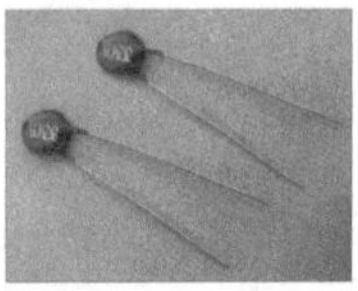	MY	 U	压敏电阻器是敏感电阻器中的一种，是利用半导体材料的非线性特性的原理制成的，当外加电压施加到某一临界值时，电阻的阻值急剧变小的敏感电阻器

2.1.2 电容器的电路符号与标识

电容器在电工电路中的标识通常分为两部分：一部分是图形符号标识电容器的类型；另一部分是字母＋数字标识该电容器在电路中的序号及电容量、耐压值等主要参数。

典型电容器的图形符号和电路标识如图 2-2 所示。

22

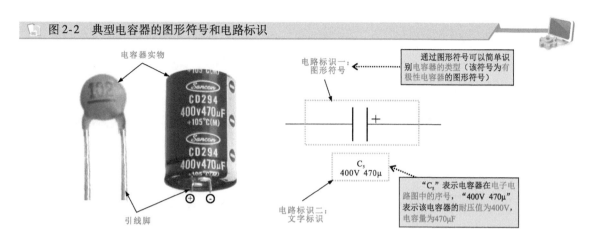

图 2-2　典型电容器的图形符号和电路标识

从上图可以看到，图形符号（电路符号）体现了电容器的基本类型；引线由电路符号两端伸出，与电路图中的电路线连通，构成电子电路；极性标识表明该电容器的极性，电路标识通常提供了电容器的标识、名称、序号以及电容量等参数信息。

常见电容器的图形符号以及外形见表 2-2。

表 2-2　常见电容器的外形、图形符号和电路标识

种　　类	外形结构	文字标识	图形符号	说　　明
普通电容器				无极性电容器，引脚不区分正负极，应用十分广泛
电解电容器		C		属于有极性电容器，引脚区分正负极，常在电路中用作滤波电容使用
微调电容器				微调电容器又叫半可调电容器，这种电容器的容量较固定电容器小，常见的有瓷介微调电容器、管型微调电容器（拉线微调电容器）、云母微调电容器、薄膜微调电容器等。
可变电容器		C 或 TC	（单联） （双联） （四联）	可变电容器分为单联、双联、四联可变电容器，是电容量可调的一类电容器

2.1.3　电感器的电路符号与标识

电感器在电工电路中的标识通常分为两部分：一部分是图形符号标识电感器的类型；另一部分是字母＋数字标识该电感器在电路中的序号及电感量等主要参数。

典型电感器的图形符号和电路标识如图 2-3 所示。

图 2-3　典型电感器的图形符号和电路标识

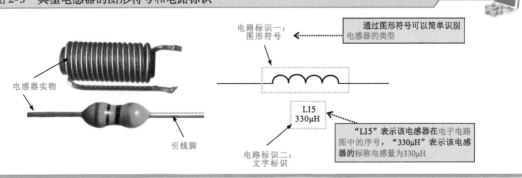

从上图可以看到，电感器的图形符号（电路符号）主要由几个半圆形的粗线和两根引出线构成，几个半圆形的粗线就是电感器的图形符号（相当于电感器内部线圈的外形简化图），两根引出线相当于电感器的两个引脚，由图形符号两端伸出，与电路图中的电路线连通，构成电子电路。

图形符号（电路符号）表明了电感器的类型；电路标识通常提供了电感器的名称、序号以及电感量等参数信息。

常见电感器的图形符号以及外形见表 2-3。

表 2-3　常见电感器的外形、图形符号和电路标识

种　类	外形结构	文字标识	图形符号	说　明
普通电感器				电感量固定的一类电感器，在各种电子、电工电路中的应用十分广泛
磁棒或磁环电感线圈		L	或	可以通过调整线圈的相对位置（稀疏程度）来调整电感量的大小
微调电感器				电感的磁心制成螺纹式，可以旋到线圈骨架内，整体同金属封装起来，以增加机械强度。磁心帽上设有凹槽可方便调整

2.2　二极管、晶体管

2.2.1　二极管的电路符号与标识

二极管在电工电路图中的标识通常分为两部分：一部分是图形符号标识二极管的类型，另一部

分是字母+数字标识该二极管在电路中的序号及型号等信息。

典型二极管的图形符号和电路标识法如图 2-4 所示。

图 2-4 典型二极管的图形符号和电路标识法

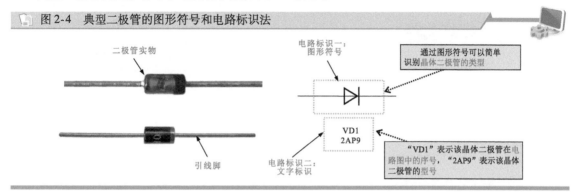

二极管实物

引线脚

电路标识一:
图形符号

电路标识二:
文字标识

VD1
2AP9

通过图形符号可以简单
识别晶体二极管的类型

"VD1"表示该晶体二极管在电
路图中的序号,"2AP9"表示该晶体
二极管的型号

从上图可以看到,图形符号(电路符号)体现出了二极管的基本类型;引线由图形符号两端伸出,与电路图中的电路线连通,构成电子电路;电路标识通常提供了二极管的类别、名称、序号以及二极管型号等参数信息。

常见二极管的图形符号以及外形见表 2-4。

表 2-4 常见二极管的外形、图形符号和电路标识

种　　类	外 形 结 构	文字标识	图形符号	说　　明
整流二极管		VD		整流二极管外壳封装常采用金属壳封装、塑料封装和玻璃封装。由于整流二极管的正向电流较大,所以整流二极管多为面接触型二极管,结面积大、结电容大,但工作频率低
稳压二极管		ZD		稳压二极管是由硅材料制成的面结合型二极管,利用 PN 结反向击穿时其电压基本上保持恒定的特点来达到稳压的目的。其主要有塑料封装、金属封装和玻璃封装三种封装形式
发光二极管		VD 或 LED		发光二极管是一种利用正向偏置时 PN 结两侧的多数载流子直接复合释放出光能的发射器件
变容二极管		VD		变容二极管是利用 PN 结的电容随外加偏压而变化这一特性制成的非线性半导体器件,在电路中起电容器的作用。它被广泛地用于超高频电路中的参量放大器、电子调谐及倍频器等高频和微波电路中
双向触发二极管				双向触发二极管(DIAC)是具有对称性的两端半导体器件。常用来触发双向晶闸管,或用于过电压保护、定时、移相电路中

25

（续）

种　类	外 形 结 构	文字标识	图 形 符 号	说　明
光电二极管（光敏二极管）		VD		光电二极管又称为光敏二极管，其顶端有能射入光线的窗口，光线可通过该窗口照射到管芯上。当受到光照射时，二极管反向阻抗会随之变化（随着光照射的增强，反向阻抗会由大到小），利用这一特性，光电二极管常用作光电传感器件使用

2.2.2　晶体管的电路符号与标识

　　晶体管在电工电路图中的标识通常分为两部分：一部分是图形符号标识晶体管的类型，另一部分是字母 + 数字标识该晶体管在电路中的序号及型号等信息。

　　典型晶体管的图形符号和电路标识法如图 2-5 所示。

图 2-5　典型晶体管的图形符号和电路标识法

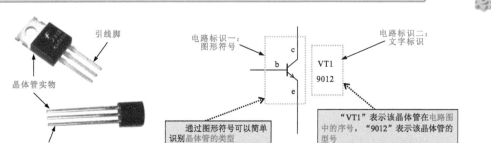

　　从上图可以看到，图形符号（电路符号）体现出了晶体管的基本类型；引线由图像符号两端伸出，与电路图中的电路线连通，构成电子线路；电路标识通常提供了晶体管的类别、名称、序号以及型号等参数信息。

　　常见晶体管的图形符号以及外形见表 2-5。

表 2-5　常见晶体管的外形、图形符号和电路标识

种　类		外 形 结 构	文字标识	图 形 符 号	说　明
普通晶体管	NPN 型		VT		晶体管通常是在一块半导体基片上制作两个距离很近的 PN 结，这两个 PN 结把整块半导体分成三部分，中间部分称为基极，两侧部分分别是集电极和发射极，排列方式有 PNP 和 NPN 两种，晶体管具有电流放大作用，常在电路中作放大器件、开关器件或变换器件
	PNP 型				

（续）

种　类	外形结构	文字标识	图形符号	说　明
光电晶体管		VT	或	光电晶体管是一种具有放大能力的光电转换器件，因此相比光电二极管，它具有更高的灵敏度。需要注意的是，光电晶体管既有三个引脚的，也有两个引脚的，使用时要注意辨别，不要误将两个引脚的光电晶体管作为光电二极管使用

2.3 场效应晶体管、晶闸管

2.3.1 场效应晶体管的电路符号与标识

场效应晶体管（Field-Effect Transistor，FET），是一种典型的电压控制型半导体器件，具有输入阻抗高、噪声小、热稳定性好、便于集成等特点。

场效应晶体管在电工电路图中的标识通常分为两部分：一部分是图形符号标识场效应管的类型；另一部分是字母 + 数字标识该场效应管在电路中的序号及型号等信息。

典型场效应晶体管的图形符号和电路标识法如图 2-6 所示。

图 2-6　典型场效应晶体管的图形符号和电路标识法

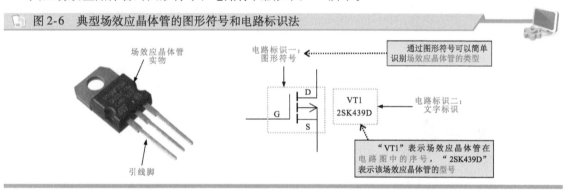

场效应晶体管实物

引线脚

电路标识一：图形符号

D
G
S

VT1
2SK439D

通过图形符号可以简单识别场效应晶体管的类型

电路标识二：文字标识

"VT1"表示场效应晶体管在电路图中的序号，"2SK439D"表示该场效应晶体管的型号

从上图可以看到，图形符号体现出了场效应管的基本类型；引线由图形符号两端伸出，与电路图中的电路线连通，构成电子电路；电路标识通常提供了场效应晶体管的类别、名称、序号以及管型号等参数信息。

常见场效应晶体管的图形符号以及外形见表 2-6。

表 2-6　常见场效应晶体管的外形、图形符号和电路标识

种　类	外　形	文字标识	图形符号	说　明
结型场效应晶体管		VT	（N沟道） （P沟道）	结型场效应晶体管是在一块 N 型（或 P 型）半导体材料两边制作 P 型（或 N 型）区，从而形成 PN 结构成 　与中间半导体相连接的两个电极称为漏极（用 D 表示）和源极（用 S 表示），而把两侧的半导体引出的电极相连接在一起称为栅极（用 G 表示） 　结型场效应晶体管是利用沟道两边的耗尽层宽窄，改变沟道导电特性来控制漏极电流的

（续）

种 类		外 形	文字标识	图形符号	说 明
绝缘栅（MOS）型场效应晶体管	增强型		VT	（N沟道） （P沟道）	绝缘栅型场效应晶体管（MOS）由金属、氧化物、半导体材料制成，通常简称为 MOS 场效应晶体管 绝缘栅型场效应晶体应管是利用感应电荷的多少，通过改变沟道导电特性来控制漏极电流。它与结型场效应晶体管的外形相同，只是型号标记不同 MOS 场效应晶体管一般被用于音频功率放大、开关电源、逆变器、电源转换器、镇流器、充电器、电动机驱动、继电器驱动等电路
	耗尽型			（N沟道） （P沟道）	
耗尽型双栅场效应晶体管				（N沟道） （P沟道）	

2.3.2　晶闸管的电路符号与标识

晶闸管是晶体闸流管的简称，它是一种可控整流半导体器件，也曾称为可控硅。

晶闸管在电工电路图中的标识通常分为两部分：一部分是图形符号标识晶闸管的类型；另一部分是字母＋数字标识该晶闸管在电路中的序号及型号等信息。

典型晶闸管的图形符号和电路标识法如图 2-7 所示。

图 2-7　识别典型晶闸管的图形符号和电路标识

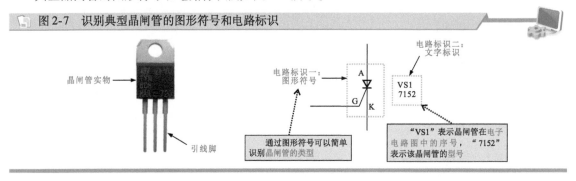

晶闸管实物

引线脚

电路标识一：
图形符号

电路标识二：
文字标识

VS1
7152

通过图形符号可以简单识别晶闸管的类型

"VS1"表示晶闸管在电子电路图中的序号，"7152"表示该晶闸管的型号

从图中可以看到，图形符号（电路符号）体现了晶闸管的基本类型；引线由图形符号两端伸出，与电路图中的电路线连通，构成电子电路；电路标识通常提供了晶闸管的类别、名称、序号以及型号等参数信息。

常见晶闸管的外形、图形符号和电路标识见表 2-7。

表 2-7　常见晶闸管的外形、图形符号和电路标识

种 类		外 形	文字标识	图形符号	说 明
单向晶闸管	阳极侧受控		VS		单向晶闸管（SCR）是 P-N-P-N 4 层 3 个 PN 结组成的，它被广泛应用于可控整流、交流调压、逆变器和开关电源电路中。单向晶闸管阳极 A 与阴极 K 之间加有正向电压，同时门极 G 与阴极间加上所需的正向触发电压时，方可被触发导通。触发脉冲消失，仍维持导通状态

（续）

28

种 类		外 形	文字标识	图形符号	说 明
单向晶闸管	阴极侧受控		VS	G—[A/K]	单向晶闸管（SCR）是 P-N-P-N 4 层 3 个 PN 结组成的，它被广泛应用于可控整流、交流调压、逆变器和开关电源电路中。单向晶闸管阳极 A 与阴极 K 之间加有正向电压，同时门极 G 与阴极间加上所需的正向触发电压时，方可被触发导通。触发脉冲消失，仍维持导通状态
双向晶闸管				T2 [/] G / T1	双向晶闸管又称双向可控硅，属于 N-P-N-P-N 共 5 层半导体器件，在结构上相当于两个单向晶闸管反极性并联。与单向晶闸管不同的是，双向晶闸管可以双向导通，可允许两个方向有电流流过，常用在交流电路调节电压、电流，或用作交流无触点开关
单结晶体管				B₁ E / B₂ ... B₁ E / B₂	单结晶体管（UJT）也叫作双基极二极管。从结构功能上类似晶闸管，它是由一个 PN 结和两个内电阻构成的三端半导体器件，有一个 PN 结和两个基极
门极关断晶闸管	阳极受控			G+[A/K]	门极关断晶闸管（Gate Turn-Off Thyristor，GTO）亦称门控晶闸管。其主要特点是当门极加负向触发信号时晶闸管能自行关断
	阴极受控			G+[A/K]	

2.4 常用电气部件

2.4.1 开关的电路符号与标识

开关的主要特性就是具有接通和断开电路的功能，利用这种功能可实现对各种电子产品及电气设备的接通/切断/转换控制。

开关在电工电路中的标识通常分为两部分：一部分是图形符号标识开关部件的类型；另一部分是字母 + 数字标识该开关部件在电路中的名称序号等信息。

典型开关的图形符号和电路标识如图 2-8 所示。

29

图 2-8　典型开关的图形符号和电路标识

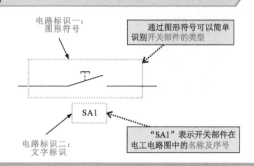

常见开关的外形、图形符号和电路标识等见表 2-8。

表 2-8　常见开关的外形、图形符号和电路标识

种　类		外　形	文字标识	图形符号	说　明
低压类开关部件	微动开关		SA 或 S		微动式开关是指通过按动按钮或按键来控制开关内部触点的接通与断开的部件
	翘板式开关				翘板式开关是指通过按动开关翘板来接通与断开开关内部的触点
	滑动式开关				滑动式开关是通过拨动滑动手柄来带动开关内部的滑块或滑片滑动
	开启式负荷开关		QS	（两极）	用于两相供电电路中，例如照明电路、电热回路、建筑工地供电、农用机械供电或是作为分支电路的配电开关等
				（三极）	用于三相供电电路中，例如接通和切断小电流配电系统电路、农村的电力灌溉、农产品加工等
	单联开关		SA		单个开关，多用于照明灯控制线路
	双联开关				同一个开关面板上有两个开关按钮的开关，可分别控制两个不同的线路

30

（续）

种	类	外 形	文字标识	图形符号	说 明
低压类开关部件	双控开关		SA		开关有两个触点（常开触点和常闭触点）
	声控开关		S	S	利用声音或光线对照明电路进行导通，常用在的楼道照明中。在白天时楼道中光线充足，照明灯无法照亮，夜晚黑暗的楼道中不方便找照明开关，使用声音即可控制照明灯照明，等待行人路过后照明灯可以自行熄灭
	光控开关		MG		
	触摸开关		A	A	利用人体的温度控制，实现开关的通断控制功能。该开关常用于楼道照明线路中
	断路器		QF		断路器俗称空气开关，是一种可通过手动控制又可以通过自动控制的低压电气器件。主要用于线路过载、短路、欠电压保护或不频繁接通和切断电路中
	漏电保护器				漏电保护器实际上是一种具有漏电保护功能的开关，因此，又可将其称为漏电断路器
转换开关	先断后合的转换开关		SA		转换开关，当转动手柄时，内部一个触点断开，另一个触点闭合
	无自动复位的转换开关				转动开关手柄，触点闭合，但无法自动复位，需要重新手动复位
	不闭锁的转换开关				当转动手柄时，内部触点动作。松开手柄，触点复位
位置检测开关			SQ		又称为行程开关或限位开关，是一种小电流电气开关。可用来限制机械运动的行程或位置，使运动机械实现自动控制

（续）

种　类	外　形	文字标识	图形符号	说　明
万能转换开关		SA		主要用于控制线路的转换或电气测量仪表的转换，也可以用作小容量异步电动机的起动、换向及变速控制
高压类开关　高压断路器		QF		高压供配电线路中的开关，具有保护功能，当高压供电的负载线路中发生短路故障时，高压断路器会自行断路进行保护
高压类开关　高压隔离开关		QS		额定电压在 1kV 及其以上的隔离开关，主要用来将高压配电装置中需要停电的部分与带电部分可靠地隔离，以保证检修工作的安全

2.4.2　按钮的电路符号与标识

按钮具有接通与断开电路的功能，实际上也是一种控制电路的开关。按钮在电工电路中的标识通常分为两部分：一部分是图形符号，标识主令电器的类型；另一部分是字母＋数字标识该主令电器在电路中的名称序号等信息。

典型按钮的图形符号和电路标识如图 2-9 所示。

📷 **图 2-9　典型按钮的图形符号和电路标识**

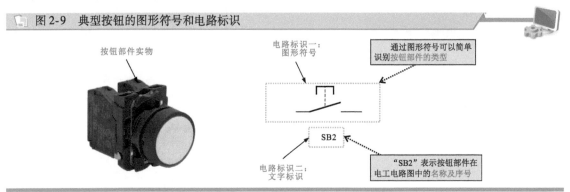

按钮部件实物

电路标识一：图形符号

通过图形符号可以简单识别按钮部件的类型

SB2

"SB2"表示按钮部件在电工电路图中的名称及序号

电路标识二：文字标识

常见按钮的外形、图形符号和电路标识等见表 2-9。

表 2-9　常见按钮的外形、图形符号和电路标识

种　类	外　形	文字标识	图形符号	说　明
控制按钮（常开按钮）		SB		一种手动操作的电气开关，其触点允许通过的电流很小，因此，一般情况下按钮不直接控制主电路的通断，通常应用于控制电路中，作为控制开关使用
控制按钮（常闭按钮）				常开按钮：初始状态下，按钮触点处于断开状态；常闭按钮：初始状态下，按钮触点处于接通状态；

（续）

种　类	外　形	文字标识	图形符号	说　明
复合按钮		SB		复合按钮：通常设有常开和常闭两组触点。按动按钮后，常开按钮变为闭合；常闭按钮变为断开状态
自锁按钮				控制按钮的一种，但与一般控制按钮不同，这种控制按钮按下后锁定，松开按钮后并保持按下状态

2.4.3　接触器的电路符号与标识

接触器是由内部的线圈控制其触点动作的，由于其结构相对较复杂，在电工电路中的图形符号和电路标识也较为特殊。图 2-10 所示为典型接触器的图形符号和电路标识。

图 2-10　典型接触器的图形符号和电路标识

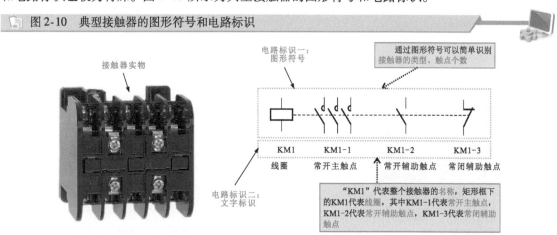

从上图可以看到，接触器在电路中通常用"KM"标识，一般由线圈、常开或常闭辅助触点、主触点等构成，其每一个组成部分都设有一个标识，所有标识的起始字母和数字一致（KM1、KM1-1、KM1-2，KM1-3 均以 KM1 起始）；线圈用矩形框标识，触点分别根据常开和常闭状态用不同符号标识；线圈和触点分别可以与外部电气部件连接形成电路关系，因此都连有两根引线。

| 提示说明 |

在实际的电工电路中，由于接触器的特殊作用，它的图形符号通常分散开来实现电气线路连接，如图 2-11 所示。

从图 2-11 中可以看到，接触器 KM1 的线圈和常开、常闭辅助触点设在控制部分，主触点设在主电路部分，从位置关系来看，相对较远。识别该类电气部件需要结合电路标识进行，通常所有起始字母和数字都一致的几个部件属于同一个电气部件，如图中的 KM1、KM1-1、KM1-2、KM1-3 都属于接触器 KM1 的组成部分。当线圈 KM1 动作时，同时带动 KM1-1、KM1-2、KM1-3 动作。

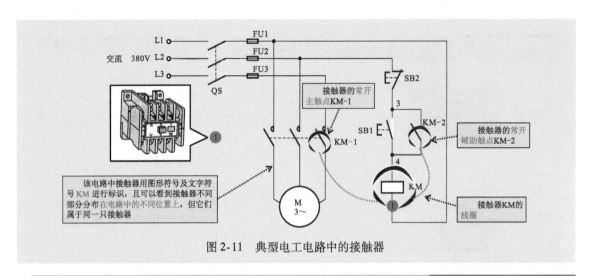

图 2-11　典型电工电路中的接触器

2.4.4　继电器的电路符号与标识

继电器是一种由弱电通过电磁线圈控制开关触点的器件，它是由驱动线圈和开关触点两部分组成的，其图形符号也一般包括线圈和开关触点两部分，其中开关触点的数量可以为多个。

典型继电器的图形符号和电路标识如图 2-12 所示。

📋 图 2-12　典型继电器的图形符号和电路标识

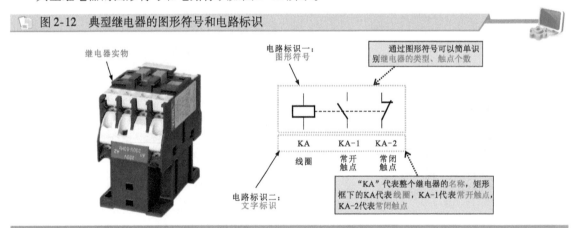

继电器的图形符号和电路标识与接触器有些类似，线圈用矩形框标识，触点分别根据常开和常闭状态用不同符号标识；线圈和触点分别可以与外部电气部件连接形成电路关系，因此都连有两根引线。另外，属于同一个继电器的不同组成部分，文字标识的起始字母和数字一致（如 KA、KA-1、KA-2，均以 KA 起始）。

常见继电器的外形、图形符号和电路标识等见表 2-10。

表 2-10　常见继电器的外形、图形符号和电路标识

类　型	外　形	文字标识	图形符号	说　明
普通继电器		KA	KA　　KA-1　KA　　KA-1 线圈　常开触点　线圈　常闭触点	根据外界输入量来控制电路"接通"或"断开"的自动控制电气装置。 当线圈得电时，带动其所有触点动作

（续）

类　型	外　形	文字标识	图形符号	说　明
过热保护继电器		FR	FR-1 热元件　FR 常闭触点　FR-1 热元件　FR 常闭触点	热继电器是一种电气保护元件，利用电流的热效应来推动动作机构使触点闭合或断开的保护电器
时间继电器		KT	KT1 通电延时线圈（缓吸）　KT1-1 延时闭合的常开触点　KT1-2 延时断开的常闭触点 KT1 断电延时线圈（缓释）　KT1-1 延时断开的常开触点　KT1-2 延时闭合的常闭触点	时间继电器是其感测机构接收到外界动作信号、经过一段时间延时后触点才动作或输出电路产生跳跃式改变的继电器
电压继电器		KV	KV 线圈　KV-1 常开触点　KV 线圈　KV-1 常闭触点　过电压继电器 KV 线圈　KV-1 常开触点　KV 线圈　KV-1 常闭触点　欠电压继电器	电压继电器又称零电压继电器，是一种按电压值的大小而动作的继电器。电压继电器具有导线细、匝数多、阻抗大的特点
电流继电器		KA	KA 线圈　KA-1 常开触点　KA 线圈　KA-1 常闭触点　过电流继电器 KA 线圈　KA-1 常开触点　KA 线圈　KA-1 常闭触点　欠电流继电器	当继电器的电流超过整定值时，引起开关电器有延时或无延时动作的继电器。主要用于频繁起动和重载起动的场合，作为电动机和主电路的过载和短路保护
速度继电器		KS	KS-1 常开触点　KS-1 常闭触点	速度继电器又称为反接制动继电器，主要是与接触器配合使用，实现电动机的反接制动

（续）

类 型	外 形	文字标识	图形符号	说 明
压力继电器		KP	KP 线圈　KP-1 常开触点　KP 线圈　KP-1 常闭触点	将压力转换成电信号的液压器件。压力继电器通常用于机械设备的液压或气压的控制系统中，方便对机械设备提供控制和保护的作用

2.4.5　变压器的电路符号与标识

变压器实质上就是一种电感器，它利用两个电感绕组靠近时互感的原理，可以从一个电路向另一个电路传递电能或信号。

变压器在电工电路中的标识也通常分为两部分：一部分是图形符号，标识变压器的类型和结构等；一部分是字母＋数字标识该变压器在电路中的名称、序号等信息。

典型变压器的图形符号和电路标识如图 2-13 所示。

图 2-13　典型变压器的图形符号和电路标识

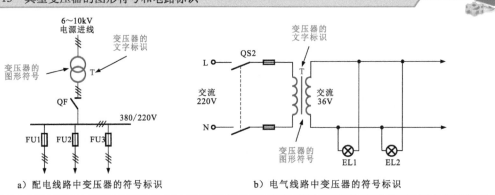

a）配电线路中变压器的符号标识　　　　b）电气线路中变压器的符号标识

变压器在电工电路中用字母"T"标识。在不同类型的电工电路中，变压器在电路中的图形符号标识有所区别。在配电线路中，多以简图形式体现；在供电线路中，多以内部绕组的结构形式体现，如用代表绕组的曲线标识一次绕组和二次绕组，曲线的个数和形状可以简单表示出变压器一次绕组和二次绕组的个数。

另外，在带有磁心或中心抽头的变压器中，在其图形符号中也有所表示，如图 2-14 所示。

图 2-14　变压器图形符号

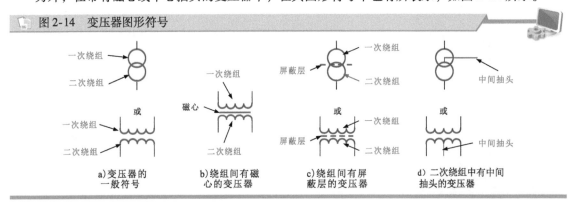

a）变压器的一般符号　　b）绕组间有磁心的变压器　　c）绕组间有屏蔽层的变压器　　d）二次绕组中有中间抽头的变压器

2.4.6 电动机的电路符号与标识

电动机在电工电路中的标识也通常分为两部分：一部分是图形符号，标识电动机的类型等；另一部分是字母＋数字标识该电动机在电路中的名称、序号等信息。

典型电动机的图形符号和电路标识如图 2-15 所示。

图 2-15 典型电动机的图形符号和电路标识

电动机实物

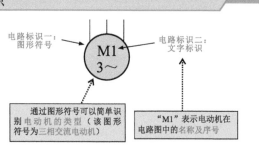

电路标识一：图形符号

电路标识二：文字标识

M1
3～

通过图形符号可以简单识别电动机的类型（该图形符号为三相交流电动机）

"M1" 表示电动机在电路图中的名称及序号

电动机在电工电路中用字母 "M" 标识，且该标识通常位于图形符号内部。

在电工电路中，电动机种类多样，不同类型的电动机，其功能和电路标识都会有所区别，因此，了解不同类型的电动机的符号标识含义，对识读电工电路图有重要意义。

常见电动机的外形、图形符号和电路标识等见表 2-11。

表 2-11 常见电动机的外形、图形符号和电路标识

种 类		外 形	文字标识	图形符号	说 明
直流电动机	一般直流电动机		M	ⓜ	采用直流进行供电的一类电动机
	并励式直流电动机			ⓜ	
	串励式直流电动机			ⓜ	
	他励式直流电动机			ⓜ	
	复励式直流电动机			Ⓖ	
	永磁式直流电动机			ⓜ	
步进电动机				ⓜ	步进电动机是将电脉冲信号转变为角位移或线位移的开环控制器件。在负载正常的情况下，电动机的转速，停止的位置（或相位）只取决于驱动脉冲信号的频率和脉冲数。不受负载变化的影响

37

（续）

种　类		外　形	文字标识	图形符号	说　明
伺服电动机				Ⓜ	伺服电动机是指自动跟踪控制系统中的电动机，与自动控制电路系统是密不可分的
单相交流电动机	单相同步电动机		M	MS 1~	电动机的转动速度与供电电源的频率保持同步，其转速比较稳定，可直接使用市电进行驱动
	单相异步电动机			M 1~	电动机的转动速度与供电电源的频率不同步。应用于输出转矩大、转速精度要求不高的产品中
	单相永磁同步电动机			MS 1~	
	单相交流串励电动机			M 1~	
三相交流电动机	三相绕组式异步电动机			MS 3~	
	三相笼型异步电动机			MS 3~	三相交流电动机是利用三相交流电源供电的电动机，一般供电电压为380V，在动力设备中应用较多
	三相交流串励电动机			M 3~	
变频电动机				M 3~	指为适应变频供电实现调速目的而专门制作的电动机，目前多指专用于与变频器配合使用的一类电动机

| 提示说明 |

　　在实际的电工电路中，很多时候用电机的一般图形符号进行标识，即用"⊛"表示电机的通用符号，∗可用字母M、G等字母代换。

3.1 简单电路的识读

3.1.1 简单RC电路的识读

1 简单RC电路的特点

根据不同的应用场合和功能，RC电路通常有两种结构形式：一种是RC串联电路；另一种是RC并联电路，如图3-1所示。

图3-1 RC电路的结构形式

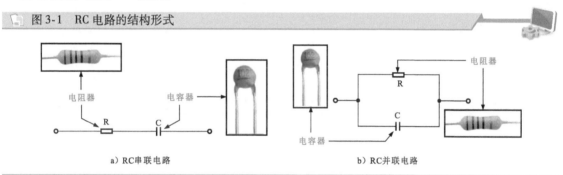

a) RC串联电路　　　　　　　　　　b) RC并联电路

（1）RC串联电路

电阻器和电容器串联后再与交流电源连接，称为RC串联电路。图3-2所示为典型RC串联电路。电路中流动的电流引起了电容器和电阻器上的电压降，这些电压降与电路中电流及各元件的电阻值或容抗值成比例。电阻器电压 U_R 和电容器电压 U_C 用欧姆定律表示为（X_C 为容抗）

$$U_R = I \times R$$
$$U_C = I \times X_C$$

图3-2 典型RC串联电路

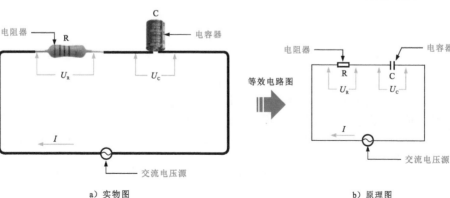

a) 实物图　　　　　　　　　　b) 原理图

（2）RC 并联电路

电阻器和电容器并联后再与交流电源连接，称为 RC 并联电路。如图 3-3 所示为典型 RC 并联电路。

图 3-3　典型 RC 并联电路

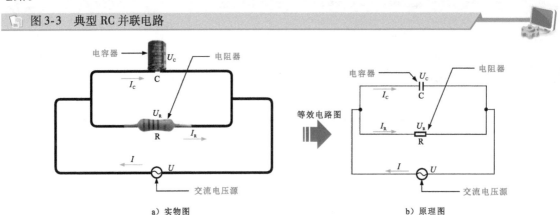

a）实物图　　　　　　　　　　　　　　　　b）原理图

与所有并联电路相似，在 RC 并联电路中，外加电压 U 直接加在各个支路上。因此各支路的电压相等，都等于外施电压，并且三者之间的相位相同。因为整个电路的电压相同，它为表示任意电路的相位差提供了基准。当知道任何一个电路电压时，即可知道所有电压值。

$$U = U_R = U_C$$

| 提示说明 |

RC 元件构成的串并联电路常用于 RC 正弦波振荡电路。该电路是利用电阻器和电容器的充放电特性构成的。RC 的值选定后它们的充放电的时间（周期）就固定为一个常数，也就是说它有一个固定的谐振频率。RC 正弦波振荡电路一般用来产生频率在 200kHz 以下的低频正弦信号。常见的 RC 正弦波振荡电路有桥式、移相式和双 T 式等几种，如图 3-4 所示。

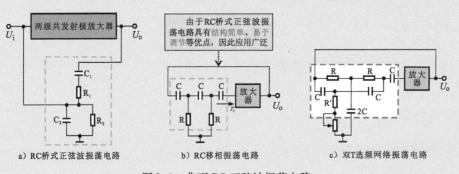

a）RC桥式正弦波振荡电路　　　b）RC移相振荡电路　　　c）双T选频网络振荡电路

图 3-4　典型 RC 正弦波振荡电路

2　简单 RC 电路的识读案例

在对该电路进行识读分析时，首先要了解该电路的基本组成，找到该电路中典型器件构成的功能电路，再对其在整个电路中的功能进行识读，最后完成整个电路的识图过程。图 3-5 为简单直流稳压电源电路（简单 RC 电路）的识图分析。

交流220V 变压器降压后输出 8V 交流低压，8V 交流电压经桥式整流电路输出约11V 直流电压，该电压经两级 RC 滤波后，输出较稳定的 6V 直流电压。

交流电压经桥式整流堆整流后变为直流电压，且一般满足 $U_直 = 1.37U_交$。例如，220V 交流电压经整流后输出约300V 直流电压；8V 交流电压经整流堆输出约11V 直流电压。

图 3-5 对简单直流稳压电源电路（简单 RC 电路）进行识读分析

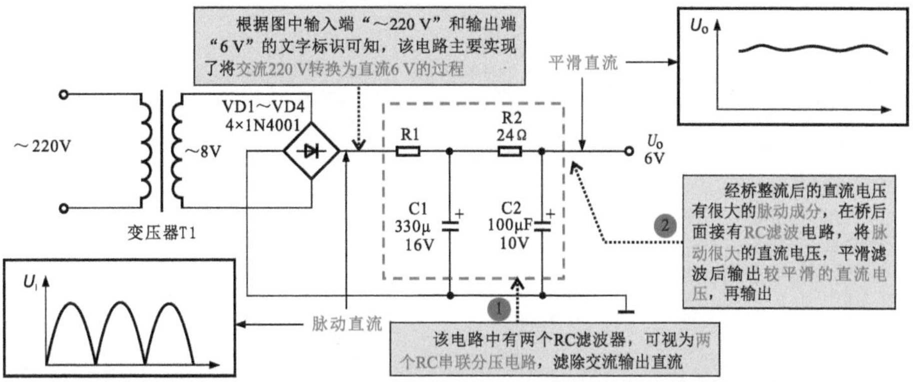

根据图中输入端 "～220 V" 和输出端 "6 V" 的文字标识可知，该电路主要实现了将交流 220 V 转换为直流 6 V 的过程

平滑直流 → U_o

～220V ～8V 变压器T1 VD1～VD4 4×1N4001 脉动直流

R1 R2 24Ω U_o 6V

C1 330μ 16V C2 100μF 10V

U_i

经桥整流后的直流电压有很大的脉动成分，在桥后面接有RC滤波电路，将脉动很大的直流电压，平滑滤波后输出较平滑的直流电压，再输出

②

① 该电路中有两个RC滤波器，可视为两个RC串联分压电路，滤除交流输出直流

3.1.2 简单 LC 电路的识读

1 简单 LC 电路的特点

41

在由电容器和电感器组成的串联或并联电路中，感抗和容抗相等时，电路成为谐振状态，该电路称为 LC 谐振电路。LC 谐振电路又可分为 LC 串联谐振电路和 LC 并联谐振电路，如图 3-6 所示。

图 3-6 LC 谐振电路的结构形式

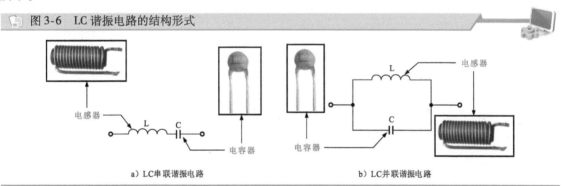

电感器 L C 电容器

a）LC串联谐振电路

L 电感器 C 电容器

b）LC并联谐振电路

（1）LC 串联谐振电路

LC 串联谐振电路是指将电感器和电容器串联后形成的，为谐振状态（关系曲线具有相同的谐振点）的电路。图 3-7 所示为 LC 串联谐振电路的结构及电流和频率的关系曲线。在串联谐振电路中，当信号接近特定的频率时，电路中的电流达到最大，这个频率称为谐振频率。

图 3-7 LC 串联谐振电路的结构及电流和频率的关系曲线

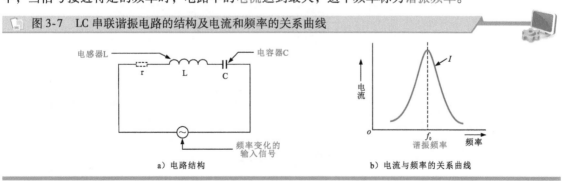

电感器L r L C 电容器C

频率变化的输入信号

a）电路结构

电流 I o f_0 谐振频率 频率

b）电流与频率的关系曲线

图 3-8 为不同频率信号通过 LC 串联谐振电路后的结果。当输入信号经过 LC 串联谐振电路时，

根据电感器和电容器的阻抗特性，频率较高的信号难以通过电感器，而频率较低的信号难以通过电容器。在 LC 串联谐振电路中，在谐振频率 f_0 处阻抗最小，此频率的信号很容易通过电容器和电感器输出。此时 LC 串联谐振电路起到选频的作用。

图 3-8　信号通过 LC 串联谐振路电前后的波形

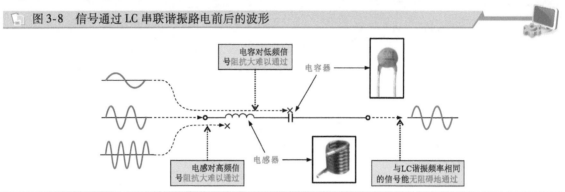

（2）LC 并联谐振电路

LC 并联谐振电路是指将电感器和电容器并联后形成的，为谐振状态（关系曲线具有相同的谐振点）的电路。图 3-9 所示为 LC 并联谐振电路的结构及电流和频率关系曲线。在并联谐振电路中，如果电感中的电流与电容中的电流相等，则电路就达到了并联谐振状态。在该电路中，除了 LC 并联部分以外，其他部分的阻抗变化几乎对能量消耗没有影响。因此，这种电路的稳定性好，比串联谐振电路应用得更多。

图 3-9　LC 并联谐振电路的结构及电流和频率关系曲线

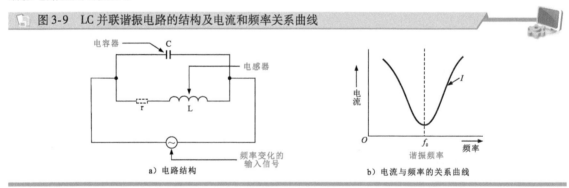

图 3-10 为不同频率的信号通过 LC 并联谐振电路时的状态。当输入信号经过 LC 并联谐振电路时，同样根据电感器和电容器的阻抗特性，较高频率的信号则容易通过电容到达输出端，而较低

图 3-10　信号通过 LC 并联谐振电路前后的波形

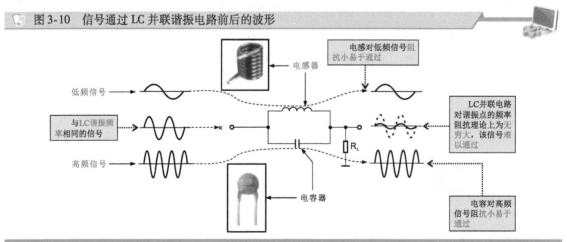

频率的信号则容易通过电感器到达输出端。由于 LC 回路在谐振频率 f_0 处的阻抗最大，谐振频率点的信号不能通过 LC 并联的振荡电路。

2 简单 LC 电路的识读案例

在对简单 LC 电路进行识读分析时，我们首先要了解该电路的基本组成，找到该电路中典型器件构成的功能电路，再对其在整个电路中的功能进行识读，最后完成整个电路的识图过程。

图 3-11 为稳压电源电路（简单 LC 电路）的识图分析。

图 3-11 对稳压电源电路（简单 LC 电路）进行识图分析

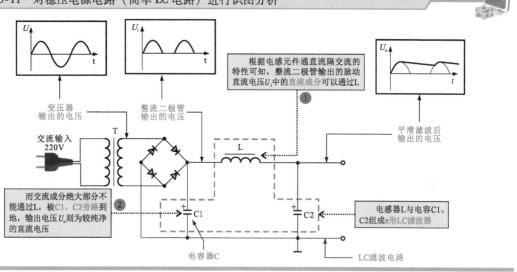

图 3-12 为袖珍式单波段收音机电路（简单 LC 电路）的识图分析

图 3-12 对袖珍式单波段收音机电路（简单 LC 电路）的识图分析

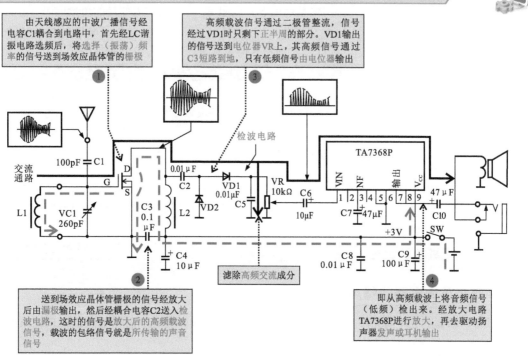

3.2 基本放大电路的识读

3.2.1 共发射极放大电路的识读

1 共发射极放大电路的特点

共发射极放大电路是晶体管放大电路的一种。共发射极放大电路是指将晶体管的发射极作为公共接地端的电路。

图 3-13 所示为共发射极放大电路的基本结构。该电路主要是由晶体管 VT、偏置电阻器 R_{b1}、R_{b2}、负载电阻 R_L 和耦合电容 C1、C2 等组成的。

图 3-13　共发射极（e）放大电路的基本结构

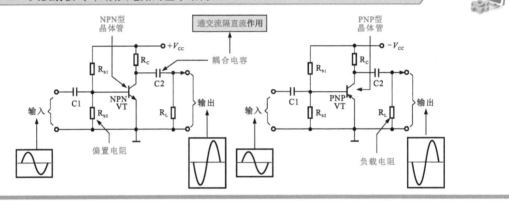

晶体管 VT 是这一电路的核心部件，晶体管主要功能是起到对信号进行放大；电路中偏置电阻 R_{b1} 和 R_{b2} 通过电源给晶体管基极（b）供电；电源通过电阻 R_C 给晶体管集电极（c）供电；两个电容 C1、C2 都是起到通交流隔直流作用的耦合电容；电阻 R_L 是承载输出信号的负载电阻。

输入信号加到晶体管基极（b）和发射极（e）之间，而输出信号又取自晶体管的集电极（c）和发射极（e）之间，由此可见发射极（e）为输入信号和输出信号的公共接地端。

| 提示说明 |

NPN 型与 PNP 型晶体管放大电路的最大不同之处在于供电电源的极性：采用 NPN 型晶体管的放大电路，供电电源是正电源送入晶体管的集电极（c）；采用 PNP 型晶体管的放大电路，供电电源是负电源送入晶体管的集电极（c）。

2 共发射极放大电路的识读案例

对于共发射极放大电路，应首先了解电路的结构组成，然后根据电路中各种关键元器件的作用、功能特点，再对电路的信号流程进行分析，最后完成对共发射极放大电路的识图分析。图 3-14 为电容耦合多级放大电路的识图分析。

3.2.2 共基极放大电路的识读

1 共基极放大电路的特点

由晶体管构成的放大电路具有放大的作用，共基极放大电路是指将晶体管的基极作为公共接地端的电路。

图 3-14 电容耦合多级放大电路的识图分析

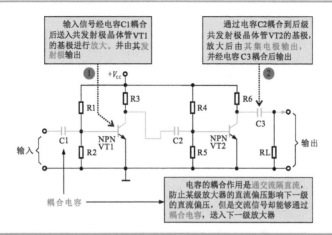

图 3-15 所示为共基极放大电路的基本结构，该电路主要是由晶体管 VT、偏置电阻器 R_{b1}、R_{b2}、R_e、负载电阻 R_C、R_L 和耦合电容 C1、C2 等组成的。

电路中的 5 个电阻都是为了建立静态工作点而设置的，其中 R_C 是集电极（c）的负载电阻；R_L 是负载端的电阻；C1 和 C2 都是起到通交流隔直流作用的耦合电容；去耦电容 C_b 是为了使基极（b）的交流直接接地，起到去耦合的作用，即起到消除交流负反馈的作用。

图 3-15 共基极（b）放大电路的基本结构

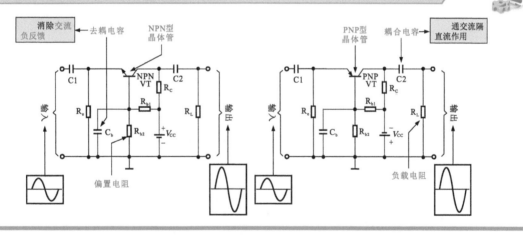

输入信号是加载到晶体管发射极（e）和基极（b）之间，而输出信号取自晶体管的集电极（c）和基极（b）之间，由此可见基极（b）为输入信号和输出信号的公共端。

| 提示说明 |

电容通交流是指交流信号可以通过电容传输到下一级电路，隔直流是指直流电压不能通过电容加到输出端或输入端。

2 共基极放大电路的识读案例

对于共基极放大电路，我们应首先了解电路的结构组成，然后根据电路中各种关键元器件的作用、功能特点，再对电路的信号流程进行分析，最后完成对共基极放大电路的识图分析。

图 3-16 为典型共基极放大电路的识图分析。

图 3-16 典型共基极放大电路的识图分析

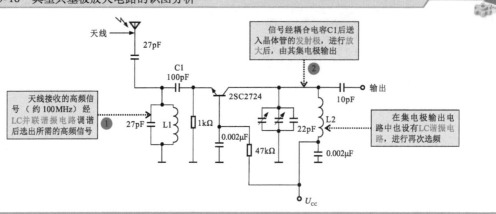

| 提示说明 |

频率高低是相对的，在中波收音机电路中，处理 1MHz 左右中波广播信号的就是高频放大电路；而驱动耳机或扬声器的信号（20kHz 以下）为低频信号；在 FM 收音机中处理 100MHz 左右的载波信号的电路为高频电路，处理 10.7MHz 的电路为中频电路。

3.2.3 共集电极放大电路的识读

1 共集电极放大电路的特点

共集电极放大电路是从发射极输出信号的，信号波形与相位基本与输入相同，因而又称射极输出器或射极跟随器，简称射随器，常用作缓冲放大器。

共集电极放大电路的结构与共射极放大电路基本相同，不同之处有两点：其一是将集电极电阻 R_c 移到了发射极（用 R_e 表示）；二是输出信号不再取自集电极而是取自发射极，图 3-17 所示为共集电极放大电路的基本构成。

两个偏置电阻 R_{b1} 和 R_{b2} 是通过电源给晶体管基极（b）供电；R_e 是晶体管发射极（e）的负载电阻；两个电容都是起到通交流隔直流作用的耦合电容；电阻 R_L 则是负载电阻。

图 3-17 共集电极（c）放大电路的基本结构

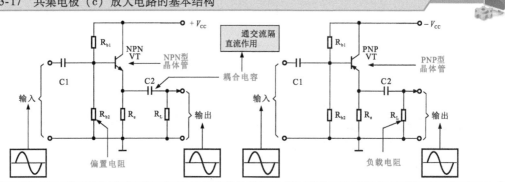

由于晶体管放大器单元电路的供电电源的内阻很小，对于交流信号来说正负极间相当于短路。交流地等效于电源，也就是说晶体管集电极（c）相当于接地。输入信号是加载到晶体管基极（b）和发射极（e）与负载电阻 R_e 之间，也就相当于加载到晶体管基极（b）和集电极（c）之间，输出信号取自晶体管的发射极（e），也就相当于取自晶体管发射极（e）和集电极（c）之间，因此集电极（c）为输入信号和输出信号的公共端。

2 共集电极放大电路的识读案例

对于共集电极放大电路，我们应首先了解电路的结构组成，然后根据电路中各种关键元器件的作用、功能特点，再对电路的信号流程进行分析，最后完成对共集电极放大电路的识图分析。

图 3-18 为典型共集电极放大电路的识图分析。

图 3-18 典型共集电极放大电路的识图分析

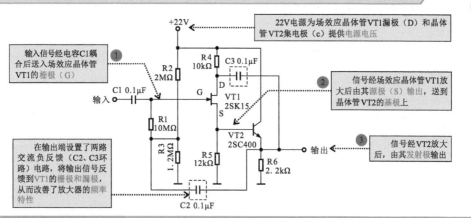

47

第 4 章 实用单元电路的识读

4.1 脉冲电路的识读

4.1.1 脉冲信号产生电路的识读

脉冲信号产生电路是产生脉冲信号的电路，该电路用于为脉冲信号处理和变换电路提供信号源。通常，脉冲信号产生电路不需外加触发信号，在电源接通后，就可自动产生一定频率和幅度的脉冲信号。

例如，图 4-1 为一种简单的脉冲信号产生电路，主要是由两只晶体管 VT1、VT2 构成的，VT2

图 4-1　简单的脉冲信号产生电路

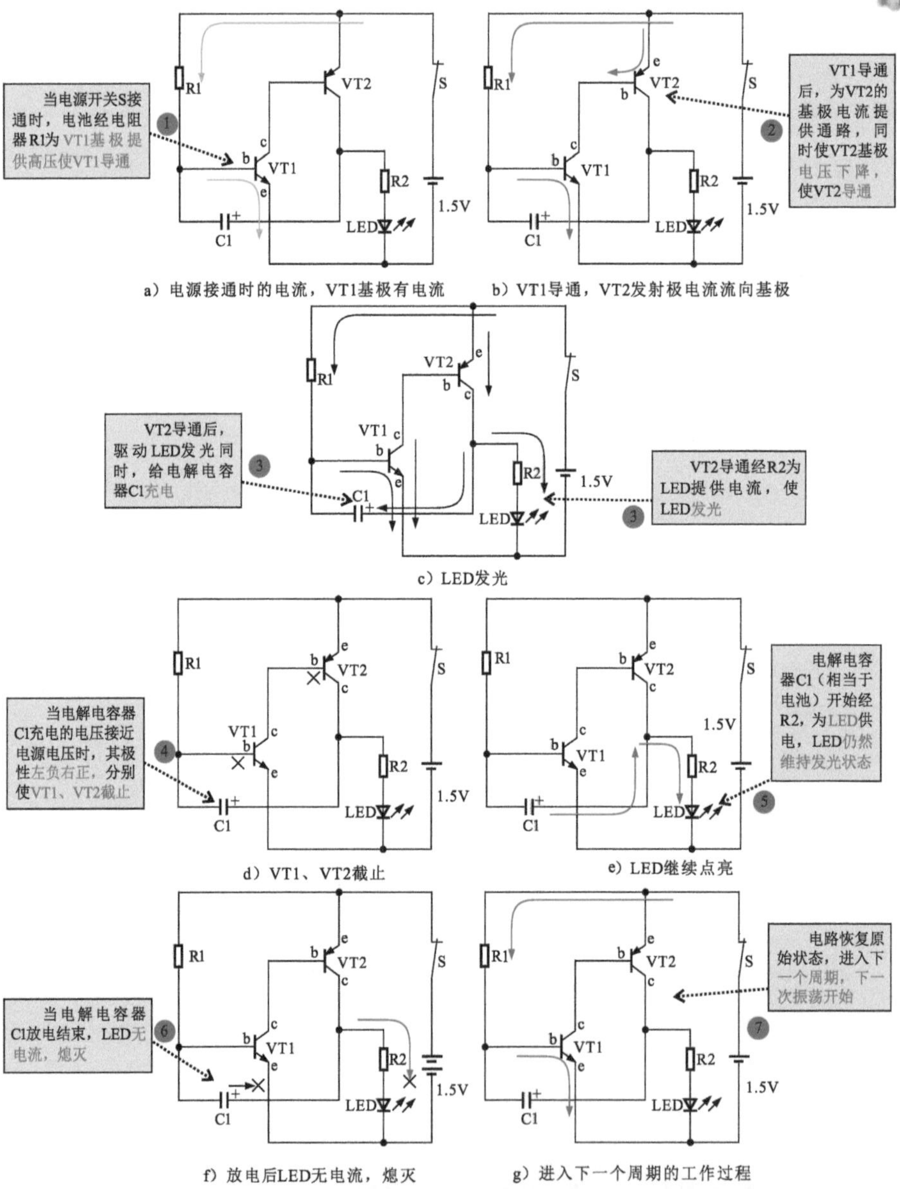

当电源开关S接通时，电池经电阻器R1为VT1基极提供高压使VT1导通
VT1导通后，为VT2的基极电流提供通路，同时使VT2基极电压下降，使VT2导通
VT2导通后，驱动LED发光同时，给电解电容器C1充电
VT2导通经R2为LED提供电流，使LED发光
当电解电容器C1充电的电压接近电源电压时，其极性左负右正，分别使VT1、VT2截止
电解电容器C1（相当于电池）开始经R2，为LED供电，LED仍然维持发光状态
当电解电容器C1放电结束，LED无电流，熄灭
电路恢复原始状态，进入下一个周期，下一次振荡开始
R1
R2
VT1
VT2
S
C1
LED
1.5V

a）电源接通时的电流，VT1基极有电流　b）VT1导通，VT2发射极电流流向基极

c）LED发光

d）VT1、VT2截止　e）LED继续点亮

f）放电后LED无电流，熄灭　g）进入下一个周期的工作过程

输出的脉冲信号可以驱动发光二极管（LED）闪光。

| 提示说明 |

脉冲信号是指一种持续时间极短的电压或电流波形。从广义上讲，凡不具有持续正弦形状的波形，几乎都可以称为脉冲信号。它可以是周期性的，也可以是非周期性的。图 4-2 所示为几种常见的脉冲信号波形。

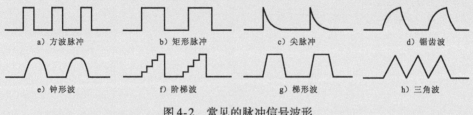

图 4-2　常见的脉冲信号波形

脉冲信号在数字信号处理电路、控制电路中的应用非常广泛。例如，驱动彩灯和霓虹灯的信号，驱动继电器、蜂鸣器、步进电动机的信号，电子表中的计时信号等都是脉冲信号。

4.1.2　脉冲信号转换电路的识读

脉冲信号转换电路是用于实现脉冲信号传输或改善脉冲信号性能的电路。在实际的电路应用中，脉冲信号常常会根据电路需要进行脉冲形态、脉冲宽度、脉冲延时等一系列转换。

脉冲信号转换电路包括脉冲信号的整形和变换。常见的脉冲信号整形和变换电路主要有：RC 微分电路（将矩形波转换为尖脉冲）、RC 积分电路、单稳态触发电路、双稳态触发电路等。这些电路有一个共同的特点：它们不能产生脉冲信号，只能将输入端的脉冲信号整形或变换为另一种脉冲信号。

例如，图 4-3 ～图 4-6 为几种脉冲信号整形和变换电路，以及其输入和整形后输出的脉冲信号。

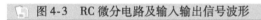

图 4-3　RC 微分电路及输入输出信号波形

输入矩形脉冲信号

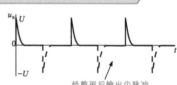

经整形后输出尖脉冲

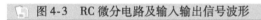

图 4-4　RC 积分电路及输入输出信号波形

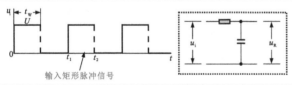

输入矩形脉冲信号

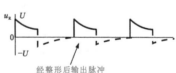

经整形后输出脉冲

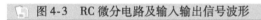

图 4-5　典型单稳态触发电路及输入、输出脉冲信号波形

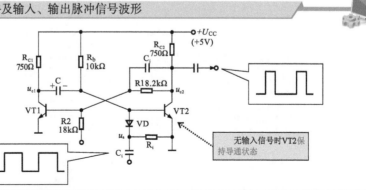

无输入信号时 VT2 保持导通状态

图 4-6　典型双稳触发电路及输入、输出脉冲信号波形

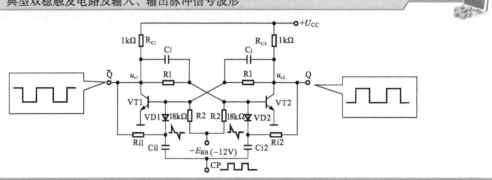

4.2　电源电路的识读

4.2.1　线性稳压电源电路的识读

线性稳压电源电路通常先对交流电压进行滤波，然后通过降压、整流、滤波后得到波纹很小的直流电压，最后再由稳压电路稳压后输出稳定的直流电压。在电路的稳压部分有时也会设置检测保护电路，当负载发生短路故障时，用来保护电路稳压电路不受影响。

图 4-7 为线性稳压电源电路的基本工作流程。

图 4-7　线性稳压电源电路的基本工作流程

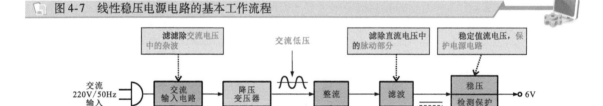

图 4-8 为典型线性稳压电源电路的结构。从图中可以看出，该线性电源电路是由降压变压器、桥式整流堆、滤波电容以及晶体管、稳压二极管等组成的。

图 4-8　典型线性稳压电源电路的结构及单元划分图

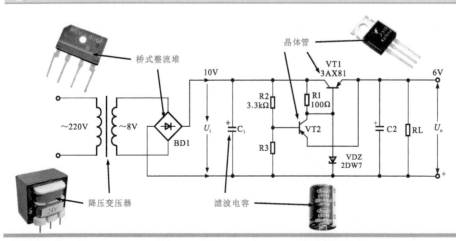

图 4-8　典型线性稳压电源电路的结构及单元划分图（续）

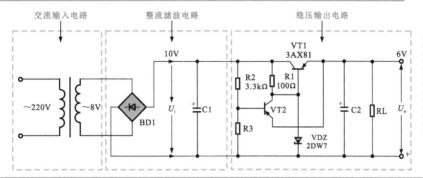

扫一扫看视频

根据电路中各主要部件的功能特点，将该电路划分成 3 个部分，即交流输入电路、整流滤波电路和稳压输出电路。

（1）交流输入电路

在交流输入电路中，主要是由变压器构成的。变压器的左侧有交流 220V 的文字标识，右侧有交流 8V 的文字标识，这说明变压器的左侧端（一次绕组）接交流 220V，右侧端（二次绕组）输出的是交流 8V。

（2）线性稳压电源电路的整流滤波电路

在整流滤波电路中，主要是由桥式整流堆 BD1、滤波电容 C1 组成的。该桥式整流堆的上下两个引脚分别连接降压变压器的二次输出端，左右引脚输出直流 10V 电压，滤波电容将输出的 10V 脉动直流电压进行平滑滤波。

（3）稳压输出电路

稳压输出电路分为两部分，分别为稳压电路和检测保护电路。其中，稳压电路部分由 VT1、VDZ 和 R_L 构成；输出检测和保护电路是由 VT2 和偏置元件构成的。

当稳压电路正常工作时，VT2 发射极电位等于输出端电压。而基极电位由 U_i 经 R2 和 R3 分压获得，发射极电位低于基极电位，发射结反偏使 VT2 截止。

当负载短路时，VT2 的发射极接地，发射结转为正偏，VT2 立即导通，而且由于 R2 取值小，一旦导通，很快就进入饱和。其集-射极饱和电压降近似为零，使 VT1 的基-射之间的电压也近似为零，VT1 截止，起到了保护调整管 VT1 的作用。而且，由于 VT1 截止，对 U_i 无影响，因而也间接地保护了整流电源。一旦故障排除，电路即可恢复正常。

| 提示说明 |

在一些线性稳压电源电路中，通常还会使用三端稳压器来代替稳压调整晶体管、稳压调整晶体管和外围元器件都集成在三端稳压器中。在电路中都是对整流滤波电路输出的电压进行稳压。图 4-9 所示为采用三端稳压器的线性稳压电源电路。

图中的 U1 是用于 +5V 稳压的集成三端稳压器（7805），这种集成电路有三个引脚，输入电压为 13.5V，输出 5V。

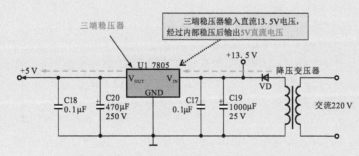

图 4-9　采用三端稳压器的线性稳压电源电路

4.2.2 开关电源电路的识读

开关电源就是先将交流 220V 电压变成直流，再经开关振荡电路变成高频脉冲，对高频脉冲进行变压、整流和滤波，这样变压器和滤波电容器的体积就能大大减小，损耗也能随之减小，效率得到提高。

图 4-10 为开关电源电路的基本工作流程图。

图 4-10 开关电源电路的基本工作流程图

扫一扫看视频

52

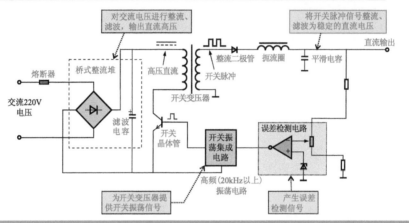

图 4-11 为典型开关电源电路的结构。该电路主要是由熔断器 F101、互感滤波器 LF101、桥式整流堆 BD101、滤波电容 C101、开关场效应晶体管 Q101、开关振荡集成电路 U101、开关变压器 T101、光耦合器 P201、误差检测放大器 U201（KIA431）以及外围元器件等构成的。

根据开关电源电路中主要部件的功能特点，通常可将该电路划分为交流输入电路、整流滤波电路、开关振荡电路、二次输出电路和误差检测电路。

（1）交流输入电路

交流输入电路是由熔断器 F101、互感滤波器 LF101 以及电容器、电阻器等构成的，其主要功能是滤除交流电路中的噪声和脉冲干扰。

电路的左侧为交流输入端，交流 220V 电压送入电路内部，经熔断器 F101 送入互感滤波器 LF101 滤除交流电压中的杂波后输出。

（2）整流滤波电路

整流滤波电路主要是由桥式整流堆 BD101、滤波电容 C101 组成。

交流 220V 电压由桥式整流堆 BD101 整流后变为 300V 直流电压，再经滤波电容 C101 滤波后，一路经开关变压器 T101 的一次绕组①、②加到开关场效应晶体管上，另一路为开关振荡集成电路提供启动电压。

（3）开关振荡电路

开关振荡电路主要是由开关场效应晶体管 Q101，开关振荡集成电路 U101 以及外围元器件构成的。

直流 300V 电压经开关变压器 T101 一次绕组①、②加到开关场效应晶体管 Q101 的漏极 D，Q101 的源极 S 经 R111 接地，栅极 G 受开关振荡集成电路 U101 的⑥脚控制。

另一路直流 300V 电压为 U101 的①脚提供启动电压，使 U101 中的振荡器起振，为 Q101 的栅极 G 提供振荡信号，于是 Q101 开始振荡，使开关变压器 T101 的一次绕组中产生开关电流。开关变压器的二次绕组③、④中便产生感应电流，③脚的输出经整流、滤波后形成正反馈电压加到 U101 的⑦脚，从而维持振荡电路的工作，使开关电源进入正常工作状态。

（4）二次输出电路

二次输出电路主要是由开关变压器 T101 的二次绕组、双二极管、滤波电容、电感器等元器件组成的。

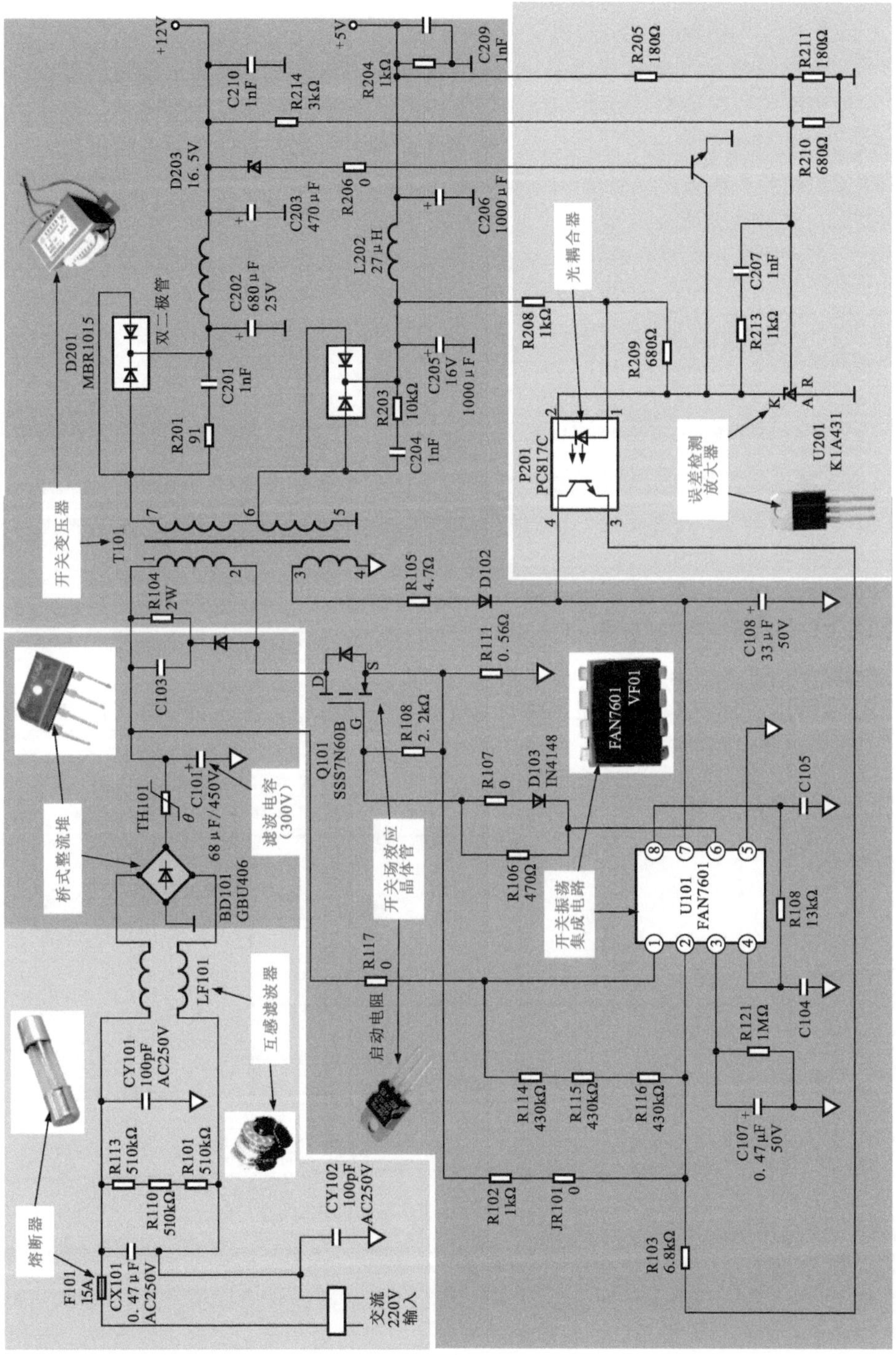

图 4 – 11 典型开关电源电路的结构

开关变压器 T101 的二次绕组输出开关脉冲信号，经整流、滤波电路后输出 + 12V 和 + 5V 直流电压。

（5）误差检测电路

误差检测电路主要由开关振荡集成电路 U101、光耦合器 P201、误差检测放大器 U201（KIA431）以及取样电阻等元件组成的。

误差检测电路设在 + 5V 的输出电路中，R205 与 R211 的分压点作为取样点。当输出电压异常升高时，经取样电阻分压加至 U201 的 R 端电位升高，U201 的 K 端电压则降低，使流经光耦合器 P201 内部发光二极管的电流增大，其发光二极管亮度增强，光电晶体管导通程度增强，开关振荡集成电路根据该信号，使其内部振荡电路降低输出驱动脉冲占空比，使开关场效应晶体管 Q101 的导通时间缩短，输出电压降低。

同样地，若电路输出电压降低则 U101 输出驱动脉冲占空比升高，这样使输出电压保持稳定。

4.3 变换电路的识读

4.3.1 交直流变换电路的识读

交/直流变换电路是指在实现交流到直流的电量变换电路。根据所"变换"电量的类型不同，主要有交流电压/直流电压变换电路、交流电流/直流电压变换电路和交流电流/直流电流变换电路三种。

1 交流电压/直流电压变换电路

交流电压/直流电压变换电路是指将电路输入端的交流电压变换为直流电压的电路。

如图 4-12 所示，为了实现交流电压到直流电压的变换过程，在电路中必须借助相应的电压转换器件，这也是这种电路的主要特征。

图 4-12 交流电压/直流电压变换电路的特征

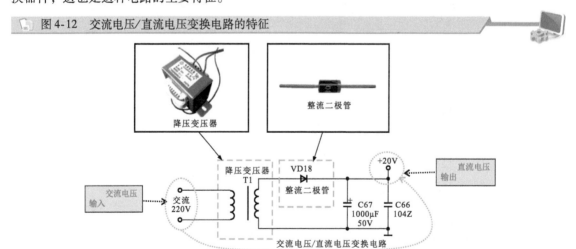

交流电压/直流电压变换电路的核心部件包括降压变压器、整流二极管等。其中，降压变压器用于将较高的交流电压变换为较低的交流电压；整流二极管用于将交流整流成直流，最终实现交流电压到直流电压的变换。

2 交流电流/直流电压变换电路

如图 4-13 所示，交流电流/直流电压变换电路中不仅实现了交流到直流的变换，还突出体现了电流到电压的变换，这种电路常用于电流检测电路中，电路的核心元件是电流互感器。

图 4-13　交流电流/直流电压变换电路的特征

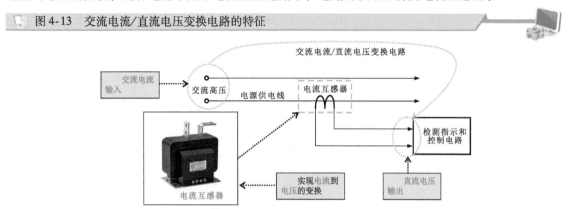

3　交流电流/直流电流变换电路的特征

交流电流/直流电流变换电路是一种单纯地将输入的交流电流变换成直流电流输出的功能电路的电路。

交流电流/直流电流变换电路与交流电压/直流电压变换电路形似，不同的是，它突出体现在电流对负载的影响，如图 4-14 所示。

图 4-14　交流电流/直流电流变换电路的特征

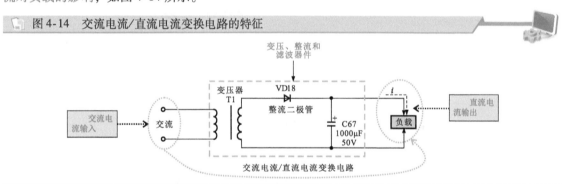

4.3.2　数模转换电路的识读

1　A-D 转换电路

在很多数码电子产品中，模拟信号在进行处理时首先要转换成数字信号，这是因为数字信号具有可靠性高、表示范围宽、精度高、容易实现、便于存储等优点，而这恰恰是模拟信号所不具备的。但是，很多节目信号源仍是模拟信号，因此需要设置 A-D 转换电路进行转换。

常见的 A-D 转换电路大多以集成电路为核心，即模拟信号送入集成有模拟-数字转换功能的集成电路中，最终转换为数字信号输出，送往后级电路中，如图 4-15 所示。

2　D-A 转换电路

由于数字信号不能直接输出或驱动模拟设备，因此在大多进行数字信号传输和处理的产品中，在电路末端设置 D-A 转换电路，将数字信号变回模拟信号后再输出。

常见的 D-A 转换电路也大多以集成电路的形式体现，即数字信号送入集成有数字-模拟转换功能的集成电路中，最终转换为模拟信号输出，送往后级电路中，如图 4-16 所示。

图 4-15　A-D 转换电路的特征

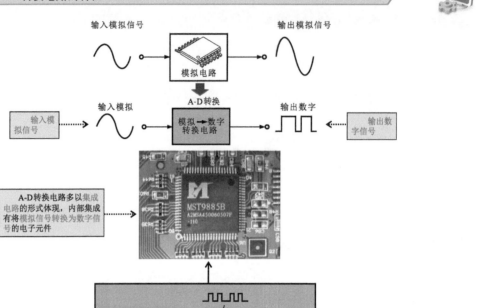

56

图 4-16　D-A 转换电路的特征

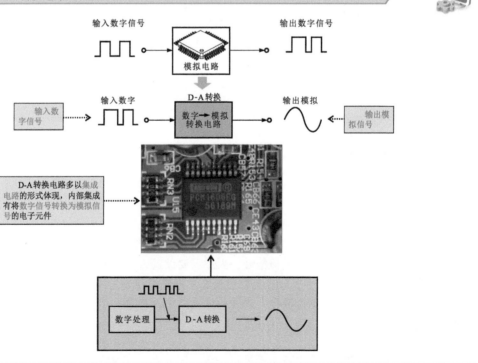

4.4 遥控电路的识读

4.4.1 遥控发射电路的识读

遥控发射电路（红外发射电路）是采用红外发光二极管来发出经过调制的红外光波，其电路结构多种多样，电路工作频率也可根据具体的应用条件而定。遥控信号有两种制式：一种是非编码形式，适用于控制单一的遥控系统中；另一种是编码形式，常应用于多功能遥控系统中。

在电子产品中，常用红外发光二极管来发射红外光信号。常用的红外发光二极管的外形与 LED 相似，但 LED 发射的光是可见的，而红外发光二极管发射的光是不可见光。

图 4-17 为红外发光二极管基本工作过程。图中的晶体管 VT1 作为开关管使用，当在晶体管的基极加上驱动信号时，晶体管 VT1 也随之饱和导通，接在集电极回路上的红外发光二极管 VD1 也随之导通工作，向外发出红外光（近红外光，其波长约为 $0.93\mu m$）。红外发光二极管的电压降约 1.4V，工作电流一般小于 20mA。为了适应不同的工作电压，红外发光二极管的回路中常串联有限流电阻 R2 控制其工作电流。

图 4-17 红外发光二极管基本工作电路

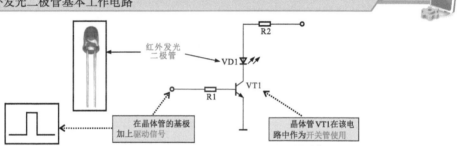

| 提示说明 |

常见的红外发光二极管，按其功率可分为小功率（1～10mW）、中功率（20～50mW）和大功率（50～100mW 以上）三大类。使用不同功率的红外发光二极管时，应配置相应功率的驱动管（驱动电路），才能使遥控的距离得到保证。要使红外发光二极管产生调制光，就需要将控制脉冲调制到一定频率的载波上。

用红外发光二极管发射的红外线去控制受控装置时，受控装置必须要有红外线的接收元件，以便将红外线转变为电信号。常用的红外线接收元件有：红外接收二极管、光电晶体管等。在实用中常采用红外发射和接收配对的二极管，如 PH303/PH302。

图 4-18 为由 555 时基电路为核心的单通道非编码式遥控发射电路。电路中的 555 时基电路构

图 4-18 由 555 时基电路为核心的单通道非编码式遥控发射电路

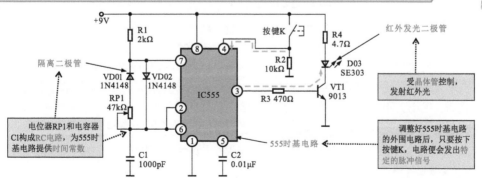

成多谐振荡器，由于在时间常数电路中设置了隔离二极管 VD01、VD02，所以 RC 时间常数可独立调整，使电路输出脉冲的占空比达到 1:10，这有助于提高红外发光二极管的峰值电流，增大发射功率。

只要按动一下按钮开关 K，555 时基电路的③脚便会输出脉冲信号，经 R3 加到晶体管 VT₁ 的基极，由 VT1 驱动红外发光二极管 VD03 工作，电路便可向外发射一组红外光脉冲。

4.4.2　遥控接收电路的识读

遥控发射电路发射出的红外光信号，需要特定的电路接收，才能起到信号远距离传输、控制的目的，因此电子产品上必定会设置遥控接收电路，组成一个完整的遥控电路系统。遥控接收电路通常由红外接收二极管、放大电路、滤波电路和整形电路等组成，它们将遥控发射电路送来的红外光接收下来，并转换为相应的电信号，再经过放大、滤波、整形后，送到相关控制电路中。

图 4-19 为典型遥控接收电路。该电路主要是由运算放大器 IC1 和锁相环集成电路 IC2 为主构成的。锁相环集成电路外接由 R3 和 C7 组成具有固定频率的振荡器，其频率与发射电路的频率相同，C5 与 C6 为滤波电容。

图 4-19　典型遥控接收电路

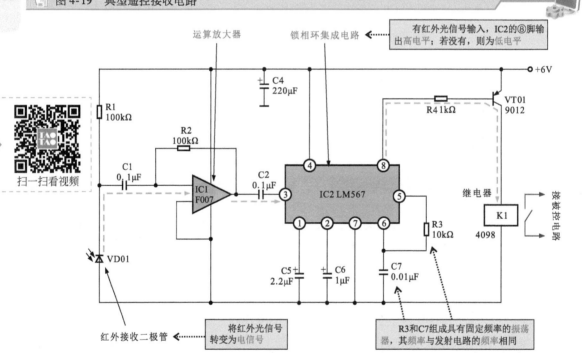

由遥控发射电路发射出的红外光信号由红外接收二极管 VD01 接收，并转变为电脉冲信号，该信号经 IC1 集成运算放大器进行放大，输入到锁相环电路 IC2。由于 IC1 输出信号的振荡频率与锁相环电路 IC2 的振荡频率相同，IC2 的⑧脚输出高电平，此时使晶体管 VT01 导通，继电器 K1 吸合，其触点可作为开关去控制被控负载。平时没有红外光信号发射时，IC2 的⑧脚为低电平，VT01 处于截止状态，继电器不会工作。这是一种具有单一功能的遥控电路。

| 提示说明 |

图 4-20 所示为采用光电晶体管作为遥控接收器电路。从图中可以看出，遥控接收器有 3 个引脚，其中②脚为 5V 工作电压端，③脚为接地端，①脚输出提取后的电信号并送往微处理器中。

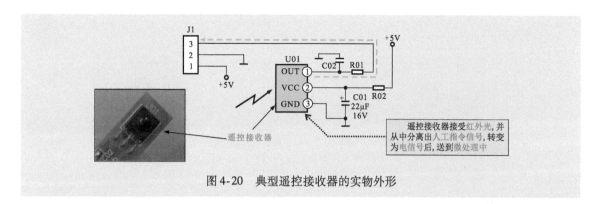

图 4-20 典型遥控接收器的实物外形

4.5 实用电子电路的识读

4.5.1 驱动电路的识读

驱动电路通常位于主电路和控制电路之间，主要用来对控制电路的信号进行放大。

在对驱动电路识读时，首先要了解其特点和基本的工作流程，接下来结合具体电路，熟悉电路的结构组成，然后依据电路中重要的元器件的功能特点，对驱动电路进行识读。

典型直流电动机稳速控制电路如图 4-21 所示。图 4-21a 是用磁带录音机中的直流电动机驱动电路，它利用 NE555 时基集成电路输出开关脉冲经 VQ01 晶体管驱动电动机旋转。NE555 的②脚为负反馈信号输入端。通过反馈环路实现稳速控制，②脚外接电位器 VR1，可对速度进行微调。图 4-21b 是采用速度反馈的方式的电动机驱动电路，它是在电动机上设有测速信号发生器 TG，速度信号经整流滤波后变成直流电压反馈到 NE555 的②脚，经 NE555 的检测和比较，再由③脚输出可变控制信号，从而达到稳速的目的。

图 4-21 典型直流电动机稳速控制电路

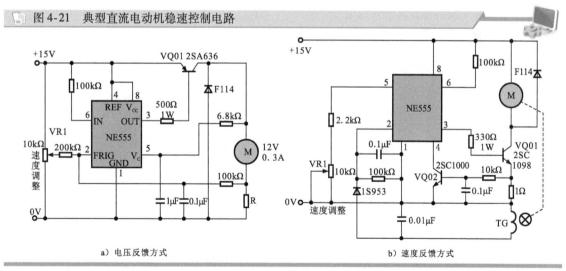

典型电动机驱动电路如图 4-22 所示。典型电动机驱动电路是一种光控双向旋转的驱动电动机电路。光电晶体管接在 VT1 的基极电路中，有光照时光电晶体管有电流，则 VT1 导通；无光照则 VT1 截止。有光照时，VT1 导通，VT2 截止，VT3 导通，VT4 导通，VT5 导通，则有电流 I_1 出现，于是电动机正转；无光照时，VT1 截止，VT6 导通，VT7 导通，VT8 导通，则有电流 I_2 出现，电动机反转。

图 4-22　典型电动机驱动电路图

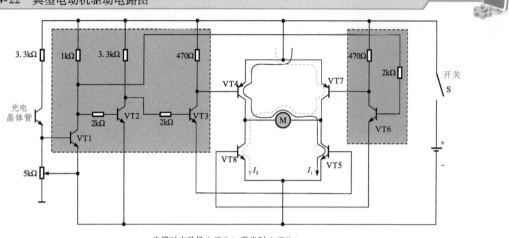

光照时电动机电流为I_2，无光时电流为I_1
使电动机转动方向相反

4.5.2　控制电路的识读

　　控制电路在识读时，应首先了解电路的基本结构，找到电路中的主要元件或部件，再根据主要元件的功能和信号流程，对该电路进行识读。

　　图 4-23 为典型报警灯的控制电路。在报警灯控制电路中，晶闸管起到了可控开关的作用。只要有触发信号加到晶闸管的触发端（G），晶闸管便会导通，触发信号消失晶闸管仍保持导通状态。当物体 A 被移动到光电检测器中时，发光二极管发的光被物体遮挡，光电晶体管无光照射则截止。VD_1 的正端电压上升，呈正向偏置，电源经 R2、VD1 为晶体管 VT1 提供基极电流，使 VT1 导通。VT1 导通的瞬间为晶闸管的触发端提供触发电压，于是晶闸管导通，报警灯的电流增加而发光。这种情况即使物体 A 离开光检测区，晶闸管仍处于导通状态，报警灯保持，只有关断一下 SB1，才能使电路恢复初始等待状态。

图 4-23　典型报警控制电路

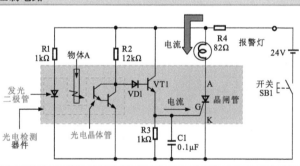

　　当物体 A 不存在时，VD1 正端电压很低，VT1 处于截止状态，其发射极电压也很低无触发信号。当物体 A 阻挡光线时，光电晶体管截止，VD1 正端电压升高，VT1 发射极电压也升高并输出触发信号。

　　控制电路应用广泛，很多控制电路以微处理器为控制核心，可以实现复杂的控制功能。图 4-24 为典型的全自动洗衣机控制电路图。该控制电路是由 4 个双向晶闸管、4 个驱动晶体管和微电脑程序控制器组成的，当某晶体管基极有高电平时，便导通，相应的晶闸管被触发，被控制的电磁阀动作。当洗衣机开始洗涤时，微电脑程序控制器的水位开关㉓脚连接的水位开关和⑮脚的进水电磁阀配合工作，控制洗涤筒内的注水量。当水位到达预定水位以后，微电脑程序控制器将进水电磁阀控制晶体管 VT6 截止，停止向洗涤筒内注入水。微电脑程序控制器控制⑫脚或⑬脚的晶体管 VT3 或 VT4 导通，使电动机正转或反转，开始洗涤衣物。洗涤完成以后微电脑程序控制器⑫脚或⑬脚的晶体管 VT3 或 VT4 截止，使电动机停止运转。微电脑程序控制器⑭脚上的晶体管 VT5 导通，排水电磁阀开始工作。当排水到最后 1min 时，微电脑程序控制器⑯脚上的晶体管 VT7 和 VT2 导通，蜂鸣器开始鸣叫。

📖 图 4-24　典型的全自动洗衣机的控制电路图

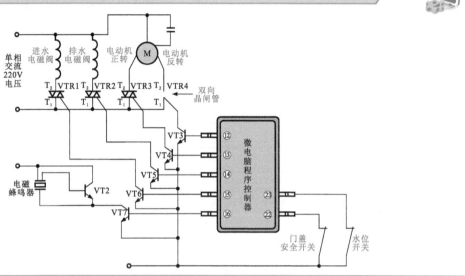

4.5.3　检测电路的识读

检测电路的主要功能是对产品中的某一状态进行检测或监控，并根据其检测的结果来进行相关的操作，从而实现对电路的保护、控制及显示等功能。

对检测电路的识读时，首先要从电路的检测部分入手，找到主要的传感器件，了解该传感器的功能及结构特点；然后依据传感器功能特点，对电路进行电路单元的划分；最后，顺着信号流程，通过对各电路单元的分析，完成对整体线性电源电路的识读。

典型物体位移检测电路如图 4-25 所示。从图中可见，按键开关接通有电压（12V）加到发光二极管及其驱动电路。开关（S）设置在被检测的机构上，在正常状态开关（S）接通，晶体管基极处于反向偏置状态而截止，电流直接由开关 S 流走。一旦被测机构有异常情况使开关 S 断开，+12V 电源经电路和二极管 VD1 使晶体管满足导通条件，即发射结正偏，集电结反偏。发光二极管处于工作状态，发出报警信号。

📖 图 4-25　典型物体位移检测电路

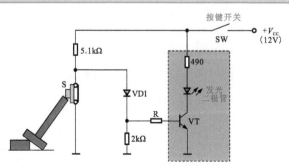

变频空调器室外温度检测电路如图 4-26 所示。室外机温度检测元件采用热敏电阻，热敏电阻的阻值会随环境温度的变化而变化，微处理器在工作中要不断地检测室外温度、盘管温度和排气管温度，为实施控制提供外部数据。设置在室外机检测部位的热敏电阻通过引线和插头接到控制电路接插件 CN06 上。经 CN06 分别与直流电压 +5V 和接地电阻相连，然后加到微处理器（CPU）的⑦、⑧、⑨脚。

温度变化时，热敏电阻的值会发生变化。热敏电阻与接地电阻构成分压电路，分压点的电压值会发生变化，该电压送到微处理器中，会在接口电路中经 A-D 转换器将模拟电压量变成数字信号，提供给微处理器进行比较判别，以确定对其他部件的控制。

图 4-26 变频空调器室外温度检测电路

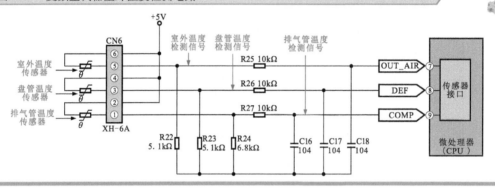

4.5.4 信号处理电路的识读

信号处理电路主要是将信号源发出的信号进行放大、检波等。在识读时，首先要了解该电路的特点和基本工作流程，然后根据电路中各关键器件的作用、功能特点对电路进行识读。

图 4-27 为典型多声道音频信号处理电路图。多声道音频信号处理电路是 AV 功放设备中的立体

图 4-27 典型多声道音频信号处理电路图

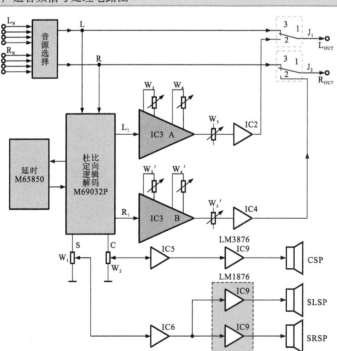

电路，该电路有多个外部音频信号输入接口，可同时输入 CD、VCD、DVD、摄录像机的音频信号（双声道），经音源选择电路选择出 R、L 信号。该信号送到杜比定向逻辑解码电路 M69032P 中，进行环绕声解码处理，解码后有四路（多声道）输出，L、R 为立体声道信号、S 为环绕声道信号、C 为中置声道输出。S、C 声道的信号经放大后去驱动各自的扬声器，其中 S 声道再分成两路信号去驱动两路扬声器。整体共 5 个声道，可以形成临场感很强的环绕声效果。

4.5.5　接口电路的识读

接口电路主要实现数据传输与转换。在对接口电路识图时，首先了解该接口的特点，然后根据电路中重要元器件的特点，顺着信号流程，对电路进行分析并完成其识读方法。

图 4-28 为典型空调器室外机的温度传感器接口电路。在室外机的温度传感器接口电路中，微处理器的⑮、⑯、⑰脚是温度传感器的信号输入端，CN205、CN206、CN207 分别为温度、盘管温度和压缩机排气温度传感器的连接端。热敏电阻与接口电路中的电阻构成分压电路，温度变化会引起热敏电阻阻值的变化，电阻值的变化会引起分压电路分压点电压的变化，送入微处理器的是电压值。也就是说该温度的变化量由接口电路变成了电压的变化量，在 CPU 中经 A-D 转换器和运算处理电路的处理。这些数据成为微处理器控制的依据，如果温度出现异常，微处理器会实施保护停机。

图 4-28　典型空调器室外机的温度传感器接口电路

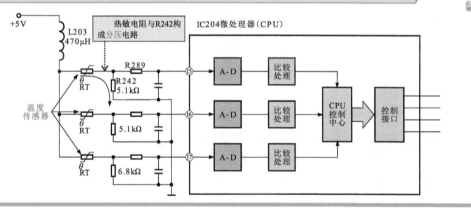

5.1　继电器的控制关系

5.1.1　电磁继电器的控制关系

电磁继电器是电工电路中常用的一种电气部件，主要是由铁心、线圈、衔铁、触点等组成的。图 5-1 为典型电磁继电器的内部结构。

图 5-1　典型电磁继电器的内部结构

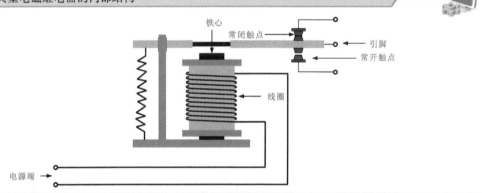

| 提示说明 |

电磁继电器工作时，通过在线圈两端施加一定的电压产生电流，从而产生电磁效应，在电磁引力的作用下，常闭触点断开，常开触点闭合；线圈失电后，电磁引力消失，在复位弹簧的反作用力下，常开触点断开，返回到原来的位置。

1　电磁继电器常开触点的控制关系

电磁继电器常开触点的含义是电磁继电器内部的动触点和静触点通常处于断开状态。当线圈得电时，动触点和静触点立即闭合，接通电路；当线圈失电时，动触点和静触点立即复位，切断电路，图 5-2 为电磁继电器常开触点的连接关系。

图 5-2　电磁继电器常开触点的连接关系

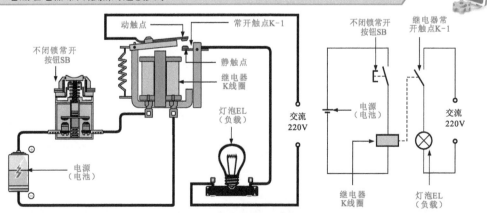

图5-2中，电磁继电器K线圈连接在不闭锁常开按钮与电池之间，常开触点K-1连接在电池与灯泡EL（负载）之间，用于控制灯泡的点亮与熄灭，在未接通电路时，灯泡EL处于熄灭状态。

图5-3为电磁继电器常开触点在电气控制线路中的控制关系。

图 5-3　电磁继电器常开触点在电气控制线路中的控制关系

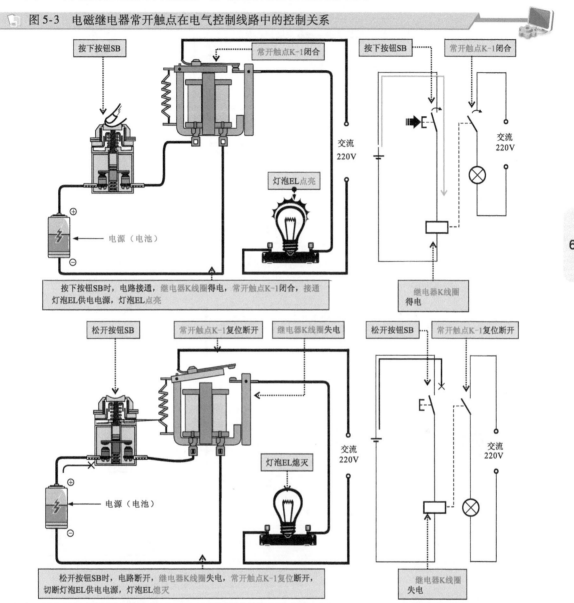

按下按钮SB时，电路接通，继电器K线圈得电，常开触点K-1闭合，接通灯泡EL供电电源，灯泡EL点亮

松开按钮SB时，电路断开，继电器K线圈失电，常开触点K-1复位断开，切断灯泡EL供电电源，灯泡EL熄灭

2　电磁继电器常闭触点的控制关系

电磁继电器的常闭触点是指电磁继电器线圈断电时内部的动触点和静触点处于闭合状态。当线圈得电时，动触点和静触点立即断开，切断电路；当线圈失电时，动触点和静触点立即复位，接通电路。

图5-4为电磁继电器常闭触点在电气控制线路中的控制关系。

3　电磁继电器转换触点的控制关系

电磁继电器的转换触点是指电磁继电器内部设有一个动触点和两个静触点。其中，动触点与静触点 1 处于闭合状态，称为常闭触点；动触点与静触点 2 处于断开状态，称为常开触点。图 5-5 为电磁继电器转换触点的结构图。

图 5-4　电磁继电器常闭触点在电气控制线路中的控制关系

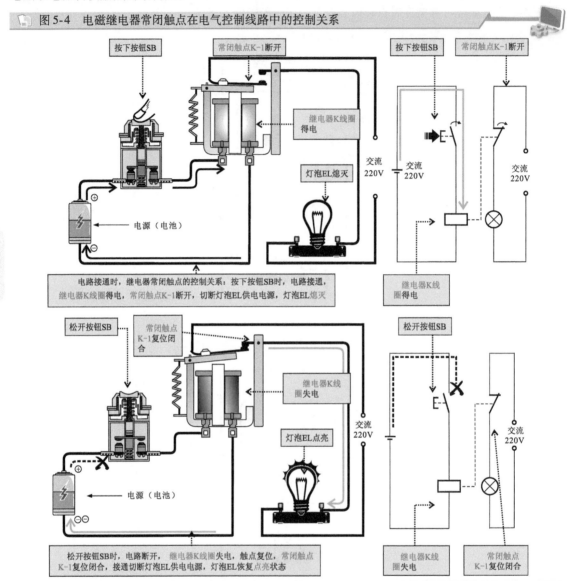

电路接通时，继电器常闭触点的控制关系：按下按钮SB时，电路接通，继电器K线圈得电，常闭触点K-1断开，切断灯泡EL供电电源，灯泡EL熄灭

松开按钮SB时，电路断开，继电器K线圈失电，触点复位，常闭触点K-1复位闭合，接通切断灯泡EL供电电源，灯泡EL恢复点亮状态

图 5-5　电磁继电器转换触点的结构图

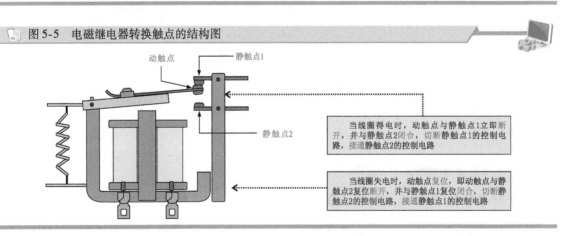

当线圈得电时，动触点与静触点1立即断开，并与静触点2闭合，切断静触点1的控制电路，接通静触点2的控制电路

当线圈失电时，动触点复位，即动触点与静触点2复位断开，并与静触点1复位闭合，切断静触点2的控制电路，接通静触点1的控制电路

图 5-6 为电磁继电器转换触点的连接关系。

图 5-6 电磁继电器转换触点的连接关系

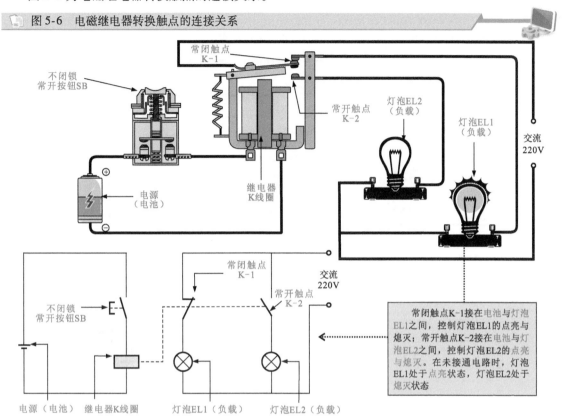

图 5-7 为电磁继电器转换触点在不同状态下的控制关系。

图 5-7 电磁继电器转换触点在不同状态下的控制关系

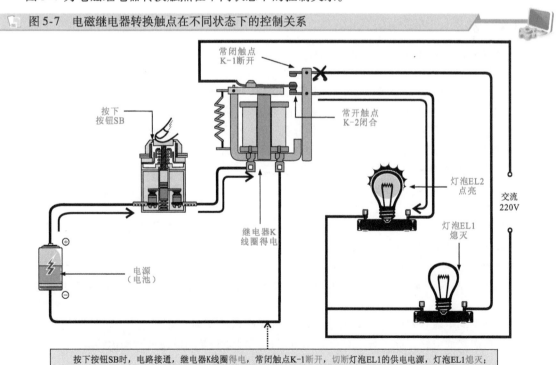

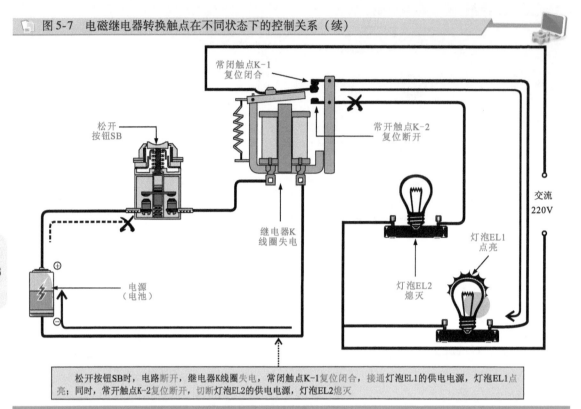

图 5-7　电磁继电器转换触点在不同状态下的控制关系（续）

常闭触点K-1
复位闭合

松开
按钮SB

常开触点K-2
复位断开

继电器K
线圈失电

灯泡EL1
点亮

灯泡EL2
熄灭

交流
220V

电源
（电池）

松开按钮SB时，电路断开，继电器K线圈失电，常闭触点K-1复位闭合，接通灯泡EL1的供电电源，灯泡EL1点亮；同时，常开触点K-2复位断开，切断灯泡EL2的供电电源，灯泡EL2熄灭

5.1.2　热继电器的控制关系

热继电器是利用电流的热效应来推动动作机构使其内部触点闭合或断开的，主要用于电动机的过载保护、断相保护、电流不平衡保护以及热保护。

图 5-8 为热继电器的连接关系。从图中可以看出，该热继电器 FR 连接在主电路中，用于主电路的过载、断相、电流不平衡以及三相交流电动机的热保护；常闭触点 FR-1 连接在控制电路中，用于控制控制电路的通断。合上电源总开关 QF，按下起动按钮 SB1，热继电器的常闭触点 FR-1 接通控制电路的供电，交流接触器 KM 线圈得电，常开主触点 KM-1 闭合，接通三相交流电源，电源经热继电器的热元件 FR 为三相交流电动机供电，三相交流电动机起动运转；常开辅助触点 KM-2 闭合，实现自锁功能，即使松开起动按钮 SB1，三相交流电动机仍可保持运转状态。

图 5-9 为热继电器的控制关系。当主电路中出现过载、断相、电流不平衡或三相交流电动机过热时，其热继电器的热元件 FR 产生的热效应推动动作机构使其常闭触点 FR-1 断开，切断控制电路供电电源，交流接触器 KM 线圈失电，常开主触点 KM-1 复位断开，切断电动机供电电源，电动机停止运转，常开辅助触点 KM-2 复位断开，解除自锁功能，从而实现了对电路的保护。

待主电路中的电流正常或三相交流电动机的温度逐渐冷却时，热继电器 FR 的常闭触点 FR-1 复位闭合，再次接通电路，此时只需重新启动电路，三相交流电动机便可起动运转。

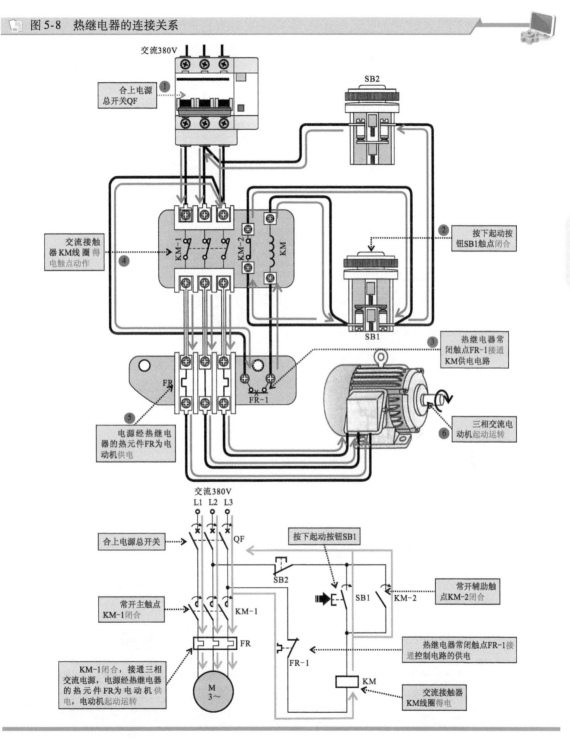

图 5-8 热继电器的连接关系

交流380V

① 合上电源总开关QF

SB2

② 按下起动按钮SB1触点闭合

④ 交流接触器KM线圈得电触点动作

③ 热继电器常闭触点FR-1接通KM供电电路

SB1

FR

FR-1

⑤ 电源经热继电器的热元件FR为电动机供电

⑥ 三相交流电动机起动运转

交流380V
L1 L2 L3

合上电源总开关 ——► QF

按下起动按钮SB1

SB2

常开辅助触点KM-2闭合

常开主触点KM-1闭合

KM-1

SB1   KM-2

热继电器常闭触点FR-1接通控制电路的供电

FR

FR-1

KM-1闭合，接通三相交流电源，电源经热继电器的热元件FR为电动机供电，电动机起动运转

M
3～

KM

交流接触器KM线圈得电

图 5-9　热继电器的控制关系

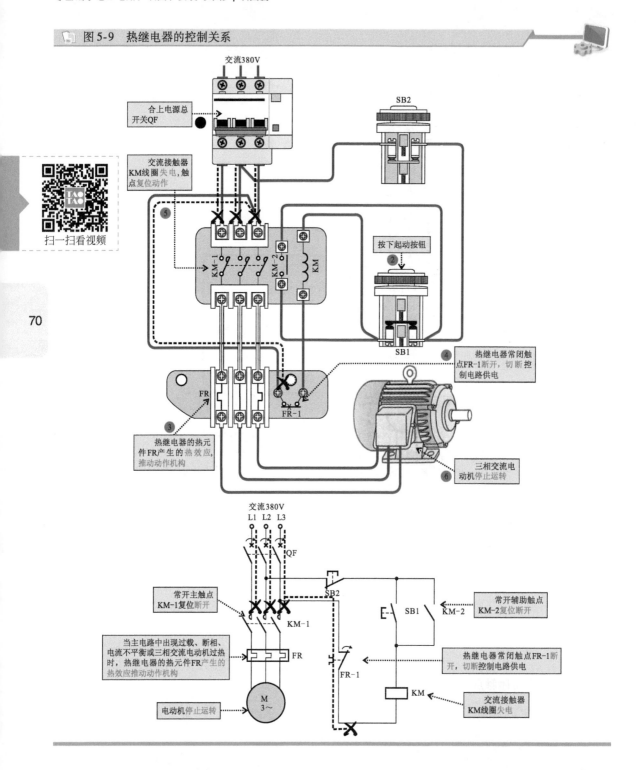

交流380V

合上电源总
开关QF

交流接触器
KM线圈失电，触
点复位动作

扫一扫看视频

SB2

按下起动按钮

70

KM-1　KM-2　KM

SB1

热继电器常闭触
点FR-1断开，切断控
制电路供电

热继电器的热元
件FR产生的热效应，
推动动作机构

FR　FR-1

三相交流电
动机停止运转

交流380V
L1 L2 L3

QF

常开主触点
KM-1复位断开

SB2

SB1

常开辅助触点
KM-2复位断开

KM-2

当主电路中出现过载、断相、
电流不平衡或三相交流电动机过热
时，热继电器的热元件FR产生的
热效应推动动作机构

KM-1

FR

FR-1

热继电器常闭触点FR-1断
开，切断控制电路供电

电动机停止运转

M
3～

KM

交流接触器
KM线圈失电

5.2　接触器的控制关系

5.2.1　接触器的结构特点

交流接触器是用于远距离接通与分断交流供电电路的器件，如图 5-10 所示。交流接触器的内部主要由主触点、辅助触点、线圈、静铁心、动铁心及接线端等构成。在交流接触器的铁心上上装有一个短路环，主要用于减小交流接触器吸合时所产生的振动和噪声。

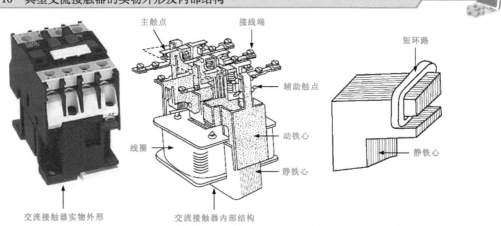

　　交流接触器是通过线圈得电，来控制常开触点闭合、常闭触点断开的；而当线圈失电时，控制常开触点复位断开，常闭触点复位闭合。

　　直流接触器是一种用于远距离接通与分断直流供电电路的器件，主要由灭弧罩、静触点、动触点、吸引线圈、复位弹簧等部分组成，如图 5-11 所示。

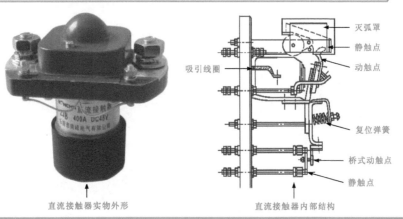

　　直流接触器和交流接触器的结构虽有不同，但其控制方式基本相同，都是通过线圈得电，控制常开触点闭合，常闭触点断开；而当线圈失电时，控制常开触点复位断开，常闭触点复位闭合。

5.2.2　交流接触器的控制关系

　　图 5-12 为交流接触器的连接关系。从图中可以看出，该交流接触器 KM 线圈连接在不闭锁的常开按钮 SB（起动按钮）与电源总开关 QF（总断路器）之间；常开主触点 KM-1 连接在电源总开关 QF 与三相交流电动机之间，用于控制电动机的起动与停机；常闭辅助触点 KM-2 连接在电源总开关 QF 与停机指示灯 HL1 之间，用于控制指示灯 HL1 的点亮与熄灭；常开辅助触点 KM-3 连接在电源总开关 QF 与运行指示灯 HL2 之间，用于控制指示灯 HL2 的点亮与熄灭。合上电源总开关 QF，电源经交流接触器 KM 的常闭辅助触点 KM-2 为停机指示灯 HL1 供电，HL1 点亮。

图 5-12　交流接触器的连接关系

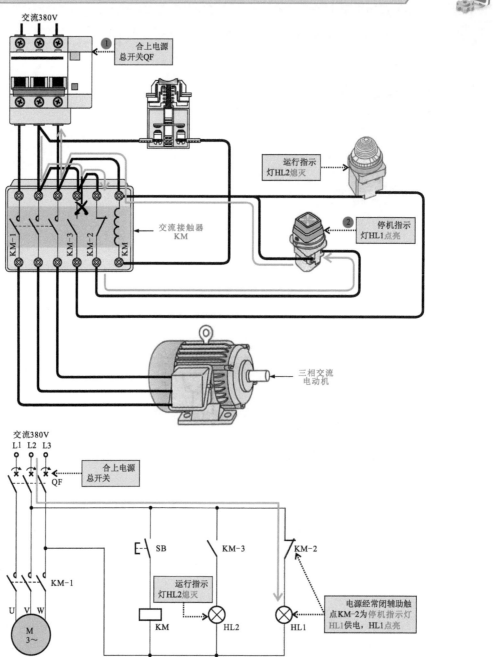

图 5-13 为电路接通时交流接触器的控制关系。按下起动按钮 SB 时，电路接通，交流接触器 KM 线圈得电，常开主触点 KM-1 闭合，三相交流电动机接通三相电源起动运转；常闭辅助触点 KM-2 断开，切断停机指示灯 HL1 的供电电源，HL1 熄灭；常开主触点 KM-3 闭合，运行指示灯 HL2 点亮，指示三相交流电动机处于工作状态。

松开起动按钮 SB 时，电路断开，交流接触器 KM 线圈失电，常开主触点 KM-1 复位断开，切断三相交流电动机的供电电源，电动机停止运转；常闭辅助触点 KM-2 复位闭合，停机指示灯 HL1 点亮，指示三相交流电动机处于停机状态；常开主触点 KM-3 复位断开，切断运行指示灯 HL2 的供电电源，HL2 熄灭。

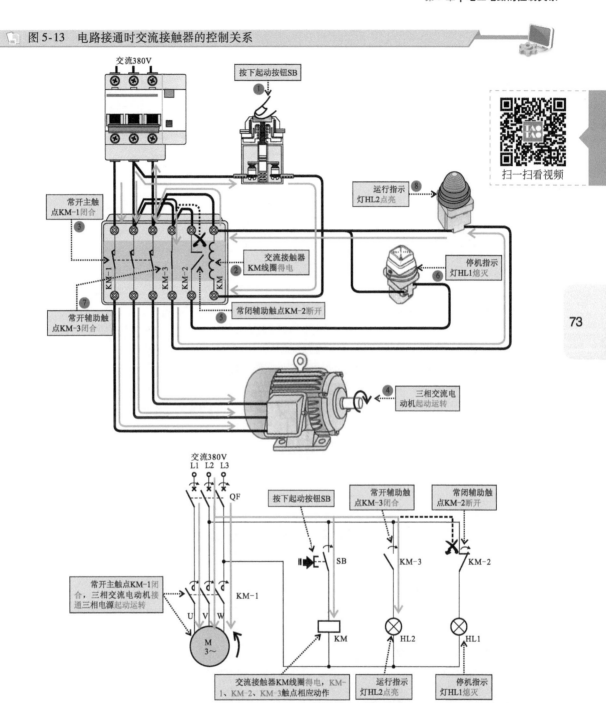

图 5-13 电路接通时交流接触器的控制关系

扫一扫看视频

5.3 传感器的控制关系

5.3.1 温度传感器的控制关系

温度传感器是一种将温度信号转换为电信号的器件，而检测温度的关键为热敏元件，因此温度传感器也称为热-电传感器，主要用于各种需要对温度进行测量、监视控制及补偿等场合。

图 5-14 为温度传感器的连接关系。从图中可以看出，该温度传感器采用的是热敏电阻器作为

感温器件，热敏电阻器是利用电阻值随温度变化而变化这一特性来测量温度变化的。

图 5-14　温度传感器的连接关系

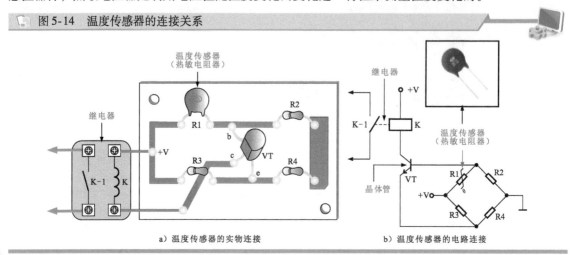

a）温度传感器的实物连接　　　　　　b）温度传感器的电路连接

温度传感器根据其感应特性的不同，可分为 PTC 传感器和 NTC 传感器两类。其中，PTC 传感器为正温度系数传感器，即传感器阻值随温度的升高而增大，随温度的降低而减小；NTC 传感器为负温度系数传感器，即传感器阻值随温度的升高而减小，随温度的降低而增大。

图 5-15 为正常环境温度下温度传感器的控制关系。在正常环境温度下时，电桥的电阻值 R1/R2＝R3/R4，电桥平衡，此时 A、B 两点间电位相等，输出端 A 与 B 间没有电流流过，晶体管 VT 的基极与发射极间的电位差为零，晶体管 VT 截止，继电器 K 线圈不能得电。

图 5-15　正常环境温度下温度传感器的控制关系

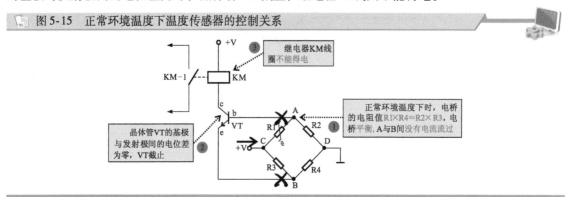

图 5-16 为环境温度升高时温度传感器的控制关系。当环境温度逐渐上升时，温度传感器 R1 的阻值不断减小，电桥失去平衡，此时 A 点电位逐渐升高，晶体管 VT 的基极电压逐渐增大，此时基极电压高于发射极电压，晶体管 VT 导通，继电器 KM 线圈得电，常开触点 KM-1 闭合，接通负

图 5-16　环境温度升高时温度传感器的控制关系

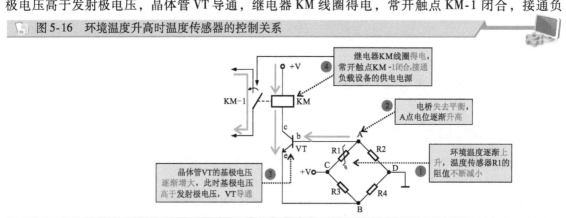

载设备的供电电源，负载设备即可起动工作。

图 5-17 为环境温度降低时温度传感器的控制关系。当环境温度逐渐下降时，温度传感器 R1 的阻值不断增大，此时 A 点电位逐渐降低，晶体管 VT 的基极电压逐渐减小，当基极电压低于发射极电压时，晶体管 VT 截止，继电器 KM 线圈失电，常开触点 KM-1 复位断开，切断负载设备的供电电源，负载设备停止工作。

图 5-17　环境温度降低时温度传感器的控制关系

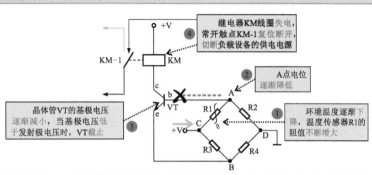

5.3.2　湿度传感器的控制关系

湿度传感器是一种将湿度信号转换为电信号的器件，主要用于工业生产、天气预报、食品加工等行业中对各种湿度进行控制、测量和监视。

图 5-18 为湿度传感器的连接关系。从图中可以看出，该湿度传感器采用了湿敏电阻器作为湿度测控器件，湿敏电阻器是利用电阻值随湿度变化而变化这一特性工作的。

图 5-18　湿度传感器的连接关系

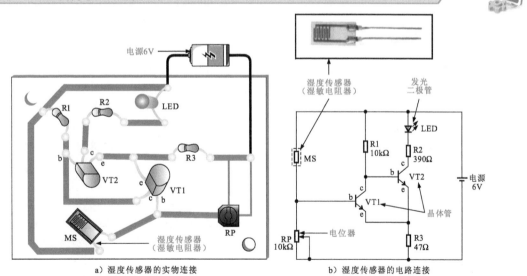

a）湿度传感器的实物连接　　　　　b）湿度传感器的电路连接

图 5-19 为环境湿度较小时湿度传感器的控制关系。当环境湿度较小时，湿度传感器 MS 的阻值较大，晶体管 VT1 的基极为低电平，使基极电压低于发射极电压，晶体管 VT1 截止；此时晶体管 VT2 基极电压升高，基极电压高于发射极电压，晶体管 VT2 导通，发光二极管 LED 点亮。

图 5-20 为环境湿度增加时湿度传感器的控制关系。当环境湿度增加时，湿度传感器 MS 的阻值逐渐变小，晶体管 VT1 的基极电压逐渐升高，使基极电压高于发射极电压，晶体管 VT1 导通；使晶体管 VT2 基极电压降低，晶体管 VT2 截止，发光二极管 LED 熄灭。

图 5-19　环境湿度较小时湿度传感器的控制关系

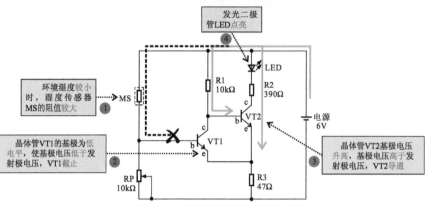

图 5-20　环境湿度增加时湿度传感器的控制关系

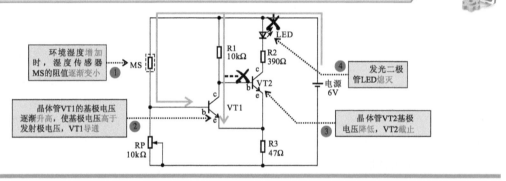

5.3.3　光电传感器的控制关系

光电传感器是一种能够将可见光信号转换为电信号的器件，也可称为光电器件，主要用于光控开关、光控照明、光控报警等领域中，对各种可见光进行控制。

图 5-21 为光电传感器的连接关系。从图中可以看出，该光电传感器采用了光敏电阻器作为光电测控器件。光敏电阻器是一种对光敏感的器件，其电阻值随入射光线的强弱发生变化而变化。

当环境光较强时，光电传感器 MG 的阻值较小，使电位器 RP 与光电传感器 MG 处的分压值变低，不能达到双向触发二极管 VD 的触发电压值，双向触发二极管 VD 截止，进而使双向晶闸管 VS 也截止，照明灯 EL 熄灭。

当环境光较弱时，光电传感器 MG 的阻值变大，使电位器 RP 与光电传感器 MG 处的分压值变高，随着光照强度的逐渐增强，光电传感器 MG 的阻值逐渐变大，当电位器 RP 与光电传感器 MG 处的分压值达到双向触发二极管 VD 的触发电压时，双向二极管 VD 导通，进而触发双向晶闸管 VS 也导通，照明灯 EL 点亮。

5.3.4　磁电传感器的控制关系

磁电传感器是一种能够将磁感应信号转换为电信号的器件，常用于机械测试及自动化测量的领域中，对各种磁场的磁感应信号进行控制。

图 5-22 为磁电传感器的连接关系。从图中可以看出，该磁电传感器采用的是霍尔传感器作为磁场测控器件。霍尔传感器是一种特殊的半导体器件，能够直接感知外界变化的磁场，并将其转换为电信号。

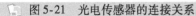

图 5-21 光电传感器的连接关系

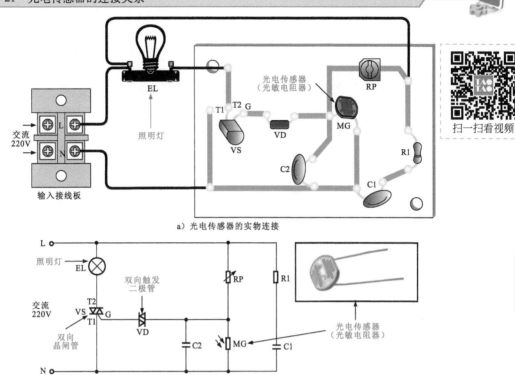

扫一扫看视频

a）光电传感器的实物连接

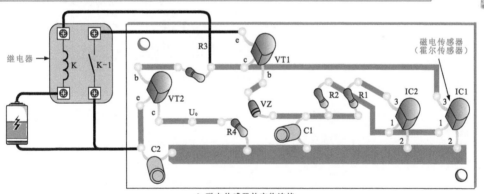

b）光电传感器的电路连接

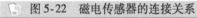

图 5-22 磁电传感器的连接关系

a）磁电传感器的实物连接

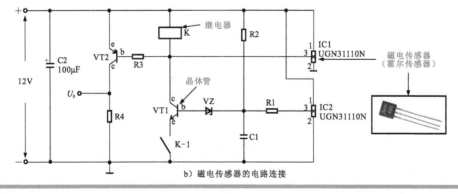

b）磁电传感器的电路连接

无磁铁靠近时，磁电传感器 IC1、IC2 的③脚输出高电平，继电器 K 线圈不能得电，常开触点 K-1 处于断开状态，使晶体管 VT1 截止；同时晶体管 VT2 也截止，U_0 端输出低电平。

当磁铁靠近磁电传感器 IC1 时，磁电传感器 IC1 的③脚输出低电平，经电阻器 R3 加到晶体管 VT2 的基极，此时基极电压低于发射极电压，晶体管 VT2 导通，U_0 端输出高电平；同时为继电器 K 线圈提供电流，继电器 K 线圈得电，常开触点 K-1 闭合，晶体管 VT1 的发射极接地，基极电压为高电平，高于发射极电压，晶体管 VT1 导通，即使磁铁离开磁电传感器 IC1，仍能保持晶体管 VT2 的导通。

当磁铁离开磁电传感器 IC1 靠近 IC2 时，磁电传感器 IC1 的③脚输出高电平，IC2 的③脚输出低电平，稳压二极管将 VT1 基极钳位在低电平，进而使晶体管 VT1 截止，继电器 K 线圈失电，常开触点 K-1 复位断开。此时晶体管 VT2 的基极变为高电平，VT2 截止，U_0 端输出低电平。

5.3.5　气敏传感器的控制关系

气敏传感器是一种将气体信号转换为电信号的器件，它可检测出环境中某种气体及浓度，并将其转换成不同的电信号，该传感器主要用于可燃或有毒气体泄漏的报警电路中。

图 5-23 为气体传感器的连接关系。从图中可以看出，该气体传感器采用了气敏电阻器作为气体检测器件。气敏电阻器是利用电阻值随气体浓度变化而变化这一特性来进行气体测量的。

图 5-23　气体传感器的连接关系

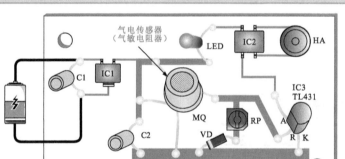

a）气电传感器的实物连接

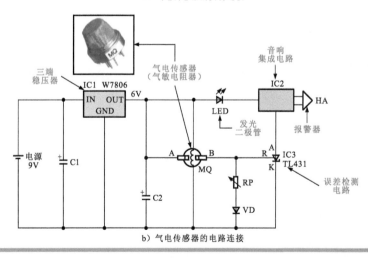

b）气电传感器的电路连接

电路开始工作时，9V 直流电源经滤波电容器 C1 滤波后，由三端稳压器稳压输出 6V 直流电源，再经滤波电容器 C2 滤波后，为气体检测控制电路提供工作条件。

在空气中，气敏传感器 MQ 的阻值较大，其 B 端为低电平，误差检测电路 IC3 的输入极 R 电压较低，IC3 不能导通，发光二极管 LED 不能点亮，报警器 HA 无报警声。

当出现有害气体泄漏时，气敏传感器 MQ 的阻值逐渐变小，其 B 端电压逐渐升高，当 B 端电压升高到预设的电压值时（可通过电位器 RP 进行调节），误差检测电路 IC3 导通，接通音响集成电路 IC2 的接地端，使 IC2 工作，发光二极管 LED 点亮，报警器 HA 发出报警声。

图 5-24 为有害气体泄漏时气敏传感器的控制关系。

图 5-24 有害气体泄漏时气敏传感器的控制关系

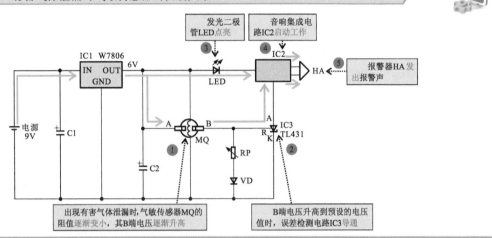

5.4 保护器的控制关系

5.4.1 熔断器的控制关系

熔断器在电路中的作用是检测电流通过的量，当电路中的电流强度超过熔断器规定值一段时间后，熔断器会以自身产生的热量使熔体熔化，从而使电路断开，起到保护电路的作用。

图 5-25 为熔断器的连接关系。从图中可以看出，熔断器串联在被保护电路中，当电路出现过载或短路故障时，熔断器熔断切断电路进行保护。

图 5-25 熔断器的连接关系

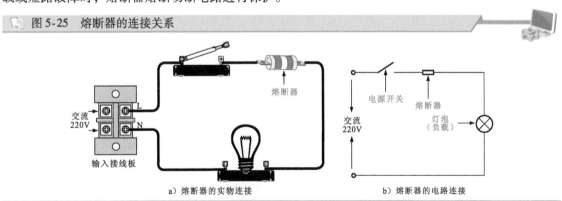

a）熔断器的实物连接　　　　　　　　b）熔断器的电路连接

闭合电源开关，接通灯泡电源，灯泡点亮，电路正常工作；当灯泡之间由于某种原因而被导体连在一起时，电源被短路，电流有短路的捷径可通过，不再流过灯泡，此时回路中仅有很小的电源内阻，使电路中的电流很大，流过熔断器的电流也很大，这时熔断器会熔断，切断电路，进行保护。

5.4.2 漏电保护器的控制关系

漏电保护器（标准术语称为剩余电流断路器）是一种具有漏电、触电、过载、短路保护功能的保护器件，对于防止触电伤亡事故以及避免因漏电电流而引起的火灾事故具有明显的效果。

图5-26为漏电保护器的连接关系。从图中可以看出，相线L和零线N经过带有漏电保护器的断路器的支路，当电路中出现漏电、触电、过载、短路故障时，通过漏电保护器切断电路进行电路及人身安全的保护。

图5-26 漏电保护器的连接关系

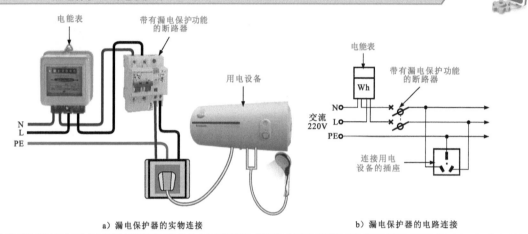

a）漏电保护器的实物连接　　　　　　　　　　　b）漏电保护器的电路连接

单相交流电经过电能表及漏电保护器后为用电设备进行供电，正常时相线L的电流与零线N的电流相等，回路中剩余电流量几乎为零；当发生漏电或触电情况时，相线L的一部分电流流过触电人身体到地，而出现相线L的电流大于零线N的电流，回路中产生剩余的电流量，漏电保护器感应出剩余的电流量，切断电路进行保护。

第6章　电气线路的敷设

6.1　瓷夹配线与绝缘子配线

6.1.1　瓷夹配线

瓷夹配线也称为夹板配线，是指用瓷夹板来支持导线，使导线固定并与建筑物绝缘的一种配线方式，一般适用于正常干燥的室内场所和房屋挑檐下的室外场所。通常情况下，使用瓷夹配线时，其线路的截面积一般不要超过 $10mm^2$。

瓷夹在固定时可以将其埋设在坚固件上，或是使用胀管螺钉进行固定。用胀管螺钉进行固定时，应先在需要固定的位置上进行钻孔（孔的大小应与胀管粗细相同，其深度略长于胀管螺钉的长度），然后将胀管螺钉放入瓷夹底座的固定孔内，进行固定，接着将导线固定在瓷夹内的槽内，最后使用螺钉固定好瓷夹的上盖即可。图 6-1 为瓷夹的固定方法。

图 6-1　瓷夹的固定方法

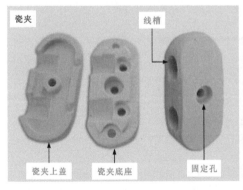
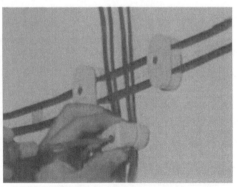

瓷夹　　　线槽

瓷夹上盖　　瓷夹底座　　固定孔

图 6-2 为瓷夹配线时遇建筑物的操作规范。瓷夹配线时，通常会遇到一些建筑物，如水管、蒸气管或转角等，对于该类情况进行操作时，应进行相应的保护。例如在与导线进行交叉敷设时，应使用塑料管或绝缘管对导线进行保护，并且在塑料管或绝缘管的两端导线上用瓷夹板夹牢，防止塑料管移动；在跨越蒸气管时，应使用瓷管对导线进行保护，瓷管与蒸气管保温层外须有 20mm 的距离；若是使用瓷夹在进行转角或分支配线时，应在距离墙面 40～60mm 处安装一个瓷夹，用来固定线路。

图 6-2　瓷夹配线时遇建筑物的操作规范

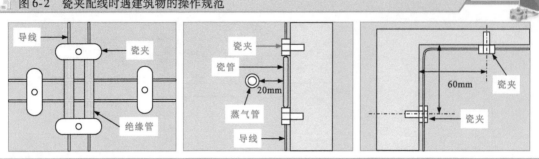

| 提示说明 |

　　使用瓷夹配线时，若需要连接导线，应将其连接头尽量安装在两个瓷夹的中间，避免将导线的接头压在瓷夹内。而且使用瓷夹在室内配线时，绝缘导线与建筑物表面的最小距离不应小于 5mm；使用瓷夹在室外配线时，不能在雨雪能落到导线的地方进行敷设。

　　图 6-3 为瓷夹配线穿墙或穿楼板的操作规范。瓷夹配线过程中，通常会遇到穿墙或是穿楼板的情况，在进行该类操作时，应按照相关的规定进行操作。例如，线路穿墙进户时，一根瓷管内只能穿一根导线，并应有一定的倾斜度，在穿过楼板时，应使用保护钢管，并且在楼上距离地面的钢管高度应为 1.8m。

图 6-3　瓷夹配线穿墙或穿楼板的操作规范

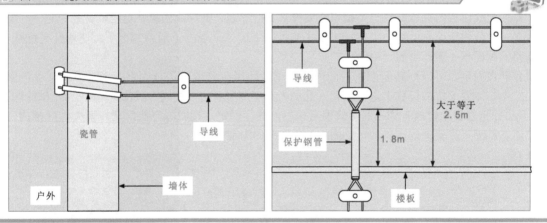

6.1.2　绝缘子配线

　　绝缘子配线也称为瓷瓶配线，是利用瓷绝缘子支持并固定导线的一种配线，常用于线路的明敷。绝缘子配线绝缘效果好，机械强度大，主要适用于用电量较大而且较潮湿的场合。通常情况下，当导线截面积在 25mm² 以上时，可以使用绝缘子进行配线。

1　绝缘子与导线的绑扎规范

　　图 6-4 为绝缘子与导线的绑扎规范。使用绝缘子配线时，需要将导线与绝缘子进行绑扎，在绑扎时通常会采用单绑、双绑以及绑回头几种方式。单绑方式通常用于不受力绝缘子或导线截面积在 6mm² 及以下的绑扎；双绑方式通常用于受力绝缘子的绑扎，或导线的截面积在 10mm² 以上的绑扎；绑回头的方式通常是用于终端导线与绝缘子的绑扎。

图 6-4 绝缘子与导线的绑扎规范

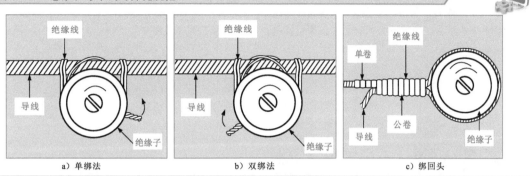

a）单绑法　　　　　　　　b）双绑法　　　　　　　　c）绑回头

| 提示说明 |

在绝缘子配线时，应先将导线校直，将导线的其中一端绑扎在绝缘子的颈部，然后在导线的另一端将导线收紧，并绑扎固定，最后绑扎并固定导线的中间部位。

图 6-5 为绝缘子与导线的敷设规范。绝缘子配线的过程中，难免会遇到导线之间的分支、交叉或是拐角等操作，对于该类情况进行配线时，应按照相关的规范进行操作。例如导线在分支操作时，需要在分支点处设置绝缘子，以支持导线，不使导线受到其他张力；导线相互交叉时，应在距建筑物较近的导线上套绝缘保护管；导线在同一平面内进行敷设时，若遇到有弯曲的情况，绝缘子需要装设在导线曲折角的内侧。

图 6-5 绝缘子与导线的敷设规范

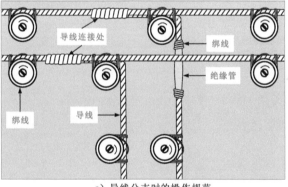

a）导线分支时的操作规范

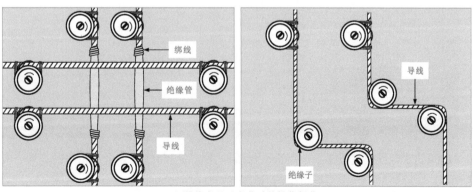

b）导线交叉及弯曲时的操作规范

83

┃ 提示说明 ┃

　　绝缘子配线时，若是两根导线平行敷设，应将导线敷设在两个绝缘子的同一侧或者两个绝缘子的外侧，如图6-6所示。在建筑物的侧面或斜面配线时，必须将导线绑在绝缘子的上方，严禁将两根导线置于两个绝缘子的内侧。

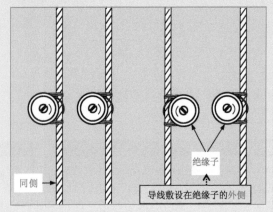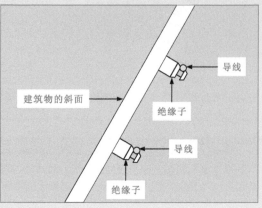

图6-6　绝缘子配线中导线的敷设规范

2　绝缘子固定时的规范

　　图6-7为绝缘子固定时的规范。使用绝缘子配线时，对绝缘子位置的固定是非常重要的，在进行该操作时应按相关的规范进行。例如在室外，绝缘子在墙面上固定时，固定点之间的距离不应超过200mm，并且不可以固定在雨、雪等能落到导线的地方；固定绝缘子时，应使导线与建筑物表面的最小距离大于等于10mm，在配线时不可以将绝缘子倒装。

　📖　图6-7　绝缘子固定时的规范

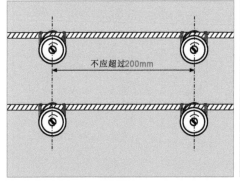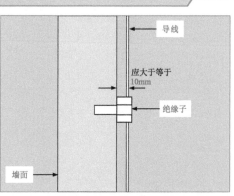

6.2　金属管配线

6.2.1　金属管配线的明敷

　　金属管配线的明敷操作规范是指使用金属材质的管制品，将线路敷设于相应的场所，是一种常见的配线方式，室内和室外都适用。采用金属管配线可以使导线能够很好地受到保护，并且能减少因线路短路而发生火灾。

　　在使用金属管明敷于潮湿的场所时，由于金属管会受到不同程度的锈蚀，为了保障线路的安全，应采用较厚的钢管；若是敷设于干燥的场所时，则可以选用金属电线管，如图6-8所示。

图 6-8 金属管的选用

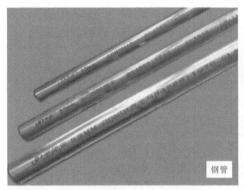
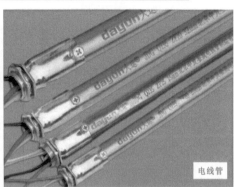

钢管

电线管

| 提示说明 |

　　选用金属管进行配线时，其表面不应有穿孔、裂缝和明显的凹凸不平等现象；其内部不允许出现锈蚀的现象，尽量选用内壁光滑的金属管。

　　图 6-9 为金属管管口的加工规范。在使用金属管进行配线时，为了防止穿线时金属管口划伤导线，其管口的位置应使用专用工具进行打磨，使其没有毛刺或是尖锐的棱角。

图 6-9 金属管管口的加工规范

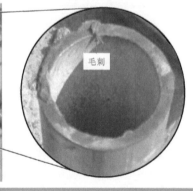

毛刺

金属管

　　在敷设金属管时，为了减少配线时的困难程度，应尽量减少弯头出现的总量，例如每根金属管的弯头不应超过三个，直角弯头不应超过两个。

　　图 6-10 为金属管弯管的操作规范。使用弯管器对金属管进行弯管操作时，应按相关的操作规

图 6-10 金属管弯管的操作规范

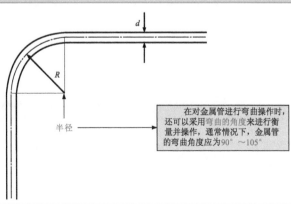

半径

在对金属管进行弯曲操作时，还可以采用弯曲的角度来进行衡量并操作，通常情况下，金属管的弯曲角度应为90°～105°

范执行。例如，金属管的平均弯曲半径不得小于金属管外径的 6 倍，在明敷且只有一个弯时，可将金属管的弯曲半径减少为管子外径的 4 倍。

图 6-11 为金属管使用长度的规范。金属管配线连接，若管路较长或有较多弯头时，则需要适当加装接线盒。通常对于无弯头的情况，金属管的长度不应超过 30m；对于有一个弯头的情况，金属管的长度不应超过 20m；对于有两个弯头的情况，金属管的长度不应超过 15m；对于有三个弯头的情况，金属管的长度不应超过 8m。

▦ 图 6-11　金属管使用长度的规范

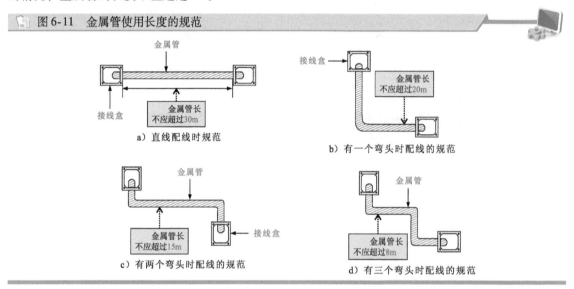

a) 直线配线时规范

b) 有一个弯头时配线的规范

c) 有两个弯头时配线的规范

d) 有三个弯头时配线的规范

图 6-12 为金属管配线时的固定规范。金属管配线时，为了其美观和方便拆卸，在对金属管进行固定时，通常会使用管卡进行固定。若是没有设计要求时，则对金属管卡的固定间隔不应超过 3m；在距离接线盒 0.3m 的区域，应使用管卡进行固定；在弯头两边也应使用管卡进行固定。

▦ 图 6-12　金属管配线时的固定规范

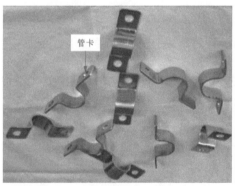

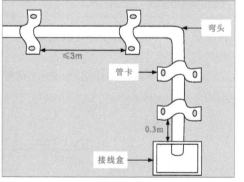

6.2.2　金属管配线的暗敷

暗敷是指将导线穿管并埋设在墙内、地板下或顶棚内进行配线，该操作对于施工要求较高，对于线路进行检查和维护时较困难。

金属管配线的过程中，若遇到有弯头的情况，金属管弯头弯曲的半径不应小于管外径的 6 倍；敷设于地下或是混凝土的楼板时，金属管的弯曲半径不应小于管外径的 10 倍。

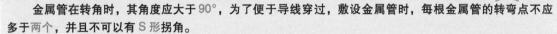

| 提示说明 |

金属管在转角时，其角度应大于 90°，为了便于导线穿过，敷设金属管时，每根金属管的转弯点不应多于两个，并且不可以有 S 形拐角。

由于金属管配线时内部穿线的难度较大，所以选用的管径要大一点，一般管内填充物最多为总空间的 30%，以便于穿线。

图 6-13 为金属管管口的操作规范。金属管配线时，通常会采用直埋操作，为了减小直埋管在沉陷时连接管口处对导线的剪切力，在加工金属管管口时可以将其做成喇叭口形，若是将金属管口伸出地面时，应距离地面 25～50mm。

图 6-13 金属管管口的操作规范

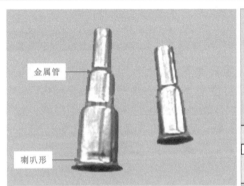
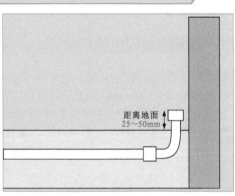

图 6-14 为金属管的连接规范。金属管在连接时，可以使用管箍进行连接，也可以使用接线盒进行连接。采用管箍连接两根金属管时，应将钢管的丝扣部分顺螺纹的方向缠绕麻丝绳后再拧紧，以加强其密封程度；采用接线盒对两金属管进行连接时，钢管的一端应在连接盒内使用锁紧螺母夹紧，防止脱落。

图 6-14 金属管的连接规范

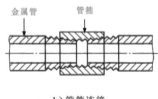

a）管箍   b）管箍连接   c）接线盒

6.3 金属线槽配线

6.3.1 金属线槽配线的明敷

金属线槽配线用于明敷时，一般适用于正常环境的室内场所，带有槽盖的金属线槽具有较强的封闭性，其耐火性能也较好，可以敷设在建筑物顶棚内，但是对于金属线槽有严重腐蚀的场所不可以采用该类配线方式。

金属线槽配线时，其内部的导线不能有接头，若是在易于检修的场所，可以允许在金属线槽内有分支的接头，并且在金属线槽内配线时，其内部导线的截面积不应超过金属线槽内截面积的 20%，载流导线不宜超过 30 根。

图 6-15 为金属线槽的安装规范。金属线槽配线遇到特殊情况时，需要设置安装支架或是吊架：

①线槽的接头处；②直线敷设金属线槽的长度为 1~1.5m 时；③金属线槽的首端、终端以及进出接线盒的 0.5m 处。

图 6-15　金属线槽的安装规范

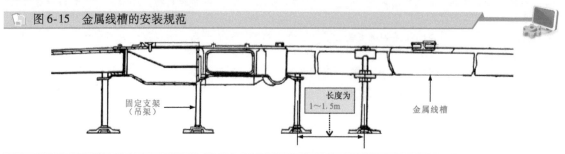

固定支架
（吊架）

长度为
1~1.5m

金属线槽

6.3.2　金属线槽配线的暗敷

金属线槽配线使用在暗敷中时，通常适用于正常环境下大空间且隔断变化多、用电设备移动性大或敷设有多种功能配线的场所，主要是敷设于现浇混凝土地面、楼板或楼板垫层内。

图 6-16 为金属线槽配线时接线盒的使用规范。金属线槽配线时，为了便于穿线，金属线槽在交叉/转弯或是分支处配线时应设置分线盒；金属线槽配线时，若直线长度超过 6m，应采用分线盒进行连接。为了日后线路的维护，分线盒应能够开启，并采取防水措施。

图 6-16　金属线槽配线时接线盒的使用规范

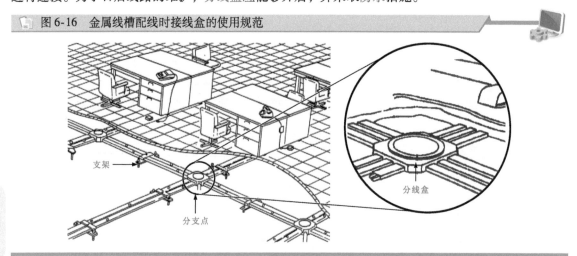

支架

分支点

分线盒

图 6-17 为金属线槽配线时环境的规范。金属线槽配线时，若是敷设在现浇混凝土的楼板内，要求楼板的厚度不应小于 200mm；若是在楼板垫层内时，要求垫层的厚度不应小于 70mm，并且避免与其他的管路有交叉。

图 6-17　金属线槽配线时环境的规范

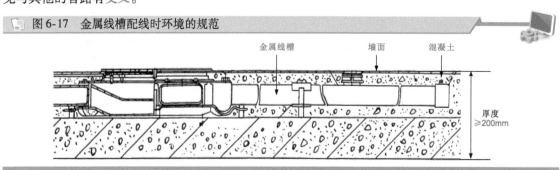

金属线槽　　　墙面　　　混凝土

厚度
≥200mm

6.4 塑料管配线

6.4.1 塑料管配线的明敷

塑料管配线明敷的操作方式具有配线施工操作方便、施工时间短、抗腐蚀性强等特点，适合应用在腐蚀性较强的环境中。在使用塑料管进行配线时可分为硬质塑料管和半硬质塑料管。

图 6-18 为塑料管配线的固定规范。塑料管配线时，应使用管卡进行固定、支撑。在距离塑料管始端、终端、开关、接线盒或电气设备处 150～500mm 时应固定一次，如果多条塑料管敷设时要保持其间距均匀。

图 6-18　塑料管配线的固定规范

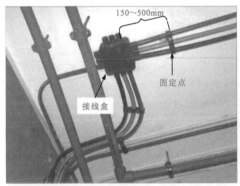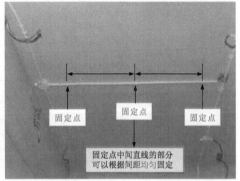

| 提示说明 |

塑料管配线前，应先对塑料管本身其进行检查，其表面不可以有裂缝、瘪陷的现象，其内部不可以有杂物，而且保证明敷塑料管的管壁厚度不小于 2mm。

图 6-19 为塑料管的连接规范。塑料管之间的连接可以采用插入法和套接法。插入法是指将黏结剂涂抹在塑料硬管 A 的表面，然后将 A 管插入 B 管内的深度为 A 管管外径的 1.2～1.5 倍；套接法则是同直径的硬塑料管扩大成套管，其长度为硬塑料管管外径的 2.5～3 倍，插接时，先将套管加热至 130℃ 左右，1～2min 使套管变软后，同时将两根硬塑料管插入套管即可。

图 6-19　塑料管的连接规范

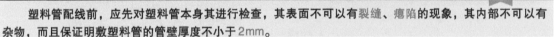

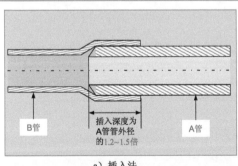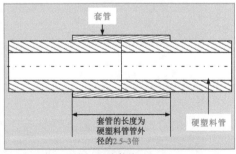

a）插入法　　　　　　　　　　　b）套接法

| 提示说明 |

在使用塑料管敷设连接时，可使用辅助连接配件进行连接弯曲或分支等操作，例如直接头、正三通头、90°弯头、45°弯头、异径接头等，如图 6-20 所示。在安装连接过程中，可以根据其环境的需要使用相应的配件。

89

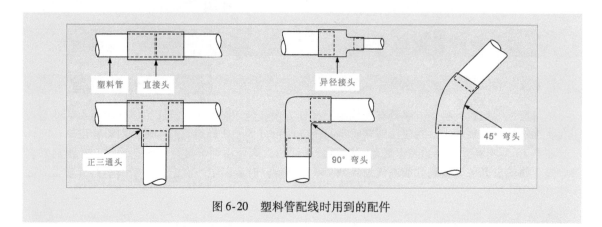

图 6-20　塑料管配线时用到的配件

6.4.2　塑料管配线的暗敷

塑料管配线的暗敷操作是指将塑料管埋入墙壁内的一种配线方式。

图 6-21 为塑料管的选用规范。在选用塑料管配线时，首先应检查塑料管的表面是否有裂缝或是瘪陷的现象，若存在该现象则不可以使用；然后检查塑料管内部是否存在异物或是尖锐的物体，若有该情况时，则不可以选用。将塑料管用于暗敷时，要求其管壁的厚度应不小于 3mm。

📷 图 6-21　塑料管的选用规范

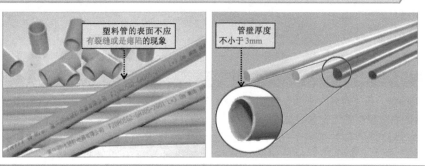

图 6-22 为塑料管弯曲时的操作规范。为了便于导线的穿越，塑料管弯头部分的角度一般不应小于 90°，且要有明显的圆弧，不可以出现管内弯瘪的现象。

📷 图 6-22　塑料管弯曲时的操作规范

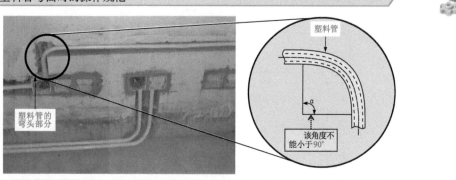

图 6-23 为塑料管在砖墙内及混凝土内敷设时的操作规范。线管在砖墙内暗线敷设时，一般在土建砌砖时预埋，否则应先在砖墙上留槽或开槽，然后在砖缝里打入木楔并钉上钉子，再用铁丝将线管绑扎在钉子上，并将钉子钉入；若是在混凝土内暗线敷设时，可用铁丝将管子绑扎在钢筋上，将管子用

垫块垫高 10 ~ 15mm，使管子与混凝土模板间保持足够距离，并防止浇灌混凝土时把管子拉开。

图 6-23　塑料管在砖墙内及混凝土内敷设时的操作规范

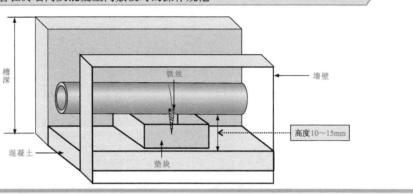

| 提示说明 |

塑料管配线时，两个接线盒之间的塑料管为一个线段，每线段内塑料管口的连接数量要尽量少；并且根据用电的需求，使用塑料管配线时，应尽量减少弯头的操作。

6.5　塑料线槽配线与钢索配线

6.5.1　塑料线槽配线

塑料线槽配线是指将绝缘导线敷设在塑料槽板的线槽内，上面使用盖板把导线盖住，该类配线方式适用于办公室、生活间等干燥房屋内的照明线路；也适用于工程改造更换线路时使用。通常该类配线方式是在墙面抹灰粉刷后进行。

图 6-24 为塑料线槽配线时导线的操作规范。塑料线槽配线时，其内部的导线填充率及载流导线的根数，应满足导线的安全散热要求，并且在塑料线槽的内部不可以有接头、分支接头等。若有接头，可以使用接线盒进行连接。

图 6-24　塑料线槽配线时导线的操作规范

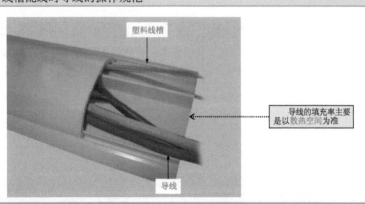

| 提示说明 |

如图 6-25 所示，有些电工为了节省成本和劳动，将强电导线和弱电导线放置在同一线槽内进行敷设，这样会对弱电设备的通信传输造成影响，是非常错误的行为。另外，线槽内的线缆也不宜过多，通常规定在线槽内的导线或是电缆的总截面积不应超过线槽内总截面积的 20%。有些电工在使用塑料线槽敷设线缆时，线槽内的导线数量过多，且接头凌乱，这样会为日后用电留下安全隐患，必须将线缆厘清重新设计敷设方式。

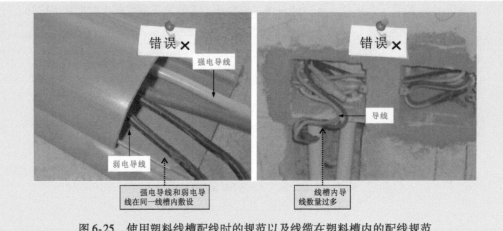

图 6-25　使用塑料线槽配线时的规范以及线缆在塑料槽内的配线规范

图 6-26 为使用塑料线槽配线时导线的操作规范。线缆水平敷设在塑料线槽中可以不绑扎，其槽内的缆线应顺直，尽量不要交叉；线缆在在导线进出线槽的部位以及拐弯处应绑扎固定。若导线在线槽内是垂直配线时应每间隔 1.5m 固定一次。

图 6-26　使用塑料线槽配线时导线的操作规范

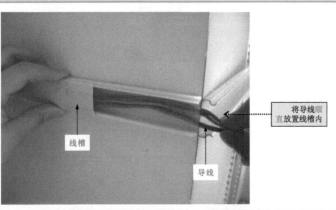

| 提示说明 |

为方便塑料线槽的敷设连接，目前，市场上有很多塑料线槽的敷设连接配件，如阴转角、阳转角、分支三通、直转角等，如图 6-27 所示。使用这些配件可以为塑料线槽的敷设连接提供方便。

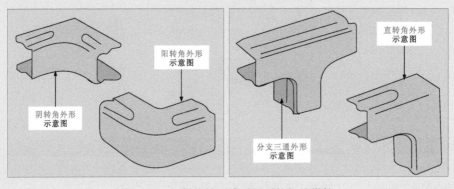

图 6-27　塑料线槽配线时用到的相关附件

图 6-28 为塑料线槽的固定规范。对线槽的槽底进行固定时，其固定点之间的距离应根据线槽

的规格而定。例如，塑料线槽的宽度为 20 ~ 40mm 时，其两固定点间的最大距离应为 80mm，可采用单排固定法；塑料线槽的宽度为 60mm 时，其两固定点间的最大距离应为 100mm，可采用双排固定法，并且固定点纵向间距为 30mm；塑料线槽的宽度为 80 ~ 120mm 时，其两固定点间的最大距离应为 80mm，可采用双排固定法，并且固定点纵向间距为 50mm。

图 6-28 塑料线槽的固定规范

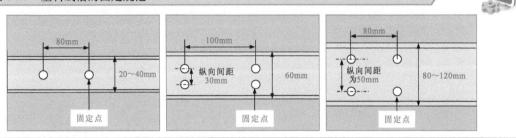

6.5.2 钢索配线

钢索配线方式就是指钢索上吊瓷柱配线、吊钢管配线或是塑料护套线配线，同时灯具也可以吊装在钢索上，常应用于一般性房顶较高的生产厂房内，从而降低灯具安装的高度，提高被照面的亮度，方便照明灯的布置。

正常情况下在选用钢索配线中用到的钢索时，应选用镀锌钢索，不得使用含油芯的钢索；若是敷设在潮湿或有腐蚀性的场所时，可以选用塑料护套钢索。通常，单根钢索的直径应小于 0.5mm，并不应有扭曲和断股的现象。图 6-29 为钢索配线中钢索的选用规范。

图 6-29 钢索配线中钢索的选用规范

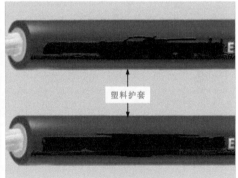

a）镀锌钢索　　　　　　　　　　　　　b）塑料护套钢索

钢索配线敷设后，其导线的弧度（弧垂）不应大于 0.1m，如不能达到时，应增加吊钩，并且钢索吊钩间的最大间距不超过 12m。图 6-30 为钢索配线时导线的固定规范。

图 6-30 钢索配线时导线的固定规范

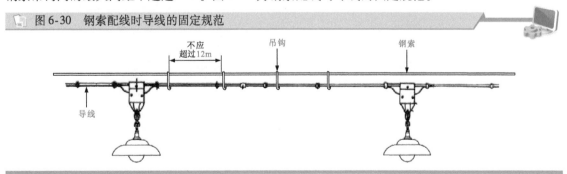

│提示说明│

在选用吊钩时，最好是使用圆钢，且直径不应小于8mm（目前常用的圆钢直径有8mm和11mm两种规格，见图6-31），吊钩的深度不应小于20mm。

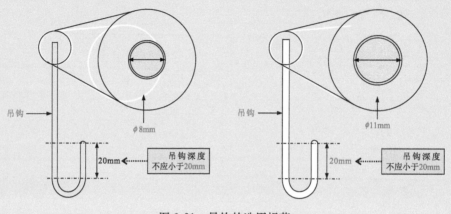

图6-31　吊钩的选用规范

在钢索配线过程中，若是钢索的长度不超过50m，可在钢索的一端使用花篮螺栓进行连接；若钢索的长度超过50m时，钢索的两端均应安装花篮螺栓；若钢索的长度很长，则每超过50m时，应在中间加装一个花篮螺栓进行连接。图6-32为钢索配线的连接规范。

图6-32　钢索配线的连接规范

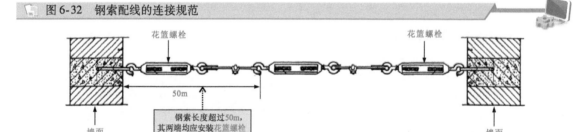

7.1 导线的加工与连接

7.1.1 导线的加工

导线线头绝缘层的剖削是导线加工的第一步，是为以后导线的连接做好准备。根据导线材料及规格型号的不同，剖削绝缘层的工具及方法也有所不同。通常电工使用钢丝钳、剥线钳或电工刀来剖削或剥除导线绝缘层，剖削时应注意不能损坏线芯。

1 使用钢丝钳剖削绝缘层

塑料软线和线芯截面积为 4mm² 及以下塑料硬线绝缘层的剖削，可使用钢丝钳。首先使用钢丝钳的刀口轻轻切破绝缘层，再使用钳头钳住要去掉的绝缘层部分，用力向外剥去塑料层，如图 7-1 所示。

图 7-1 使用钢丝钳剖削绝缘层

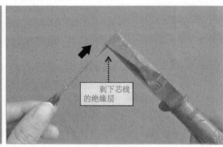

用钢丝钳刀口切断绝缘层

剥下芯线的绝缘层

2 使用剥线钳剖削绝缘层

使用剥线钳剖削导线绝缘层比较简单。首先将导线需剖削处置于剥线钳合适的刀口中，一只手握住并稳定导线，另一只手握住剥线钳的手柄，并轻轻用力，切断导线需剖削处的绝缘层。接着，继续用力使剥线钳的剥线夹打开，将绝缘层剥下，如图 7-2 所示。

图 7-2 使用剥线钳剖削导线绝缘层

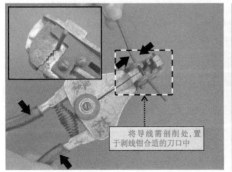
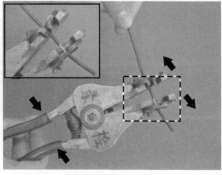

将导线需剖削处，置于剥线钳合适的刀口中

扫一扫看视频

3 使用电工刀剖削绝缘层

在剖削橡胶软线（橡胶电缆）或线芯截面为 4mm² 及以上塑料硬线绝缘层时，可使用电工刀，用电工刀以 45° 倾斜切入塑料绝缘层，削去上面一层塑料绝缘层，将余下的绝缘层向后扳翻，把该绝缘层剥离线芯，再用电工刀切齐，如图 7-3 所示。

图 7-3 使用电工刀剖削导线绝缘层

扫一扫看视频

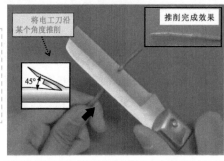

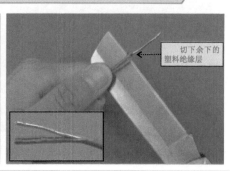

在剖削塑料护套线外层的塑料护套时，也会用到电工刀，剖削时要用电工刀刀尖对准护套线中间线芯缝隙处划开护套层，以免划伤线芯，如图 7-4 所示。

图 7-4 使用电工刀剖削塑料护套线外层的塑料护套

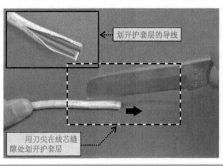

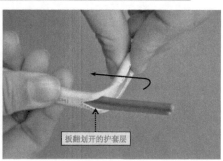

在对直径在 0.6mm 以上的漆包线绝缘层进行剖削时，只需用电工刀刮去线头表面的绝缘漆即可，如图 7-5 所示。

图 7-5 使用电工刀刮去线头表面的绝缘漆

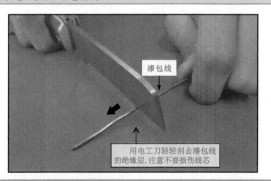

4 使用细砂纸或细砂布去除绝缘层

对于直径在 0.15~0.6mm 的漆包线，可用细砂纸或砂布夹住漆包线的线头，然后不断转动线头，直到线头周围绝缘层清除干净，如图 7-6 所示。

图 7-6　直径在 0.15~0.6mm 的漆包线绝缘层的去除

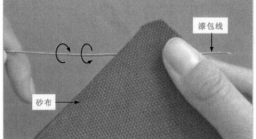

5　使用电烙铁去除导线绝缘层

对于直径在 0.15mm 以下的漆包线，由于其线芯较细，使用刀片或砂纸时都容易将线芯折断或损伤，通常在工具设备齐全的条件下可用 25W 以下的电烙铁蘸上焊锡后在线头上来回摩擦几次即可将漆皮去掉，同时线头上会涂有一层焊锡，便于后面的连接操作，如图 7-7 所示。

图 7-7　用电烙铁去除直径在 0.15mm 以下的漆包线的绝缘层

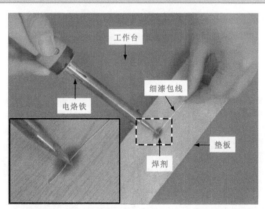

6　使用微火软化去除绝缘层

使用微火软化直径在 0.15mm 以下的漆包线线头的绝缘层，然后垫上一层软布或带上绝缘手套，将软化的绝缘层擦掉即可，擦拭时应注意防止烫伤，如图 7-8 所示。

图 7-8　用微火软化法去除直径在 0.15mm 以下的漆包线线头的绝缘层

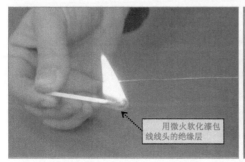
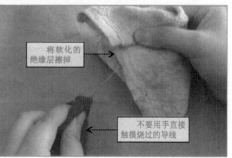

7.1.2 导线的连接

导线的连接包括单股铜芯导线的连接、多股铜芯导线的连接、电磁线头的连接、铝芯导线的连接、导线的扭接和绕接、用线夹和压线帽连接导线以及导线绝缘层的恢复等。

1 单股铜芯导线的连接

单股铜芯导线的直接连接主要有绞接法和缠绕法两种方法，其中绞接法用于截面积较小的导线，缠绕法用于截面积较大的导线，如图 7-9 所示。

图 7-9 单股铜芯导线的直接连接

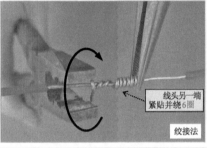
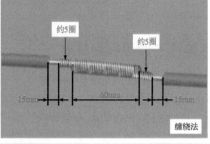

有时需要将单股铜芯导线进行 T 形连接，其连接方法与直接连接相似，如图 7-10 所示。

图 7-10 T 形连接

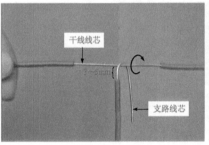
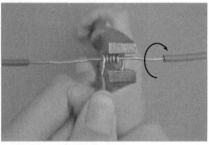

2 多股铜芯导线的连接

多股铜芯导线之间进行连接时，要求相连接的导线规格型号也应相同，否则会因抗拉力的不同而容易断线。首先将多股导线的线芯散开对叉，将芯线分三组扳起，按顺时针方向紧压着线芯平行的方向缠绕 2~3 圈，由于导线芯数较多，要求连接时操作要规范，不要损伤或弄断芯线，如图 7-11 所示。

图 7-11 多股铜芯导线的连接

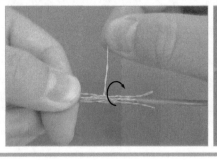
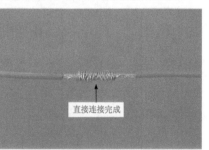

3　电磁线头的连接

对电磁线头的连接要求接头处的电阻和机械强度都符合实际使用要求，且要保证接头质量良好。

对直径在 2mm 以下的电磁线，通常是先绞接后钎焊。绞接时要均匀，两根线头互绕不少于 10 圈，两端要封口，不能留下毛刺；对于直径大于 2mm 的电磁线的连接，多使用套管套接后再钎焊的方法。套管用镀锡的薄铜片卷成，在接缝处留有缝隙，选用时应注意套管内径与线头大小配合，其长度为导线直径的 8 倍左右。图 7-12 为不同规格电磁线头的连接。

图 7-12　不同规格电磁线头的连接

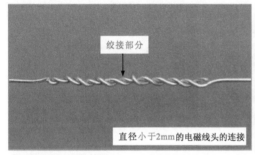
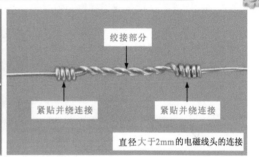

4　铝芯导线的连接

铝的表面极易氧化，而且由于氧化铝膜电阻率较高，除小截面积铝芯导线外，其余铝芯导线的连接都不能采用铜芯导线的连接方法。在电气线路施工中，铝芯导线线头的连接常用螺钉压接法、压接管压接法和沟线夹螺钉压接法三种。

螺钉压接法是除去铝芯导线的绝缘层，用钢丝刷刷去铝芯导线线头的氧化膜，并涂上中性凡士林，将导线线头插入接头的线孔内，再旋转压线螺钉压接，如图 7-13 所示。

图 7-13　螺钉压接法连接铝芯导线

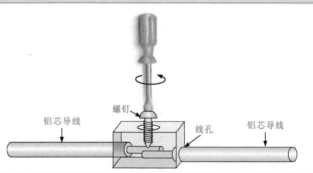

压接管压接法用于较大负荷的多股铝芯导线的直线连接，需要用压接钳和压接管。具体操作时，根据多股铝芯导线规格选择合适的压接管，先要除去需连接的两根多股铝芯导线的绝缘层，用钢丝刷清除铝芯导线线头和压接管内壁的氧化层，涂上中性凡士林；然后将两根铝芯导线线头相对穿入压接管，并使线端穿出压接管 25～30mm，最后进行压接。压接时第一道压坑应在铝芯导线线头一侧，不可压反。若压接的是铜芯铝绞线，应在两线之间垫上一层铝质垫片，如图 7-14 所示。

沟线夹螺钉压接法适用于架空线路的分支连接。在安装沟线夹之前，先用钢丝刷除去导线线头

99

和沟线夹夹线部分的氧化层和污物，涂上中性凡士林；然后将导线卡入线槽，旋紧螺钉，使沟线夹夹紧线头，从而完成压接，如图 7-15 所示。

图 7-14　压接管压接法连接铝芯导线

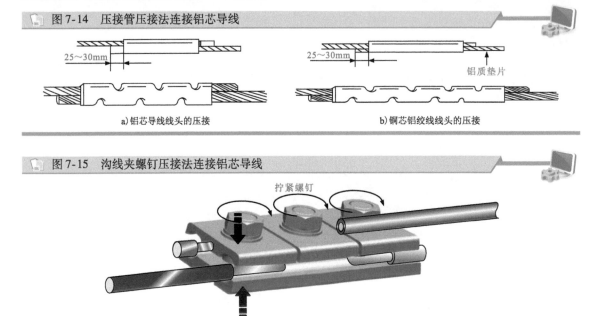

a)铝芯导线线头的压接　　　　　　　　　　　b)铜芯铝绞线线头的压接

图 7-15　沟线夹螺钉压接法连接铝芯导线

5　导线的扭接和绕接

在一些应用场合，导线连接后仍需要与原导线平行方向走线，这时导线通常采用扭接和绕接的方法连接。导线的扭接如图 7-16 所示。

图 7-16　导线的扭接

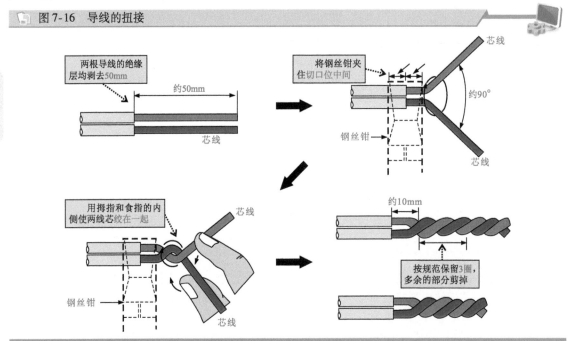

扭接用于两根导线的连接，而绕接则用于三根导线的连接，其连接方法如图 7-17 所示。

6　用线夹和压线帽连接导线

在导线连接中，用线夹和压线帽连接导线的方法也较为常见。在实际操作中，可根据不同类型的导线选择合适的线夹进行连接。

图 7-18 为使用线夹连接导线的方法。连接时将导线平行对其插入线夹中并夹紧，然后将多余的导线切去仅保留 2～3mm，或保留 10mm 再将导线头部弯曲。

图 7-17　导线的绕接

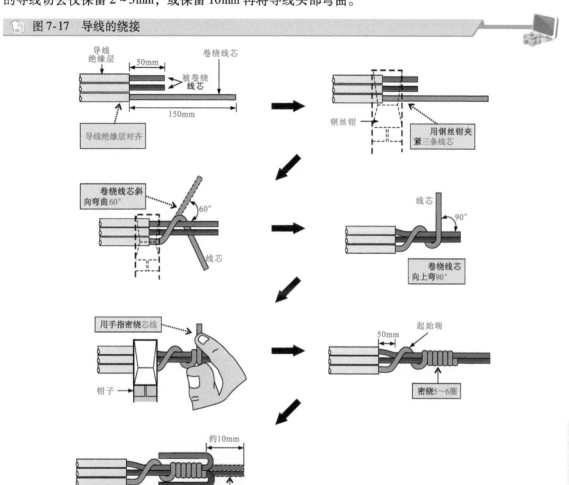

图 7-18　使用线夹连接导线的方法

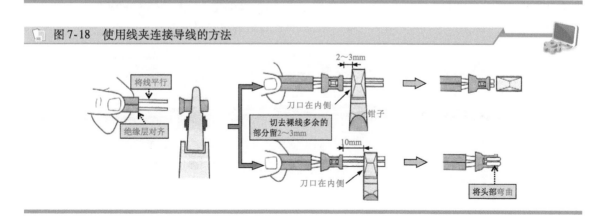

图 7-19 为使用压线帽连接导线的方法。

图 7-19　使用压线帽连接导线的方法

线缆
约50mm

约90°

用手将线缆
缠绕在一起

切除多余部分

套上压线帽

压线帽

7　导线绝缘层的恢复

导线进行连接或绝缘层遭到破坏后，必须恢复其绝缘性能。恢复后强度应不低于原有绝缘层。其恢复方法通常采用包缠法。包缠使用的绝缘材料有黄蜡带、涤纶膜带和胶带。绝缘材料的宽度为 15～20mm。包缠时需要从完整绝缘层上开始包缠，包缠两根带宽后方可进入连接处的芯线部分如图 7-20a 所示；包至另一端时，也需同样包入完整绝缘层上两根带宽的距离，如图 7-20b 所示。包缠时，绝缘带与导线应保持 55° 的倾斜角，每圈包缠压带的一半，如图 7-20c 所示。

图 7-20　绝缘带的包缠方法

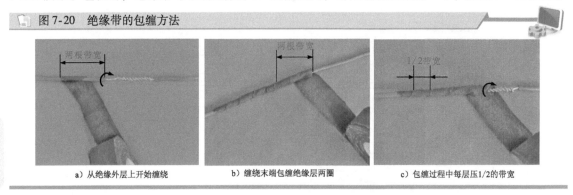

两根带宽

两根带宽

1/2带宽

a）从绝缘外层上开始缠绕　　　b）缠绕末端包缠绝缘层两圈　　　c）包缠过程中每层压1/2的带宽

在对绝缘导线进行绝缘恢复时，应根据线路的不同而进行不同程度的恢复。220V 线路上的导线恢复绝缘层时，先包缠一层黄蜡带（或涤纶膜带），然后再包缠一层黑胶带。380V 线路上的导线恢复绝缘层时，先包缠 2～3 层黄蜡带（或涤纶膜带），然后再包缠两层黑胶带。

7.2　控制及保护器件的安装

7.2.1　交流接触器的安装

交流接触器也称电磁开关，一般安装在控制电动机、电热设备、电焊机等控制线路中，是电工行业中使用最广泛的控制器件之一。安装前，首先要了解交流接触器的安装形式。图 7-21 为典型交流接触器的接线与安装示意图。

图 7-21 典型交流接触器的接线与安装示意图

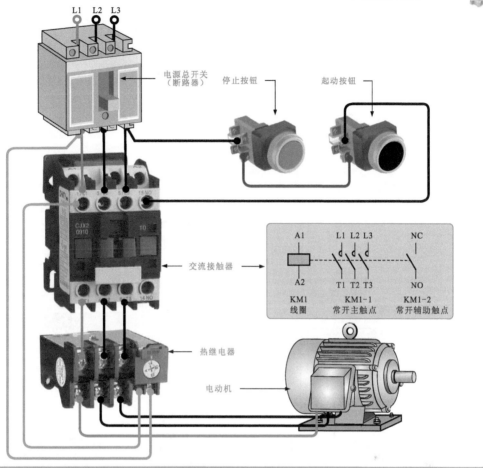

图 7-22 为典型交流接触器的连接方式。接触器的 A1 和 A2 引脚为内部线圈引脚，用来连接供电端；L1 和 T1、L2 和 T2、L3 和 T3、NO 连接端分别为内部开关引脚，用来连接电动机或负载。

图 7-22 典型交流接触器的连接方式

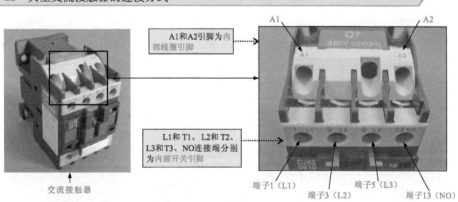

了解了交流接触器的连接方式后，便可以动手安装了。图 7-23 为典型交流接触器的接线与安装方法。

📖 图 7-23 典型交流接触器的接线与安装方法

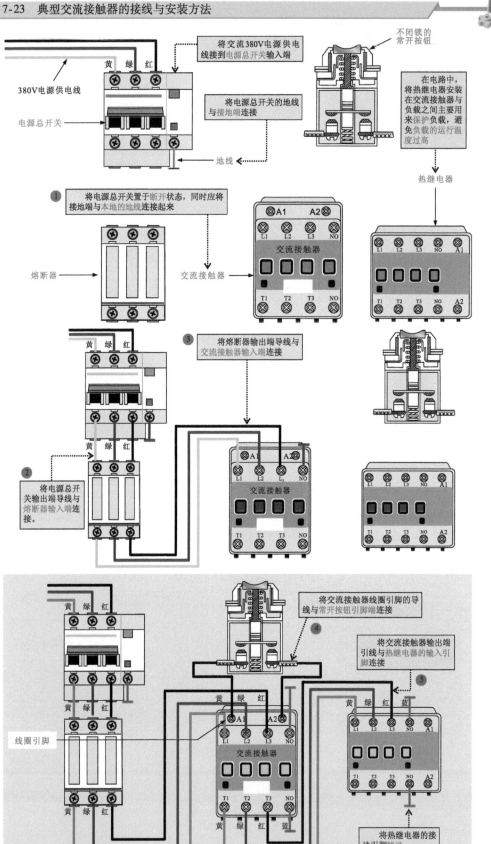

将交流380V电源供电线接到电源总开关输入端

不闭锁的常开按钮

380V电源供电线

将电源总开关的地线与接地端连接

在电路中，将热继电器安装在交流接触器与负载之间主要用来保护负载，避免负载的运行温度过高

电源总开关

地线

热继电器

① 将电源总开关置于断开状态，同时应将接地端与本地的地线连接起来

熔断器

交流接触器

③ 将熔断器输出端导线与交流接触器输入端连接

② 将电源总开关输出端导线与熔断器输入端连接。

104

将交流接触器线圈引脚的导线与常开按钮引脚端连接

④

将交流接触器输出端引线与热继电器的输入引脚连接

⑤

线圈引脚

交流接触器

将热继电器的接地引脚接地

7.2.2 热继电器的安装

热继电器是电气部件中通过**热量保护负载**的一种器件。图 7-24 为典型热继电器的结构及接线与安装。

图 7-24 典型热继电器的结构及接线与安装

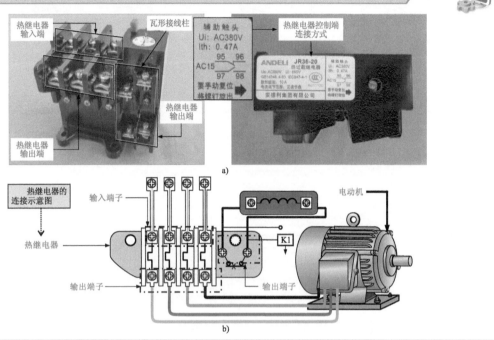

7.2.3 熔断器的安装

熔断器是指在电工线路或电气系统中用于线路或设备的短路及过载保护的器件。在动手安装熔断器之前，首先要了解熔断器的安装形式和设计方法。图 7-25 为熔断器的安装连接示意图。

图 7-25 熔断器的安装连接示意图

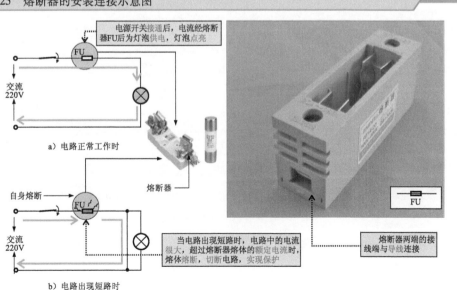

了解了熔断器的安装形式和设计方案后，便可以动手安装熔断器了。图 7-26 为典型熔断器的接线与安装方法。

图 7-26 典型熔断器的接线与安装方法

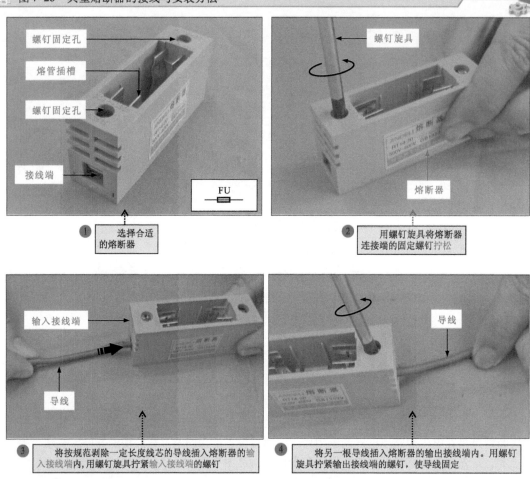

① 选择合适的熔断器

② 用螺钉旋具将熔断器连接端的固定螺钉拧松

③ 将按规范剥除一定长度线芯的导线插入熔断器的输入接线端内，用螺钉旋具拧紧输入接线端的螺钉

④ 将另一根导线插入熔断器的输出接线端内。用螺钉旋具拧紧输出接线端的螺钉，使导线固定

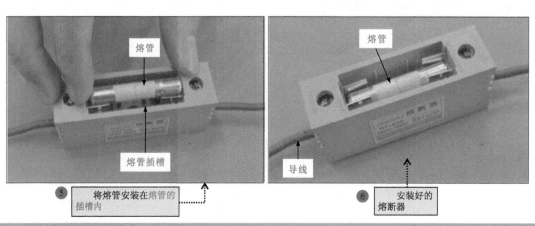

⑤ 将熔管安装在熔管的插槽内

⑥ 安装好的熔断器

106

7.3 电源插座的安装

7.3.1 三孔电源插座的安装

　　三孔电源插座是指插座面板上仅设有相线插孔、零线插孔和接地插孔三个插孔的电源插座。图 7-27 为三孔电源插座的特点和接线关系。

图 7-27　三孔电源插座的特点和接线关系

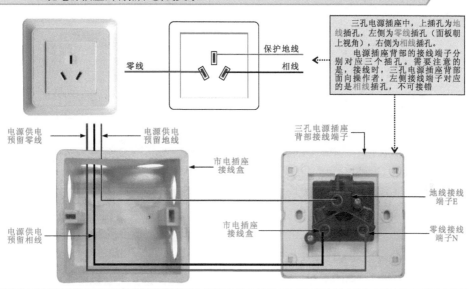

　　三孔电源插座中，上插孔为地线插孔，左侧为零线插孔（面板朝上视角），右侧为相线插孔。电源插座背部的接线端子分别对应三个插孔。需要注意的是，接线时，三孔电源插座背部面向操作者，左侧接线端子对应的是相线插孔，不可接错

　　图 7-28 为三孔电源插座的接线。将三孔电源插座背部接线端子的固定螺钉拧松，并将预留插

图 7-28　三孔电源插座的接线

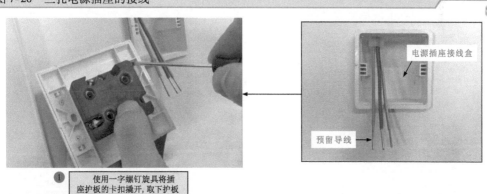

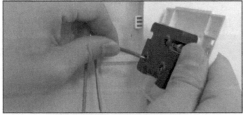

① 使用一字螺钉旋具将插座护板的卡扣撬开，取下护板

② 将剥去绝缘层的预留导线穿入插座相线接线柱L中

③ 使用螺钉旋具拧紧接线柱固定螺钉，固定相线

图 7-28　三孔电源插座的接线（续）

零线插入固定孔

④ 将剥去绝缘层的零线预留
导线穿入插座零线接线柱N中

零线

螺钉旋具

⑤ 使用螺钉旋具拧紧接线柱
固定螺钉，固定零线

地线插入固定孔

⑥ 将剥去绝缘层的地线预留导
线穿入插座地线接线柱E中

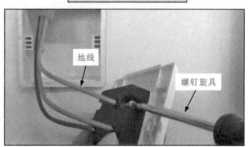

地线

螺钉旋具

⑦ 使用螺钉旋具拧紧接线柱固定螺钉，固定
地线，检查连接情况，确保接线准确且牢固

座接线盒中的三根电源线线芯对应插入三孔电源插座的接线端子内，即相线插入相线接线端子内，零线插入零线接线端子内，保护地线插入地线接线端子内，然后逐一拧紧固定螺钉，即完成了三孔电源插座的接线。

最后，按图 7-29 所示，将连接导线合理盘绕在接线盒中，再将三孔电源插座固定孔对准接线盒中的螺钉固定孔推入、按紧，并使用固定螺钉固定，最后将三孔电源插座的护板扣合到面板上，确认卡紧到位后，三孔电源插座安装完成。

图 7-29　三孔电源插座的安装固定

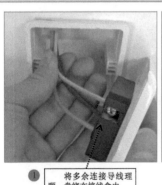

① 将多余连接导线理
顺，盘绕在接线盒内

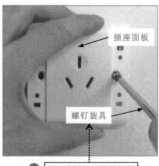

插座面板

螺钉旋具

② 使用螺钉旋具拧紧
固定螺钉，固定插座

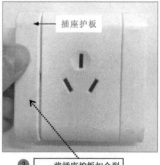

插座护板

③ 将插座护板扣合到
面板上

7.3.2　五孔电源插座的安装

五孔电源插座实际是两孔电源插座和三孔电源插座的组合，面板上方为平行设置的两个孔，用于为采用两孔插头电源线的电气设备供电；下方为一个三孔电源插座，用于为采用三孔插头电源线的电气设备供电。图 7-30 为五孔电源插座的特点和接线关系。

图 7-30　五孔电源插座的特点和接线关系

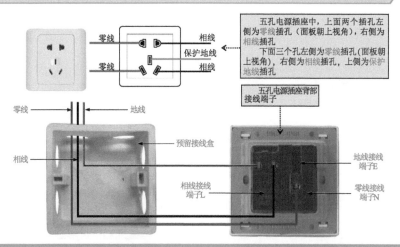

五孔电源插座中，上面两个插孔左侧为零线插孔（面板朝上视角），右侧为相线插孔

下面三个孔左侧为零线插孔（面板朝上视角），右侧为相线插孔，上侧为保护地线插孔

五孔电源插座背部接线端子

| 提示说明 |

目前，五孔电源插座面板侧为五个插孔，但背面接线端子侧多为三个插孔，这是因为大多数电源插座生产厂商在生产时已经将五个插座进行相应连接，即两孔中的零线与三孔的零线连接，两孔的相线与三孔的相线连接，只引出三个接线端子即可，方便连接，如图 7-31 所示。

对于未在内部连接的五孔电源插座，实际接线时需要先分别连接后，再与电源供电预留导线连接，注意不能接错

内部已使用铜片接好

手动连接零、相线接线端子

图 7-31　五孔电源插座背部触点间的连接关系

了解五孔电源插座接线关系后，区分待安装五孔电源插座接线端子的类型，确保供电线路在断电状态下，将预留接线盒中的相线、零线、保护地线连接到五孔电源插座相应标识的接线端子（L、N、E）内，并用螺钉旋具拧紧固定螺钉。图 7-32 为五孔电源插座的接线方法。

109

图 7-32　五孔电源插座的接线方法

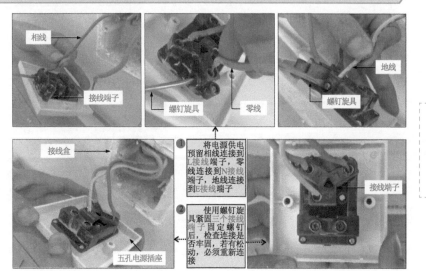

① 将电源供电预留相线连接到L接线端子，零线连接到N接线端子，地线连接到E接线端子

② 使用螺钉旋具紧固三个接线端子固定螺钉后，检查连接是否牢固，若有松动，必须重新连接

扫一扫看视频

接着，将五孔电源插座固定到预留接线盒上。先将接线盒内的导线整理后盘入盒内，然后用固定螺钉紧固五孔电源插座的面板，扣好挡片或护板后，安装完成，具体操作如图 7-33 所示。

图 7-33　五孔电源插座的安装固定

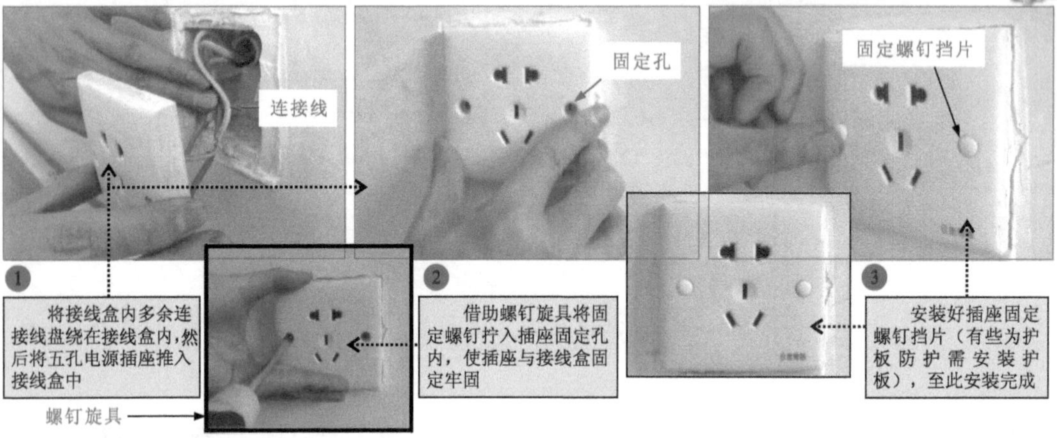

连接线

固定孔

固定螺钉挡片

① 将接线盒内多余连接线绕在接线盒内，然后将五孔电源插座推入接线盒中

螺钉旋具

② 借助螺钉旋具将固定螺钉拧入插座固定孔内，使插座与接线盒固定牢固

③ 安装好插座固定螺钉挡片（有些为护板防护需安装护板），至此安装完成

7.4　接地装置的安装

7.4.1　接地保护原理与接地形式

电气设备的接地是保证电气设备正常工作及人身安全而采取的一种安全用电措施。接地是将电气设备的外壳或金属底盘与接地装置进行电气连接，利用大地作为电流回路，以便将电气设备上可能产生的漏电、静电荷和雷电电流引入地下，防止触电，保护设备安全。接地装置是由接地体和接地线组成的。其中，直接与土壤接触的金属导体称为接地体，与接地体连接的金属导线称为接地线。图 7-34 为电气设备接地的保护原理。

图 7-34　电气设备接地的保护原理

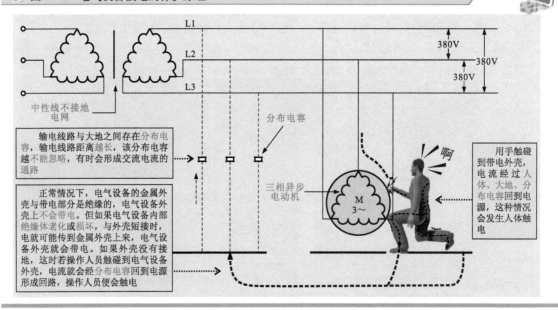

☐ 图 7-34 电气设备接地的保护原理（续）

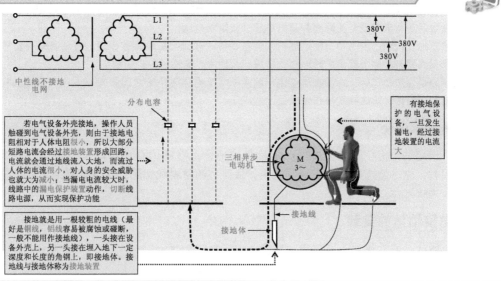

图 7-35 为电气设备的接地形式。常见电气设备的接地形式主要有保护接地、工作接地和防雷接地。此外，还有重复接地、防静电接地和屏蔽接地等。

☐ 图 7-35 电气设备的接地形式

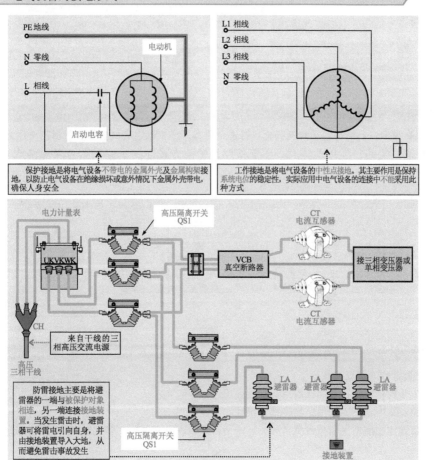

| 提示说明 |

　　重复接地是将中性线上的一点或多点再次接地。当电气设备的中性线发生断线并有相线接触设备外壳时，会使断线后所有电气设备的外壳都带有电压（接近相电压）。

　　防静电接地是指对静电防护有明确要求的供电设备、电气设备的外壳接地，并将其外壳直接接触防静电地板，用于将设备外壳上聚集的静电电荷释放到大地中，实现对静电的防范。

　　屏蔽接地是为防止电磁干扰而在屏蔽体与地或干扰源的金属外壳之间所采取的电气连接形式。屏蔽接地在广播电视、通信、雷达导航等领域应用十分广泛。

7.4.2　接地体的安装

　　通常，直接与土壤接触的金属导体被称为接地体。接地体有自然接地体和施工专用接地体两种。在应用时，应尽量选择自然接地体连接，从而节约材料和费用。在自然接地体不能利用时，再选择施工专用接地体。

1　自然接地体的安装

　　自然接地体包括直接与大地可靠接触的金属管道、建筑物与地连接的金属结构、钢筋混凝土建筑物的承重基础、带有金属外皮的电缆等，如图 7-36 所示。

图 7-36　几种自然接地体

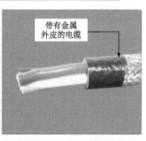

建筑物与地连接的金属结构

深埋地下的金属管道

带有金属外皮的电缆

| 提示说明 |

　　通常，包有黄麻、沥青等绝缘材料的金属管道及通有可燃气体或液体的金属管道不可作为接地体。

　　在连接管道一类的自然接地体时，不能使用焊接的方式连接，应采用金属抱箍或夹头的压接方法连接，如图 7-37 所示。金属抱箍适用于管径较大的管道。金属夹头适用于管径较小的管道。

图 7-37　管道自然接地体的安装

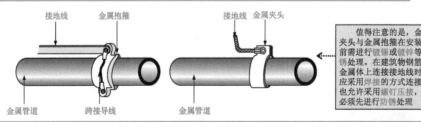

接地线　　金属抱箍　　　　接地线　金属夹头

金属管道　　跨接导线　　　金属管道

　　值得注意的是，金属夹头与金属抱箍在安装之前需进行镀锡或镀锌等防锈处理。在建筑物钢筋等金属体上连接接地线时，应采用焊接的方式连接，也允许采用螺钉压接，但必须先进行防锈处理

| 提示说明 |

　　利用自然接地体时，应注意以下几点：

　　1）用不少于两根导体在不同接地点与接地线相连。

　　2）在直流电路中，不应利用自然接地体接地。

　　3）自然接地体的接地阻值符合要求时，一般不再安装施工专用接地体，发电厂和变电所及爆炸危险场所除外。

　　4）当同时使用自然、施工专用接地体时，应分开设置测试点。

2 施工专用接地体的安装

施工专用接地体应选用钢材制作,一般常用角钢和管钢作为施工专用接地体。在有腐蚀性的土壤中,应使用镀锌钢材或者增大接地体的尺寸,如图 7-38 所示。

图 7-38 施工专用接地体

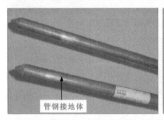
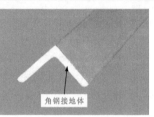

管钢接地体　　　　　角钢接地体

接地体根据安装环境和深浅的不同有水平安装和垂直安装两种方式。无论是垂直安装接地体还是水平安装接地体,通常都选用管钢接地体或角钢接地体。目前,施工专用接地体的安装方法通常采用垂直安装方法。垂直安装施工专用接地体时,多采用挖坑打桩法,如图 7-39 所示。

图 7-39 施工专用接地体的安装

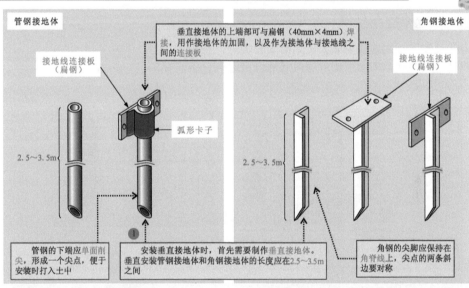

管钢接地体

接地线连接板(扁钢)

垂直接地体的上端部可与扁钢(40mm×4mm)焊接,用作接地体的加固,以及作为接地体与接地线之间的连接板

弧形卡子

2.5～3.5m

角钢接地体

接地线连接板(扁钢)

2.5～3.5m

① 管钢的下端应单面削尖,形成一个尖点,便于安装时打入土中

安装垂直接地体时,首先需要制作垂直接地体。垂直安装管钢接地体和角钢接地体的长度应在2.5～3.5m之间

角钢的尖脚应保持在角脊线上,尖点的两条斜边应对称

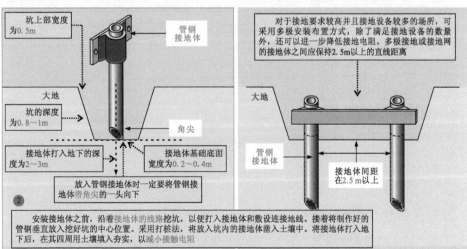

坑上部宽度为0.5m

管钢接地体

大地

坑的深度为0.8～1m

角尖

接地体打入地下的深度为2～3m

接地体基础底面宽度为0.2～0.4m

② 放入管钢接地体时一定要将管钢接地体带角尖的一头向下

对于接地要求较高并且接地设备较多的场所,可采用多极安装布置方式,除了满足接地设备的数量外,还可进一步降低接地电阻。多极接地或接地网的接地体之间应保持2.5m以上的直线距离

大地

管钢接地体

接地体间距在2.5m以上

安装接地体之前,沿着接地体的线路挖坑,以便打入接地体和敷设连接地线。接着将制作好的管钢垂直放入挖好坑的中心位置。采用打桩法,将放入坑内的接地体凿入土壤中。将接地体打入地下后,在其四周用土壤填入夯实,以减小接触电阻

113

| 提示说明 |

水平安装接地体一般只适用于土层浅薄的地方，应用不广泛。制作水平接地体时，角钢厚度一般不小于4mm，截面积不小于48mm²，管钢的直径不小于8mm。水平接地体的上端部与圆钢（直径为16mm）焊接，用作接地体的加固，以及作为接地体与接地线之间的连接板。

水平接地体的一端向上弯曲成直角，便于连接。若接地线采用螺钉压接，应先钻好螺钉孔。接地体的长度依安装条件和接地装置的结构形式而定。安装水平接地体时，通常采用挖坑填埋法，接地体应埋入地面0.6m以下的土壤中。如果是多极接地或接地网，则接地体之间应相隔2.5m以上的直线距离，如图7-40所示。

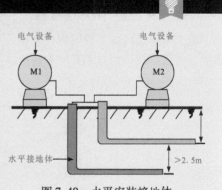

图7-40　水平安装接地体

7.4.3　接地线的连接

接地线通常有自然接地线和施工专用接地线两种。安装接地线时，应优先选择自然接地线，其次考虑施工专用接地线。

1　自然接地线的连接

自然接地线与大地接触面大，如果为较多的设备提供接地，则只要增加引接点，并将所有引接点连成带状或网状，每个引接点通过接地线与电气设备连接即可，如图7-41所示。

图7-41　自然接地线的连接

引接点通过接地线与电气设备连接

将引接点连在一起

接地线

引接点（连接接地线）

利用自然接地线可以减少施工专用接地线的使用量，减少接地线的材料费用

接地线

114

| 提示说明 |

在使用配管作为自然接地线时，在接头的接线盒处应采用跨接线连接方式。当钢管直径在40mm以下时，跨接线应采用6mm直径的圆钢；当钢管直径在50mm以上时，跨接线应采用25mm×24mm的扁钢，如图7-42所示。

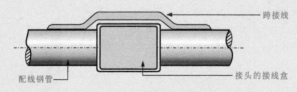

跨接线

配线钢管

接头的接线盒

图7-42　使用配管作为自然接地线的要求

2　施工专用接地线的连接

施工专用接地线通常使用铜、铝、扁钢或圆钢材料制成的裸线或绝缘线，如图7-43所示。

图 7-43 施工专用接地线

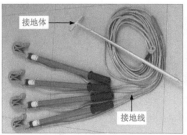
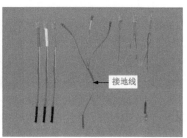

接地干线是接地体之间的连接导线或一端连接接地体,另一端连接各接地支线的连接线。图 7-44 为接地体与接地干线的连接。

图 7-44 接地体与接地干线的连接

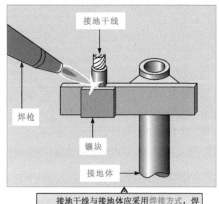
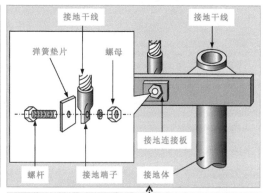

接地干线与接地体应采用焊接方式,焊接处添加镶块,增大焊接面积

没有条件使用焊接设备时,也允许用螺母压接,但接触面必须经镀锌或镀锡等防锈处理,螺母也要采用大于 M12 的镀锌螺母。在有振动的场所,螺杆上应加弹簧垫圈

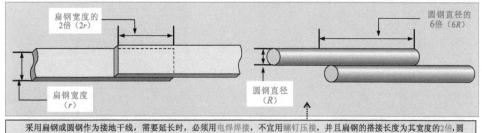

采用扁钢或圆钢作为接地干线,需要延长时,必须用电焊焊接,不宜用螺钉压接,并且扁钢的搭接长度为其宽度的2倍,圆钢的搭接长度为其直径的6倍

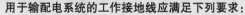

│提示说明│

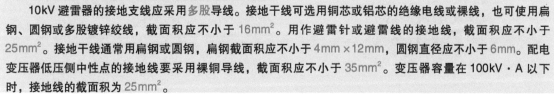

用于输配电系统的工作接地线应满足下列要求:

10kV 避雷器的接地支线应采用多股导线。接地干线可选用铜芯或铝芯的绝缘电线或裸线,也可使用扁钢、圆钢或多股镀锌绞线,截面积应不小于 16mm²。用作避雷针或避雷线的接地线,截面积应不小于 25mm²。接地干线通常用扁钢或圆钢,扁钢截面积应不小于 4mm×12mm,圆钢直径应不小于 6mm。配电变压器低压侧中性点的接地线要采用裸铜导线,截面积应不小于 35mm²。变压器容量在 100kV·A 以下时,接地线的截面积为 25mm²。

室外接地干线与接地体连接好后,接下来连接室内接地线与室外接地线。图 7-45 为室内接地干线与室外接地体的连接。

图 7-45　室内接地干线与室外接地体的连接

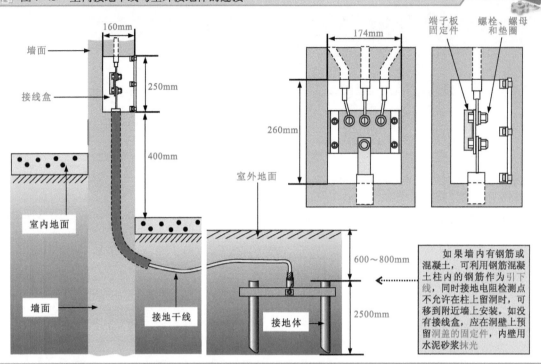

墙面

接线盒

160mm

250mm

400mm

室内地面

墙面

接地干线

室外地面

600~800mm

接地体

2500mm

端子板固定件

螺栓、螺母和垫圈

174mm

260mm

如果墙内有钢筋或混凝土，可利用钢筋混凝土柱内的钢筋作为引下线，同时接地电阻检测点不允许在柱上留洞时，可移到附近墙上安装。如没有接线盒，应在洞壁上预留洞盖的固定件，内壁用水泥砂浆抹光

　　室内接地干线与室外接地线连接好后，接下来安装接地支线。图 7-46 为接地支线的连接。

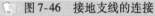

图 7-46　接地支线的连接

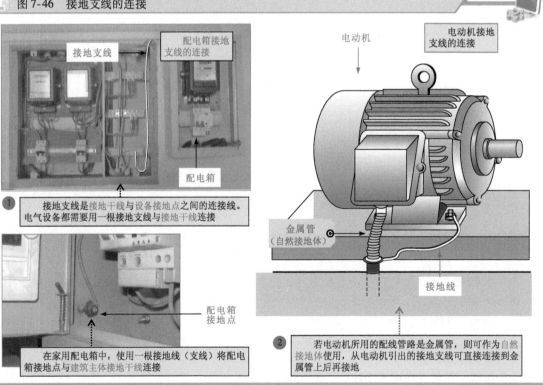

接地支线

配电箱接地支线的连接

配电箱

电动机

电动机接地支线的连接

❶ 接地支线是接地干线与设备接地点之间的连接线。电气设备都需要用一根接地支线与接地干线连接

配电箱接地点

在家用配电箱中，使用一根接地线（支线）将配电箱接地点与建筑主体接地干线连接

金属管（自然接地体）

接地线

❷ 若电动机所用的配线管路是金属管，则可作为自然接地体使用，从电动机引出的接地支线可直接连接到金属管上后再接地

| 提示说明 |

接地支线的安装应注意：每台设备的接地点只能用一根接地支线与接地干线单独连接。在户内容易被触及的地方，接地支线应采用多股绝缘绞线；在户内或户外不容易被触及的地方，应采用多股裸绞线；移动用电器具从插头至外壳处的接地支线，应采用铜芯绝缘软线。接地支线与接地干线或电气设备连接点的连接处，应采用接线端子。铜芯的接地支线需要延长时，要用锡焊加固。接地支线在穿墙或楼板时，应套入配管加以保护，并且应与相线和中性线进行区分。采用绝缘电线作为接地支线时，必须恢复连接处的绝缘层。

8.1 单相交流电动机起停控制电路

图 8-1 为典型单相交流电动机起停控制电路。

图 8-1 典型单相交流电动机起停控制电路

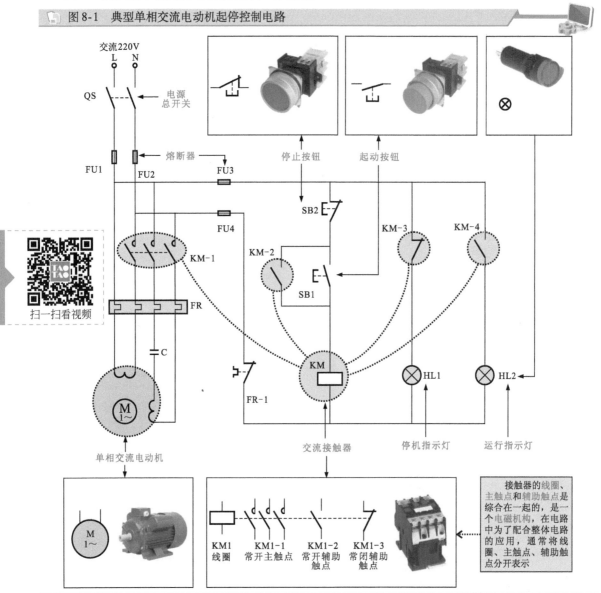

从图 8-1 可以看出，该电路主要由电源总开关 QS、熔断器 FU1 ~ FU4、热继电器 FR、起动按钮 SB1、停止按钮 SB2、交流接触器 KM、停机指示灯 HL1、运行指示灯 HL2 和单相交流电动机等构成。

图 8-2 为典型电动机起停控制电路的接线图。

图 8-2 典型电动机起停控制电路的接线图

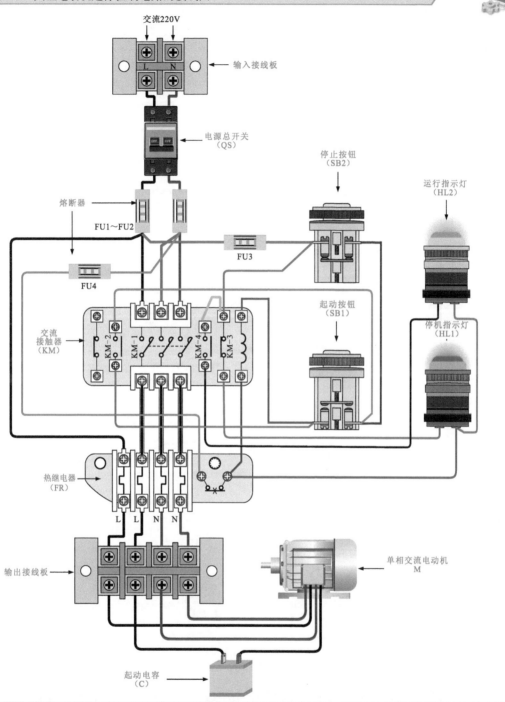

119

8.2 单相交流电动机正反转控制电路

8.2.1 典型单相交流电动机正反转控制电路

图 8-3 为单相交流电动机的正反转控制电路。单相电动机是由两个绕组和起动电容构成的。电

动机的外壳上设有接线盒及起动电容，改变接线方式就可以实现正反转变换。该电动机内设有离心开关，随转子一起旋转，当电动机转速达到一定的值时，在离心力作用下，开关断开。离心开关串接在起动电容电路中。起动时，交流相线 L 连接到电动机的起动绕组和运行绕组的一端，零线 N 连接运行绕组的另一端。同时经离心开关和起动电容为起动绕组的另一端供电，电动机迅速起动。当接近额定转速时，离心开关断路起动绕组则停止供电，起动过程结束。只有运行绕组供电继续旋转。只要改变一下运行绕组的供电方向，即可实现反转控制。

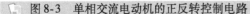

图 8-3 单相交流电动机的正反转控制电路

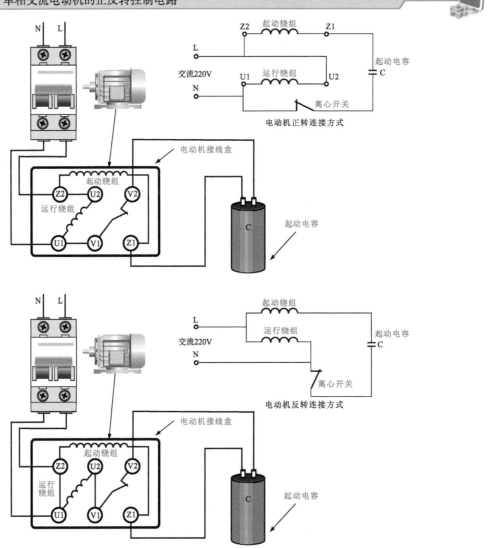

8.2.2 单相交流电动机正反转自锁控制电路

图 8-4 为单相电动机的正反转自锁控制电路。电路中采用了两个接触器，分别对单相电动机进行正反转的接线控制，并利用交流接触器的辅助触点进行正反转的互锁控制。

交流接触器 KM1 是用于正转控制的，KM2 是用于反转控制的。操作正向起动键，交流接触器 KM1 得电，KM1-1 主触点闭合对电动机进行正转控制，同时 KM1-2 辅助触点闭合维持 KM1 线圈的供电进行自锁，即使松开正向起动键也能维持 KM1 线圈得电，电动机则维持正转状态。同时 KM1-3（常闭触点）断开，使得反转控制接触器线圈不能得电，防止在正转时反转接触器动作造成短路故障。

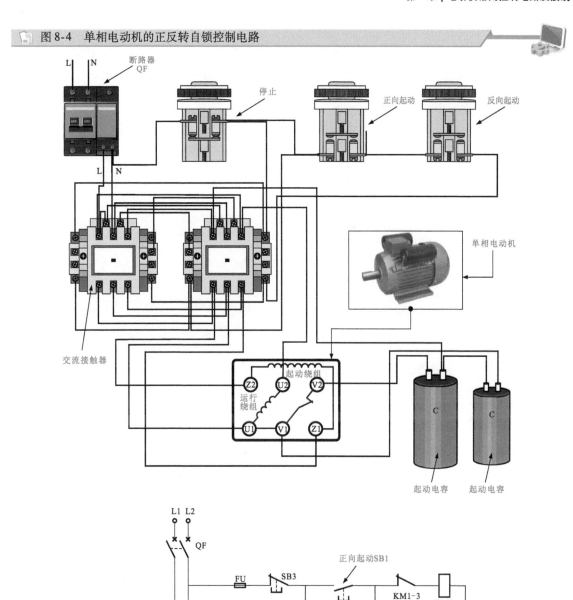

图 8-4　单相电动机的正反转自锁控制电路

操作反向起动键使交流接触器 KM2 得电，KM2-1 主触点闭合，对电动机进行反转控制，同时KM2-2 辅助触点闭合，维持 KM2 线圈的供电态进行自锁，即使松开反向起动键也能维持 KM2 的线圈得电，电动机维持反转状态，同时 KM2-3（常闭触点）断开，使得正转接触器线圈不能得电，防止在反转时正转接触器动作，造成短路故障。

| **提示说明** |

　　本系统中的交流接触器的等效电路如图 8-5 所示。它具有一组线圈 KM，A1、A2 是引线端，其中 L1、L2、L3 是主触点，当线圈 KM 中有电流时，则主触点接通，另外它的两侧各有一组常开触点和常闭触点也分别动作，辅助触点作为控制电路的辅助触点。

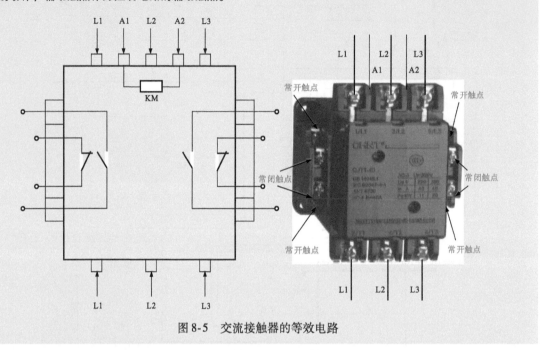

图 8-5　交流接触器的等效电路

8.3　三相交流电动机起停控制电路

8.3.1　三相交流电动机起停连续控制电路

　　图 8-6 为典型三相交流电动机起停连续控制电路。该电路主要是由断路器 QF、交流接触器 KM、起动按钮 SB2、停止按钮 SB1 及三相交流电动机构成。

图 8-6　典型三相交流电动机起停连续控制电路

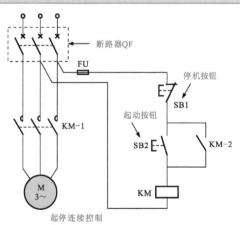

　　图 8-7 为典型三相交流电动机起停连续控制电路的接线图。

图 8-7　典型三相交流电动机起停连续控制电路的接线图

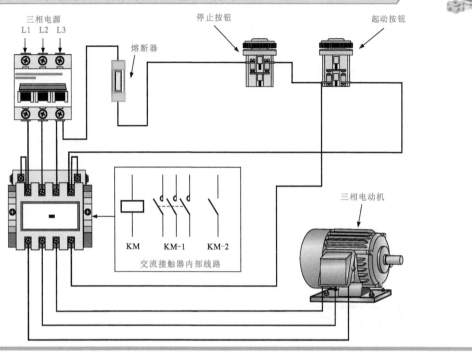

交流接触器是控制电动机供电的设备，它具有线圈和三路主触点、一路或多路辅助触点。当线圈 KM 得电时，主触点 KM-1 接通，辅助触点 KM-2 也接通，KM-2 用于为接触器 KM 线圈提供自锁供电。当断路器接通后，按一下起动按钮 SB2，交流接触器的线圈 KM 得电，于是触点 KM-1（三个主触点）接通。电源为电动机供电，电动机开始运转。同时，辅助触点 KM-2 接通维持接触器线圈的供电，此时松开起动按钮，交流接触器由 KM-2 触点为线圈供电，这种方式称为自锁，即按一下启动按钮，电动机即可连续运转。

当需要停机时按下停机按钮 SB1，交流接触器 KM 失电，则触点 KM-1、KM-2 均断开，电动机停止供电。

8.3.2　具有保护功能的三相交流电动机起停控制电路

123

图 8-8 是一种具有过热保护功能的三相交流电动机的起停控制电路。

图 8-8　具有过热保护功能的三相交流电动机的起停控制电路

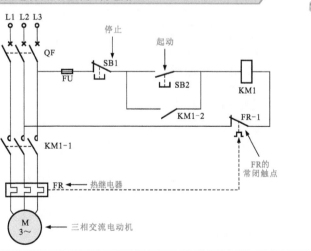

图 8-9 为该电路的接线图。该电路是在上述电路的基础上增加了一个热继电器 FR，当流过电动机的电流（主触点电流）过载时，继电器内部会因温度过高而使辅助触点断路（FR-1 断开），FR-1 断路会使交流接触器的线圈 KM1 失电，从而使其触点复位，切断对电动机的供电进行保护。

图 8-9　具有过热保护功能的三相交流电动机的起停控制电路的接线图

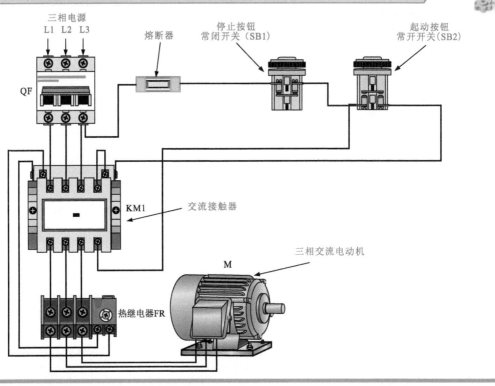

| 提示说明 |

热继电器的外形和电路符号如图 8-11 所示。L1、L2、L3 内部的热元件串联在电动机的三相绕组中，常闭触点 FR-1 串联在控制电动机的电路中。如果 FR-1 断开，则控制电路中的交流接触器线圈会失电，从而切断为电动机的供电。

图 8-10 为热继电器的外形和电路符号。

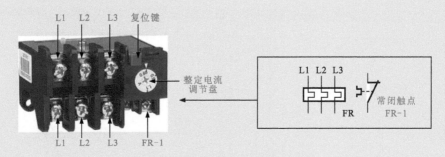

图 8-10　热继电器的外形和电路符号

使用热继电器对电动机进行过载保护时，将热元件与电动机的定子绕组串联，将热继电器的常闭触点串联在交流接触器的电磁线圈的控制电路中，并调节整定电流调节旋钮。当电动机正常工作时，通过热元件的电流即为电动机的额定电流，热元件发热较少，常闭触头处于闭合状态，交流接触器保持吸合，电动机正常运行。

若电动机出现过载情况，绕组中电流增大，通过热继电器的电流增大使双金属片温度升得更高，从而使触点断开，也断开了交流接触器线圈电路，使接触器释放，切断电动机的电源，电动机停机而得到保护。

8.4 三相交流电动机串电阻减压起动控制电路

图 8-11 为典型三相交流电动机串电阻减压起动控制电路。从图中可以看到，该电路主要由电源总开关 QS、起动按钮 SB1、停止按钮 SB2、交流接触器 KM1 和 KM2、时间继电器 KT、电阻器 R1 ~ R3、三相交流电动机等构成。

图 8-11 典型三相交流电动机串电阻减压起动控制电路

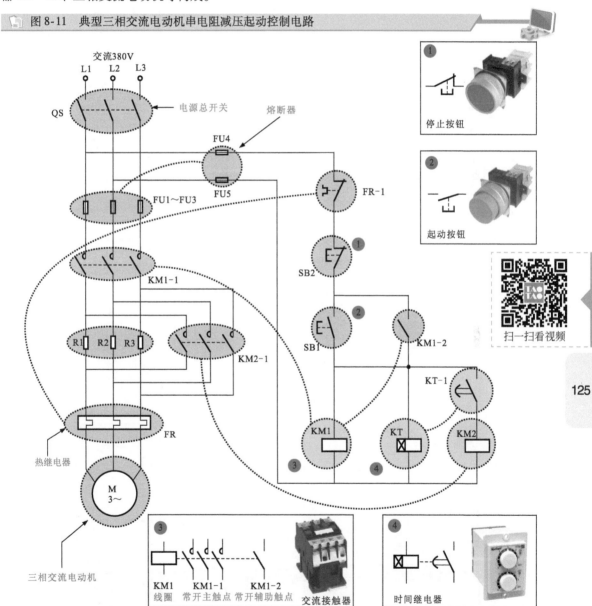

图 8-12 为典型三相交流电动机串电阻减压起动控制电路的接线图。

图 8-12　典型三相交流电动机串电阻减压起动控制电路的接线图

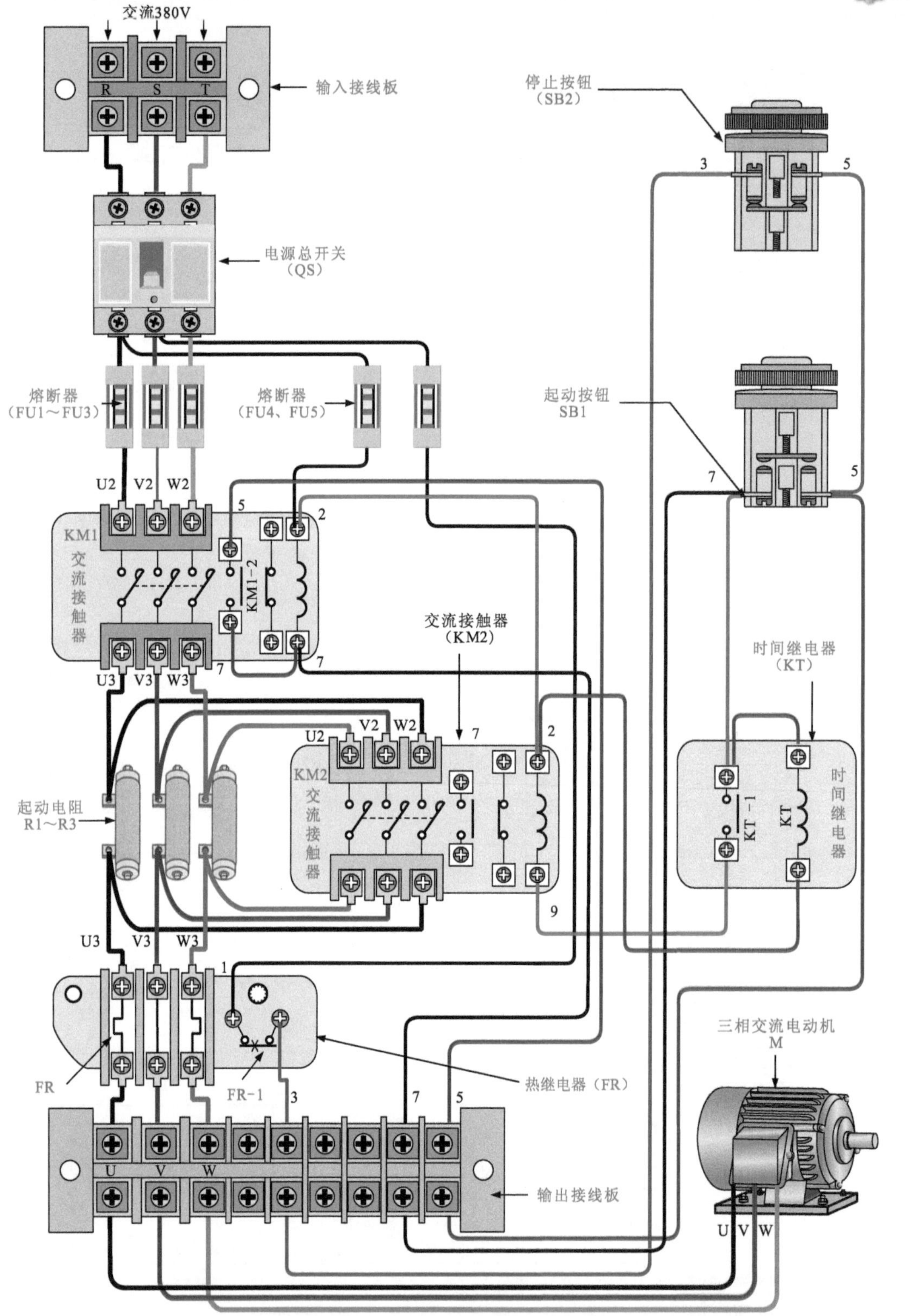
交流380V
R S T
输入接线板
停止按钮
（SB2）
3 5
电源总开关
（QS）
熔断器
（FU1～FU3）
熔断器
（FU4、FU5）
起动按钮
SB1
7 5
U2 V2 W2
5 2
KM1
交
流
接
触
器
KM1-2
U3 V3 W3 7 7
交流接触器
（KM2）
时间继电器
（KT）
U2 V2 W2 7 2
KM2
交
流
接
触
器
起动电阻
R1～R3
KT-1
KT
时
间
继
电
器
9
U3 V3 W3
1
FR
FR-1
3 7 5
热继电器（FR）
三相交流电动机
M
U V W
输出接线板
U V W

8.5 三相交流电动机丫-△减压起动控制电路

　　三相交流电动机丫-△减压起动控制电路是指三相交流电动机起动时，先由电路控制三相交流电动机定子绕组连接成丫联结进入减压起动状态，待转速达到一定值后，再由电路控制三相交流电动机定子绕组连接成△联结，进入全压正常运行状态。

　　图8-13为典型三相交流电动机丫-△减压起动控制电路。

　　图 8-13　典型三相交流电动机丫-△减压起动控制电路

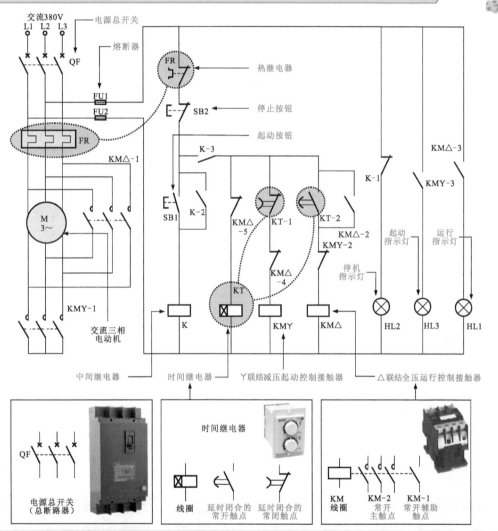

| 提示说明 |

　　当三相交流电动机绕组采用丫联结时，三相交流电动机每相绕组承受的电压均为220V；当三相交流电动机绕组采用△联结时，三相交流电动机每相绕组承受的电压为380V，如图8-13所示。

8.6 三相交流电动机调速控制电路

　　电动机调速控制电路是指利用时间继电器控制电动机的低速或高速运转，通过低速运转按钮和高速运转按钮实现对电动机低速和高速运转的切换控制。图8-14为典型三相交流电动机调速控制电路。

图 8-14 典型三相交流电动机调速控制电路

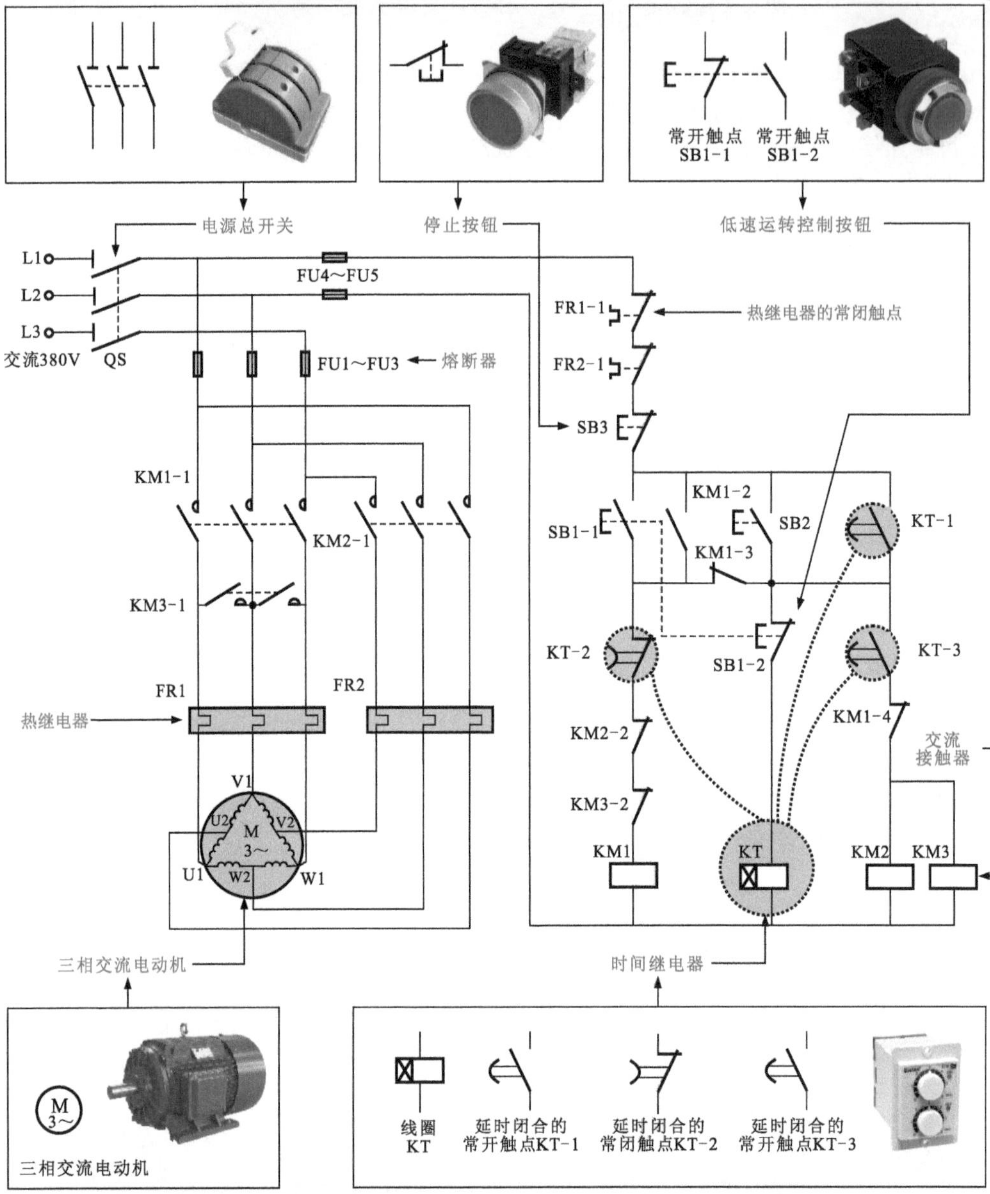

常开触点 SB1-1　常开触点 SB1-2

电源总开关　　停止按钮　　　　　低速运转控制按钮

L1　FU4~FU5
L2
L3　　　　　　　　　　FR1-1　热继电器的常闭触点
交流380V QS　FU1~FU3 ← 熔断器　FR2-1

SB3

KM1-1　　　　　　　　　KM1-2　　SB2　　KT-1
KM2-1　　　　SB1-1　　KM1-3
KM3-1　　　　　　　KT-2　　SB1-2　　KT-3

FR1　　　FR2　　　KM2-2　　　　　KM1-4
热继电器　　　　　　KM3-2　　　　交流接触器

V1
U2　V2　　　KM1　　KT　　KM2　KM3
M 3~
U1 W2 W1

三相交流电动机　　　　　时间继电器

三相交流电动机

线圈 KT　延时闭合的常开触点KT-1　延时闭合的常闭触点KT-2　延时闭合的常开触点KT-3

128

| 提示说明 |

　　三相交流电动机的调速方法有多种，如变极调速、变频调速和变转差率调速等方法。通常，车床设备电动机的调速方法主要是变极调速。双速电动机控制是目前最常用的一种变极调速形式。图 8-15 为双速电动机定子绕组的连接方法。

　　图 8-15a 为低速运行时定子的三角形（△）联结方法。在这种接法中，电动机的三相定子绕组接成三角形，三相电源线 L1、L2、L3 分别连接在定子绕组三个出线端 U1、V1、W1 上，且每相绕组中点接出的接线端 U2、V2、W2 悬空不接，此时电动机三相绕组构成三角形联结，每相绕组的①、②线圈相互串联，电路中电流方向如图中箭头所示。若此电动机磁极为 4 极，则同步转速为 1500r/min。

　　图 8-15b 为高速运行时电动机定子的丫丫联结方法。这种连接是指将三相电源 L1、L2、L3 连接在定子绕组的出线端 U2、V2、W2 上，且将接线端 U1、V1、W1 连接在一起，此时电动机每相绕组的①、②线圈相互并联，电流方向如图中箭头方向所示。若此时电动机磁极为 2 极，则同步转速为 3000r/min。

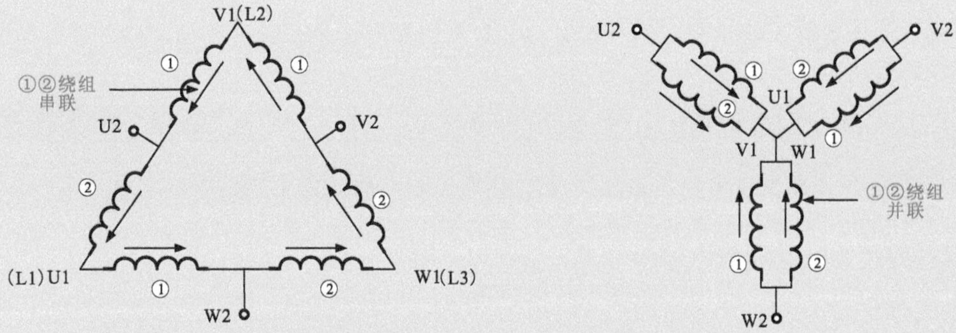

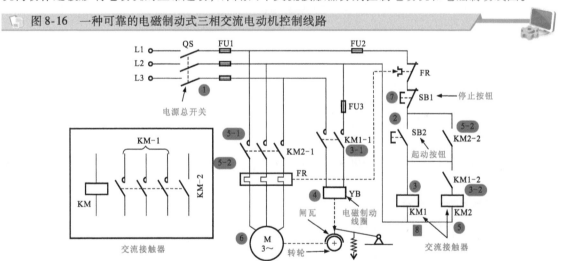

a）低速运行时电动机定子的△联结方法   b）高速运行时电动机定子的YY联结方法

图 8-15 　双速电动机定子绕组的连接方法

8.7 三相交流电动机调速控制电路

8.7.1 三相交流电动机电磁制动控制电路

图 8-16 是一种可靠的电磁制动式三相交流电动机控制线路。为了避免在电路起动时电磁制动机构动作迟缓影响电动机的正常起动，采用两个交流接触器分别控制电动机和电磁制动线圈。

图 8-16 　一种可靠的电磁制动式三相交流电动机控制线路

129

❶闭合电源总开关 QS，接通三相电源，为电路工作做好准备。

❷按下起动按钮 SB2，其常开触点闭合。

❸交流接触器 KM1 线圈得电。

　　❸-1 常开主触点 KM1-1 闭合。

　　❸-2 常开主触点 KM1-2 闭合。

❸-1 →❹电磁制动的线圈 YB 得电，靠电磁力拉开抱闸，解除制动。

❸-2 →❺交流接触器 KM2 线圈得电。

　　❺-1 常开主触点 KM2-1 闭合。

　　❺-2 常开辅助触点 KM2-2 闭合自锁。

❹ + ❺-1 →❻电动机得电，开始起动运转（先解除制动，再起动电动机，比较可靠）。

⑦当需要停机时，按下停止按钮 SB1，其常闭触点断开。

⑦→⑧交流接触器 KM1、KM2 同时断电，电动机断电，制动机构同时动作，抱闸靠弹簧的力量进行制动。

8.7.2　三相交流电动机绕组短路式制动控制电路

图 8-17 是一种三相交流电动机绕组短路式制动控制电路。为了吸收在电动机制动时，由于惯性产生的再生电能，电路在电动机制动时，利用两个常闭触点将三相交流电动机的三个绕组端进行短路控制。使电动机绕组在断电时，定子绕组所产生的电流通过触点断路，迫使电动机转子停转。

图 8-17　三相交流电动机绕组短路式制动控制电路

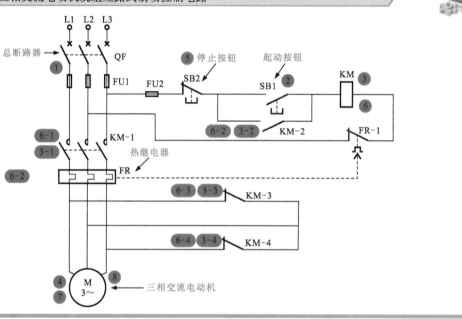

①闭合总断路器 QF，接通三相电源，为电路工作做好准备。

②按下起动按钮 SB1，其常开触点闭合。

③交流接触器 KM1 线圈得电。

　　③-1 常开主触点 KM-1 闭合，接通电动机三相交流电源。

　　③-2 常开辅助触点 KM-2 闭合自锁。

　　③-3 常闭辅助触点 KM-3 断开。

　　③-4 常闭辅助触点 KM-4 断开。

③-1 + ③-2 →④三相交流电动机连续运转。

⑤当需要电动机停转时，按下停止按钮 SB2，其常闭触点断开。

⑥交流接触器 KM1 线圈失电。

　　⑥-1 常开主触点 KM-1 复位断开，切断电动机三相交流电源。

　　⑥-2 常开辅助触点 KM-2 复位断开，解除自锁。

　　⑥-3 常闭辅助触点 KM-3 复位闭合。

　　⑥-4 常闭辅助触点 KM-4 复位闭合。

⑥-1 + ⑥-2 →⑦电动机停转。

⑥-3 + ⑥-4 →⑧将电动机三相绕组短路，吸收绕组产生的电流。这种制动方式适用于较小功

率的电动机，及对制动要求不高的情况。

8.7.3 三相交流电动机半波整流制动控制电路

图 8-18 是一种三相交流电动机的半波整流制动控制电路。它采用了交流接触器与时间继电器组合的制动控制电路。起动时与一般电动机的起动方式相同。

图 8-18 三相交流电动机半波整流制动控制电路

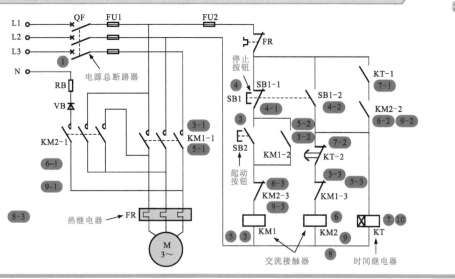

①闭合电源总断路器 QF，接通三相电源，为电路进入工作状态做好准备。

②按下起动按钮 SB2，其常开触点闭合。

③交流接触器 KM1 线圈得电。

　3-1 常开主触点 KM1-1 闭合，电动机起动运转。

　3-2 常开辅助触点 KM1-2 闭合自锁。

　3-3 常闭辅助触点 KM1-3 断开，防止 KM2 线圈得电，实现互锁。

④当需要电动机停机时，按下停止按钮 SB1，其触点动作。

　4-1 常闭触点 SB1-1 断开。

　4-2 常开触点 SB1-2 闭合。

4-1 → ⑤交流接触器 KM1 线圈断电。

　5-1 常开主触点 KM1-1，复位断开，电动机断电。

　5-2 常开辅助触点 KM1-2 复位断开，解除自锁。

　5-3 常闭辅助触点 KM1-3 复位断开。

4-2 + 5-3 → ⑥交流接触器 KM2 线圈得电。

　6-1 常开主触点 KM2-1 闭合，使电动机的两相绕组短接，第三相绕组接半波整流电路到中性端 N，形成直流能耗制动形式，进行电气制动。

　6-2 常开辅助触点 KM2-2 闭合自锁。

　6-3 常闭辅助触点 KM2-3 断开，防止 KM1 线圈得电。

4-2 → ⑦时间继电器 KT 线圈得电。

　7-1 立即常开触点 KT-1 立即闭合。

　7-2 延时断开的常闭触点 KT-2 延时一段时间后断开。

6-2 + 7-1 → ⑧交流接触器 KM2 线圈保持得电状态。

131

7-2 → **9** 交流接触器 KM2 线圈实现延迟失电。

　　9-1 常开主触点 KM2-1 复位断开，制动电路复位。

　　9-2 常开辅助触点 KM2-2 复位断开，解除自锁。

　　9-3 常闭辅助触点 KM2-3 复位闭合。

9-2 → **10** 时间继电器 KT 线圈失电，所有触点复位。

8.7.4　三相交流电动机反接制动控制电路

　　电动机反接制动控制电路是指通过反接电动机的供电相序改变电动机的旋转方向，降低电动机的转速，最终达到停机的目的。电动机在反接制动时，电路会改变电动机定子绕组的电源相序，使之有反转趋势而产生的较大制动力矩，使电动机的转速降低，最后通过速度继电器自动切断制动电源，确保电动机不会反转。

　　图 8-19 为典型三相交流电动机反接制动控制电路。该电路主要由电源总开关 QS、起动按钮 SB2、制动按钮 SB1、交流接触器 KM1 和 KM2、时间继电器 KT、速度继电器 KS 和三相交流电动机等构成。

图 8-19　典型三相交流电动机反接制动控制电路

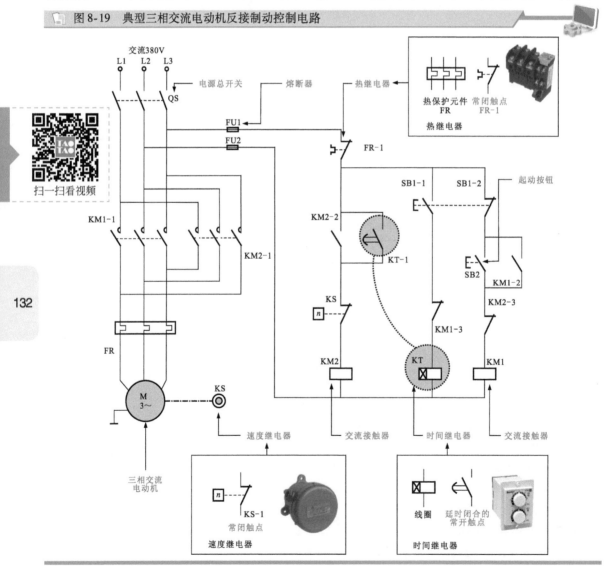

扫一扫看视频

9.1 PLC 常用控制电路

9.1.1 PLC 控制三相异步电动机电路

在 PLC 电动机控制系统中，主要用 PLC 控制方式取代了电气部件之间复杂的连接关系。电动机控制系统中各主要控制部件和功能部件都直接连接到 PLC 相应的接口上，然后根据 PLC 内部程序的设定，即可实现相应的电路功能，如图 9-1 所示。

图 9-1 由 PLC 控制的电动机顺序起/停控制系统

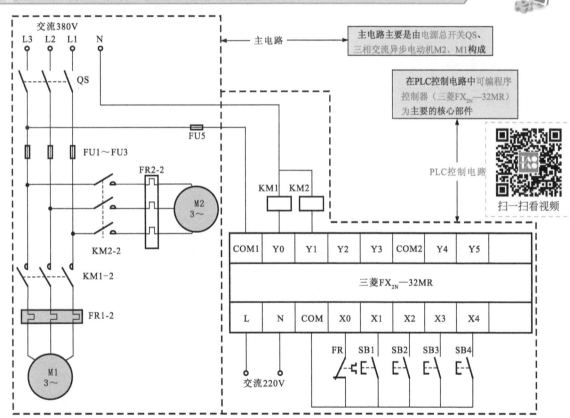

从图中可以看到，整个电路主要由 PLC、与 PLC 输入接口连接的控制部件（FR、SB1～SB4）、与 PLC 输出接口连接的执行部件（KM1、KM2）等构成。

在该电路中，PLC 可编程控制器采用的是三菱 FX_{2N}—32MR 型 PLC，外部的控制部件和执行部件都是通过 PLC 可编程控制器预留的 I/O 接口连接到 PLC 上的，各部件之间没有复杂的连接关系。

控制部件和执行部件分别连接到 PLC 相应的 I/O 接口上，并根据 PLC 控制系统设计之初建立的 I/O 分配表进行连接分配，其所连接接口名称也将对应于 PLC 内部程序的编程地址编号。由 PLC 控制的电动机顺序起/停控制系统的 I/O 分配表见表 9-1。

结合以上内容可知，电动机的 PLC 控制系统是指由 PLC 作为核心控制部件实现对电动机的起动、运转、变速、制动和停机等各种控制功能的控制线路。

表 9-1　由三菱 FX_{2N}—32MR 型 PLC 控制的电动机顺序起/停控制系统的 I/O 分配表

输入信号及地址编号			输出信号及地址编号		
名　称	代　号	输入点地址编号	名　称	代　号	输出点地址编号
热继电器	FR	X0	电动机 M1 交流接触器	KM1	Y0
M1 停止按钮	SB1	X1	电动机 M2 交流接触器	KM2	Y1
M1 起动按钮	SB2	X2			
M2 停止按钮	SB3	X3			
M2 起动按钮	SB4	X4			

如图 9-2 所示，该系统将电动机控制系统与 PLC 控制电路进行结合，主要是由操作部件、控制部件和电动机以及一些辅助部件构成的。

其中，各种操作部件用于为该系统输入各种人工指令，包括各种按钮开关、传感器等；控制部件主要包括总电源开关（总断路器）、PLC、接触器、热继电器等，用于输出控制指令和执行相应动作；电动机是将系统电能转换为机械能的输出部件，其执行的各种动作是该控制系统实现的最终目的。

图 9-2　典型电动机的 PLC 控制系统结构示意图

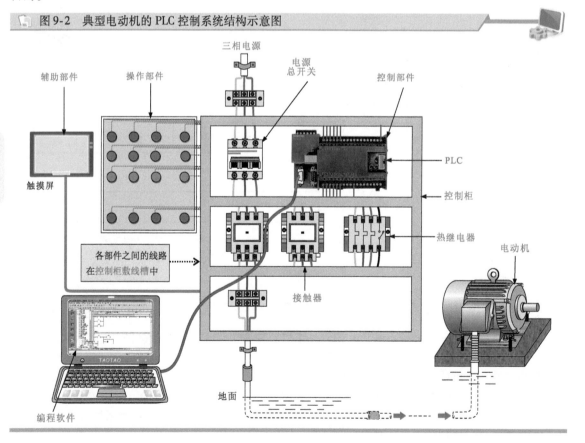

9.1.2 PLC 控制机床制造设备

机床设备是工业领域中的重要设备之一，由于其功能的强大、精密，使得对它的控制要求更高，普通的继电器控制虽然能够实现基本的控制功能，但早已无法满足安全可靠、高效管理的要求。

用 PLC 对机床设备进行控制，不仅可提高自动化水平，还在实现相应的切削、磨削、钻孔、传送等功能中具有突出的优势。

图 9-3 为 PLC 在复杂机床设备中的应用示意图。从图中可以看到，该系统主要是由操作部件、控制部件和机床设备构成的。

其中，各种操作部件用于为该系统输入各种人工指令，包括各种按钮开关、传感器件等；控制部件主要包括电源总开关（总断路器）、PLC、接触器、变频器等，用于输出控制指令和执行相应动作；机床设备主要包括电动机、传感器、检测电路等，通过电动机将系统电能转换为机械能输出，从而控制机械部件完成相应的动作，最终实现相应的加工操作。

图 9-3 典型机床的 PLC 控制系统

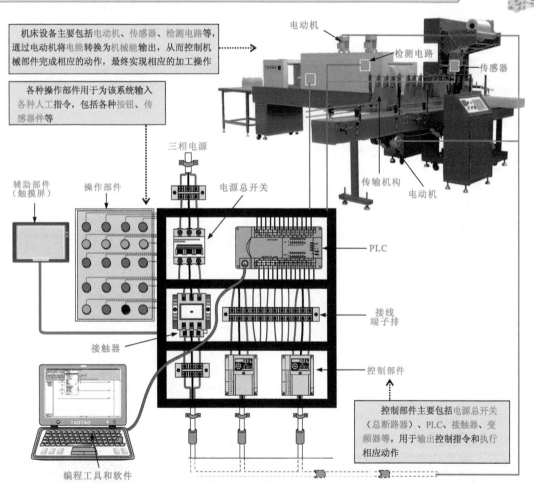

PLC 在自动化生产制造设备中应用主要用来实现自动控制功能。PLC 在电子元器件加工、制造设备中作为控制中心，使元器件的输送定位驱动电动机、加工深度调整电动机、旋转电动机和输出电动机能够协调运转，相互配合实现自动化工作。

PLC 在自动化生产制造设备中的应用如图 9-4 所示。

图 9-4　PLC 在自动化生产制造设备中的应用

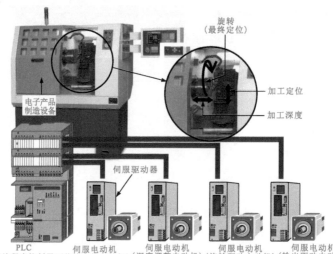

旋转
（最终定位）

加工定位

加工深度

电子产品
制造设备

伺服驱动器

PLC
(可编程序控制器)

伺服电动机
(传输定位电动机)

伺服电动机
(深度调整电动机)

伺服电动机
(旋转驱动电动机)

伺服电动机
(输出驱动电动机)

9.2　PLC 电路控制

9.2.1　水塔给水 PLC 控制系统

　　水塔在工业设备中主要起蓄水的作用，水塔的高度很高，为了使水塔中的水位保持在一定的高度，通常需要一种自动控制电路对水塔的水位进行检测，同时进行给水控制。图 9-5 为水塔水位自动控制系统的结构，它是由 PLC 控制的各水位传感器、水泵电动机、电磁阀等部件实现对水塔和蓄水池蓄水、给水的自动控制。

图 9-5　水塔水位自动控制系统的结构

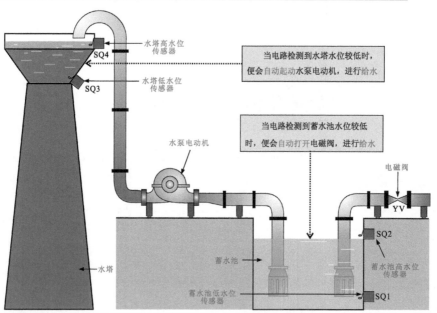

水塔高水位传感器
SQ4

当电路检测到水塔水位较低时，便会自动起动水泵电动机，进行给水

水塔低水位传感器
SQ3

水泵电动机

当电路检测到蓄水池水位较低时，便会自动打开电磁阀，进行给水

电磁阀
YV

SQ2
蓄水池高水位传感器

水塔

蓄水池

蓄水池低水位传感器

SQ1

图 9-6 为水塔水位自动控制电路中的 PLC 梯形图和语句表，表 9-2 为 PLC 的 I/O 地址分配。下面将结合 I/O 地址分配表，了解该梯形图和语句表中各触点及符号标识的含义，并将梯形图和语句表相结合进行分析。

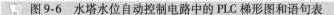

图 9-6 水塔水位自动控制电路中的 PLC 梯形图和语句表

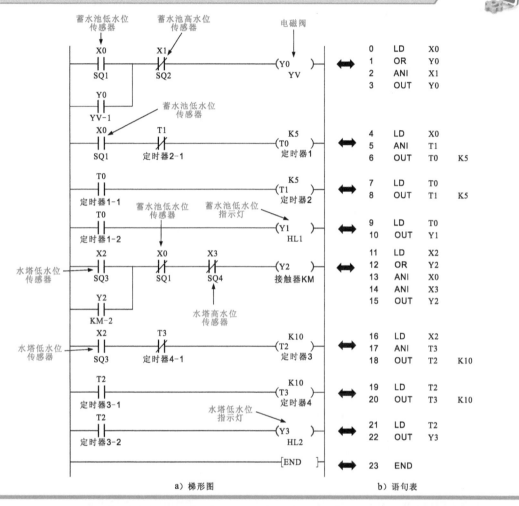

a) 梯形图　　　　　　　　　b) 语句表

表 9-2 水塔水位自动控制电路中的 PLC 梯形图 I/O 地址分配表（三菱 FX$_{2N}$ 系列 PLC）

输入信号及地址编号			输出信号及地址编号		
名　称	代　号	输入点地址编号	名　称	代　号	输出点地址编号
蓄水池低水位传感器	SQ1	X0	电磁阀	YV	Y0
蓄水池高水位传感器	SQ2	X1	蓄水池低水位指示灯	HL1	Y1
水塔低水位传感器	SQ3	X2	接触器	KM	Y2
水塔高水位传感器	SQ4	X3	水塔低水位指示灯	HL2	Y3

1　水塔水位过低的控制过程

当水塔水位低于水塔的最低水位，并且蓄水池水位高于蓄水池的最低水位时，控制电路便会自动起动水泵电动机开始给水，图 9-7 为水塔水位低于水塔最低水位时的控制过程。

图 9-7　水塔水位低于水塔最低水位时的控制过程

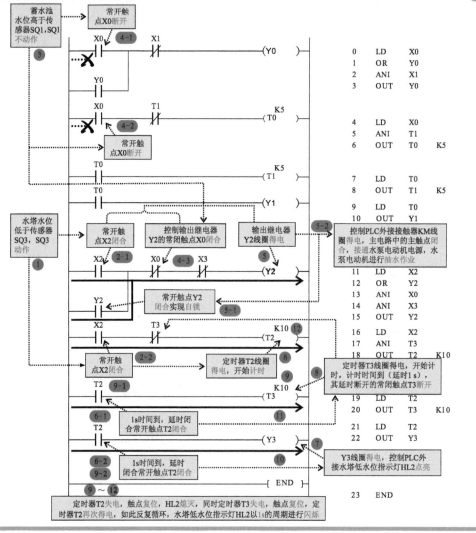

❶水塔水位低于低水位传感器 SQ3，SQ3 动作，将 PLC 程序中的输入继电器常开触点 X2 置"1"。

❶→**2-1** 控制输出继电器 Y2 的常开触点 X2 闭合。

　→**2-2** 控制定时器 T2 的常开触点 X2 闭合。

❸蓄水池水位高于蓄水池低水位传感器 SQ1，其 SQ1 不动作，将 PLC 程序中的输入继电器常开触点 X0 置"0"，常闭触点 X0 置"1"。

❸→**4-1** 控制输出继电器 Y0 的常开触点 X0 断开。

　→**4-2** 控制定时器 T0 的常开触点 X0 断开。

　→**4-3** 控制输出继电器 Y2 的常闭触点 X0 闭合。

2-1 + **4-3**→❺输出继电器 Y2 线圈得电。

　　　　→**5-1** 自锁常开触点 Y2 闭合实现自锁功能。

　　　　　→**5-2** 控制 PLC 外接接触器 KM 线圈得电，带动主电路中的主触点闭合，接通水泵电动机电源，水泵电动机进行抽水作业。

2-2→❻定时器 T2 线圈得电，开始计时。

　　→**6-1** 计时时间到（延时 1s），其控制定时器 T3 的延时闭合常开触点 T2 闭合。

→ 6-2 计时时间到（延时 1s），其控制输出继电器 Y3 的延时闭合的常开触点 T2 闭合。

6-2 → 7 输出继电器 Y3 线圈得电，控制 PLC 外接水塔低水位指示灯 HL2 点亮。

6-1 → 8 定时器 T3 线圈得电，开始计时。计时时间到（延时 1s），其延时断开的常闭触点 T3 断开。

8 → 9 定时器 T2 线圈失电。

→ 9-1 控制定时器 T3 的延时闭合的常开触点 T2 复位断开。

→ 9-2 控制输出继电器 Y3 的延时闭合的常开触点 T2 复位断开。

9-2 → 10 输出继电器 Y3 线圈失电，控制 PLC 外接水塔低水位指示灯 HL2 熄灭。

9-1 → 11 定时器线圈 T3 失电，延时断开的常闭触点 T3 复位闭合。

11 → 12 定时器 T2 线圈再次得电，开始计时。如此反复循环，水塔低水位指示灯 HL2 以 1s 的周期进行闪烁。

2 水塔水位高于水塔高水位时的控制过程

水泵电动机不停地往水塔中注入清水，直到水塔水位高于水塔高水位传感器时才会停止注水。图 9-8 为水塔水位高于水塔高水位时的控制过程。

图 9-8 水塔水位高于水塔高水位时的控制过程

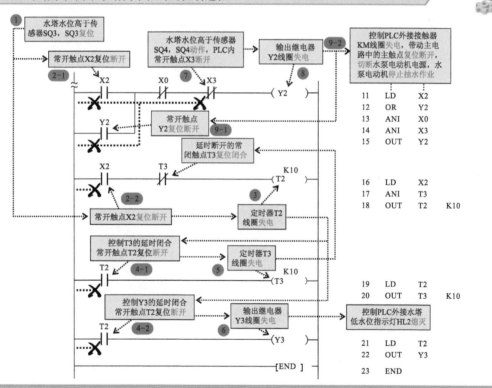

① 水塔水位高于低水位传感器 SQ3，其 SQ3 复位，将 PLC 程序中的输入继电器常开触点 X2 置 "0"，常闭触点 X2 置 "1"。

① → 2-1 控制输出继电器 Y2 的常开触点 X2 复位断开。

→ 2-2 控制定时器 T2 的常开触点 X2 复位断开。

2-2 → 3 定时器 T2 线圈失电。

3 → 4-1 控制定时器 T3 的延时闭合常开触点 T2 复位断开。

→ 4-2 控制输出继电器 Y3 的延时闭合的常开触点 T2 复位断开。

4-1 → ⑤ 定时器线圈 T3 失电，延时断开的常闭触点 T3 复位闭合。

4-2 → ⑥ 输出继电器 Y3 线圈失电，控制 PLC 外接水塔低水位指示灯 HL2 熄灭。

⑦ 水塔水位高于水塔高水位传感器 SQ4，SQ4 动作，将 PLC 程序中的输入继电器常闭触点 X3 置 "0"，即常闭触点 X3 断开。

⑦ → ⑧ 输出继电器 Y2 线圈失电。

⑧ → 9-1 自锁常开触点 Y2 复位断开。

→ 9-2 控制 PLC 外接接触器 KM 线圈失电，带动主电路中的主触点复位断开，切断水泵电动机电源，水泵电动机停止抽水作业。

9.2.2 汽车自动清洗 PLC 控制系统

汽车自动清洗系统是由 PLC、喷淋器、刷子电动机、车辆检测器等部件组成的、当有汽车等待冲洗时，车辆检测器将检测信号送入 PLC，PLC 便会控制相应的清洗机电动机、喷淋器电磁阀以及刷子电动机动作，实现自动清洗、停止的控制。图 9-9 为汽车自动清洗控制电路的结构。

图 9-9 汽车自动清洗控制电路的结构

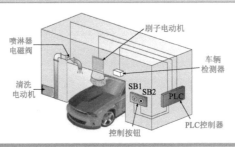

图 9-10 为汽车自动清洗控制电路的 PLC 梯形图和语句表，表 9-3 为 PLC 的 I/O 地址分配。下面将结合 I/O 地址分配表，介绍该梯形图和语句表中各触点及符号标识的含义，并将梯形图和语句表相结合进行分析。

图 9-10 汽车自动清洗控制电路的 PLC 梯形图和语句表

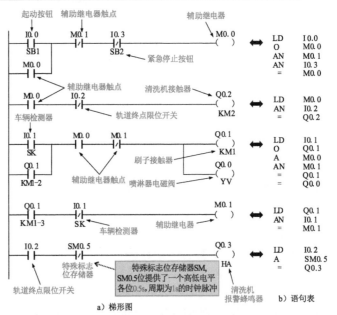

140

表 9-3　汽车自动清洗控制电路中 PLC 梯形图 I/O 地址分配表（西门子 S7-200 系列 PLC）

输入信号及地址编号			输出信号及地址编号		
名　称	代　号	输入点地址编号	名　称	代　号	输出点地址编号
起动按钮	SB1	I0.0	喷淋器电磁阀	YV	Q0.0
车辆检测器	SK	I0.1	刷子接触器	KM1	Q0.1
轨道终点限位开关	FR	I0.2	清洗机接触器	KM2	Q0.2
紧急停止按钮	SB2	I0.3	清洗机报警蜂鸣器	HA	Q0.3

1　车辆清洗的控制过程

检测器检测到待清洗的汽车，按下起动按钮即可开始自动清洗过程，图 9-11 为车辆清洗的控制过程。

图 9-11　车辆清洗的控制过程

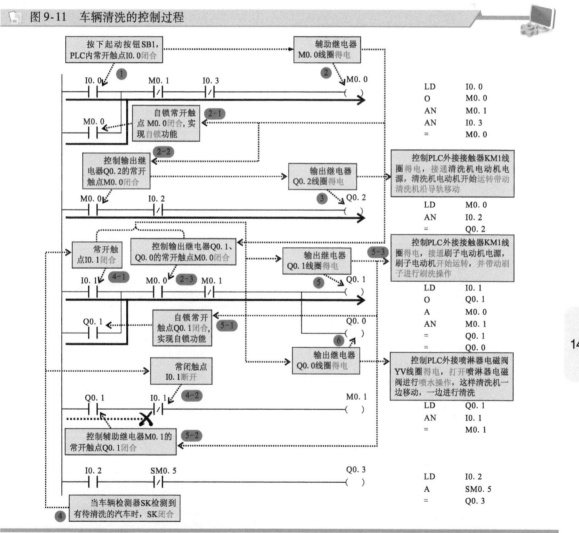

❶ 按下起动按钮 SB1，将 PLC 程序中的输入继电器常开触点 I0.0 置 "1"，即常开触点 I0.0 闭合。

❶→❷ 辅助继电器 M0.0 线圈得电。

　→②-1 自锁常开触点 M0.0 闭合，实现自锁功能。

　→②-2 控制输出继电器 Q0.2 的常开触点 M0.0 闭合。

　→②-3 控制输出继电器 Q0.1、Q0.0 的常开触点 M0.0 闭合。

$\boxed{2\text{-}2}$ →③ 输出继电器 Q0.2 线圈得电，控制 PLC 外接接触器 KM1 线圈得电，带动主电路中的主触点闭合，接通清洗机电动机电源，清洗机电动机开始运转，并带动清洗机沿导轨移动。

④ 当车辆检测器 SK 检测到有待清洗的汽车时，SK 闭合，将 PLC 程序中的输入继电器常开触点 I0.1 置 "1"，常闭触点 I0.1 置 "0"。

→ $\boxed{4\text{-}1}$ 常开触点 I0.1 闭合。

→ $\boxed{4\text{-}2}$ 常闭触点 I0.1 断开。

$\boxed{2\text{-}3}$ + $\boxed{4\text{-}1}$ →⑤ 输出继电器 Q0.1 线圈得电。

→ $\boxed{5\text{-}1}$ 自锁常开触点 Q0.1 闭合，实现自锁功能。

→ $\boxed{5\text{-}2}$ 控制辅助继电器 M0.1 的常开触点 Q0.1 闭合。

→ $\boxed{5\text{-}3}$ 控制 PLC 外接接触器 KM1 线圈得电，带动主电路中的主触点闭合，接通刷子电动机电源，刷子电动机开始运转，并带动刷子进行刷洗操作。

$\boxed{2\text{-}3}$ + $\boxed{4\text{-}1}$ →⑥ 输出继电器 Q0.0 线圈得电，控制 PLC 外接喷淋器电磁阀 YV 线圈得电，打开喷淋器电磁阀，进行喷水操作，这样清洗机一边移动，一边进行清洗操作。

2 车辆清洗完成的控制过程

车辆清洗完成后，检测器没有检测到待清洗的车辆，控制电路便会自动停止系统工作。图 9-12 为车辆清洗完成的控制过程。

图 9-12 车辆清洗完成的控制过程

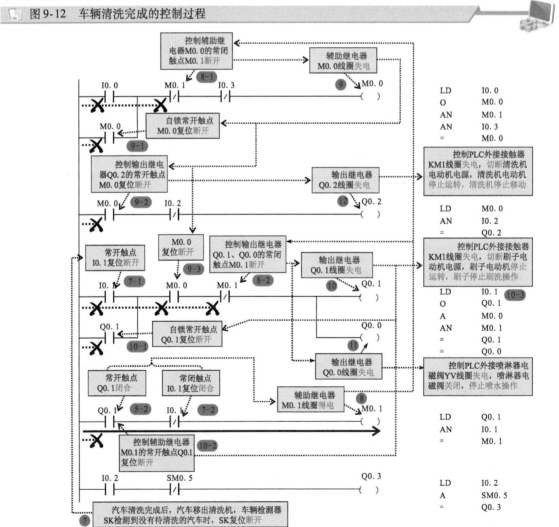

⑦汽车清洗完成后，汽车移出清洗机，车辆检测器 SK 检测到没有待清洗的汽车时，SK 复位断开，PLC 程序中的输入继电器常开触点 I0.1 复位置 "0"，常闭触点 I0.1 复位置 "1"。

→ 7-1 常开触点 I0.1 复位断开。

→ 7-2 常闭触点 I0.1 复位闭合。

5-2 + 7-2 → ⑧辅助继电器 M0.1 线圈得电。

　　　→ 8-1 控制辅助继电器 M0.0 的常闭触点 M0.1 断开。

　　　→ 8-2 控制输出继电器 Q0.1、Q0.0 的常闭触点 M0.1 断开。

8-1 → ⑨辅助继电器 M0.0 失电。

　　→ 9-1 自锁常开触点 M0.0 复位断开。

　　→ 9-2 控制输出继电器 Q0.2 的常开触点 M0.0 复位断开。

　　→ 9-3 控制输出继电器 Q0.1、Q0.0 的常开触点 M0.0 复位断开。

8-2 → ⑩输出继电器 Q0.1 线圈失电。

　　→ 10-1 自锁常开触点 Q0.1 复位断开。

　　→ 10-2 控制辅助继电器 M0.1 的常开触点 Q0.1 复位断开。

　　→ 10-3 控制 PLC 外接接触器 KM1 线圈失电，带动主电路中的主触点复位断开，切断刷子电动机电源，刷子电动机停止运转，停止刷洗操作。

8-2 → ⑪输出继电器 Q0.0 线圈失电，控制 PLC 外接喷淋器电磁阀 YV 线圈失电，喷淋器电磁阀关闭，停止喷水操作。

9-2 → ⑫输出继电器 Q0.2 线圈失电，控制 PLC 外接接触器 KM1 线圈失电，带动主电路中的主触点复位断开，切断清洗机电动机电源，清洗机电动机停止运转，清洗机停止移动。

3 车辆清洗过程中的报警控制过程

若清洗车辆过程中发生异常，控制电路会自动停止工作，并发出报警声。图 9-13 为车辆清洗过程中的报警控制过程。

图 9-13　车辆清洗过程中的报警控制过程

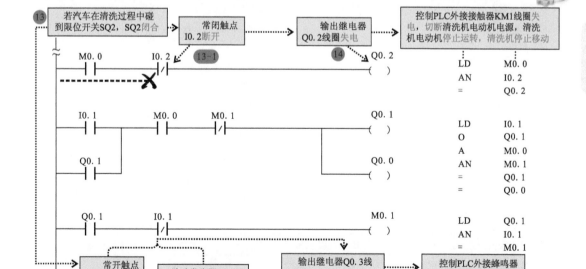

⑬ 若汽车在清洗过程中碰到轨道终点限位开关SQ2，SQ2将闭合，将PLC程序中的输入继电器常闭触点I0.2置"0"，常开触点I0.2置"1"。

→**⑬-1** 常闭触点I0.2断开。

→**⑬-2** 常开触点I0.2闭合。

⑬-1 →**⑭** 输出继电器Q0.2线圈失电，控制PLC外接接触器KM1线圈失电，带动主电路中的主触点复位断开，切断清洗机电动机电源，清洗机电动机停止运转，清洗机停止移动。

⑮ 1s脉冲发生器SM0.5动作。

⑬-2 +**⑮** →**⑯** 输出继电器Q0.3间断接通，控制PLC外接蜂鸣器HA间断发出报警信号。

9.2.3 工控机床PLC控制系统

工控机床的PLC控制系统是指以PLC作为核心控制部件来对各种机床传动设备（电动机）的不同运转过程进行控制，从而实现其相应的切削、磨削、钻孔、传送等功能的控制线路。机床控制系统中各主要控制部件和功能部件都直接连接到PLC相应的接口上，然后根据PLC内部程序的设定，即可实现相应的电路功能。

图9-14为由PLC控制摇臂钻床的控制系统。从图中可以看到，整个电路主要由PLC控制器、与PLC输入接口连接的控制部件（KV-1、SA1-1～SA1-4、SB1～SB2、SQ1～SQ4）、与PLC输出接口连接的执行部件（KV、KM1～KM5）等构成，大大简化了控制部件。

在该电路中，PLC控制器采用的是西门子S7-200（CPU224）PLC，外部的控制部件和执行部件都是通过PLC控制器预留的I/O接口连接到PLC上的，各部件之间没有复杂的连接关系。

控制部件和执行部件分别连接到PLC输入接口相应的I/O接口上，并根据PLC控制系统设计之初建立的I/O分配表进行连接分配，其所连接的接口名称也将对应于PLC内部程序的编程地址编号。由PLC控制的摇臂钻床控制系统的I/O分配表见表9-4。

表9-4 由西门子S7-200 PLC控制的摇臂钻床控制系统的I/O分配表

输入信号及地址编号			输出信号及地址编号		
名 称	代 号	输入点地址编号	名 称	代 号	输出点地址编号
电压继电器触点	KV-1	I0.0	电压继电器	KV	Q0.0
十字开关的控制电路电源接通触点	SA1-1	I0.1	主轴电动机 M1 接触器	KM1	Q0.1
十字开关的主轴运转触点	SA1-2	I0.2	摇臂升降电动机 M3 上升接触器	KM2	Q0.2
十字开关的摇臂上升触点	SA1-3	I0.3	摇臂升降电动机 M3 下降接触器	KM3	Q0.3
十字开关的摇臂下降触点	SA1-4	I0.4	立柱松紧电动机 M4 放松接触器	KM4	Q0.4
立柱放松按钮	SB1	I0.5	立柱松紧电动机 M4 夹紧接触器	KM5	Q0.5
立柱夹紧按钮	SB2	I0.6			
摇臂上升上限位开关	SQ1	I1.0			
摇臂下降下限位开关	SQ2	I1.1			
摇臂下降夹紧行程开关	SQ3	I1.2			
摇臂上升夹紧行程开关	SQ4	I1.3			

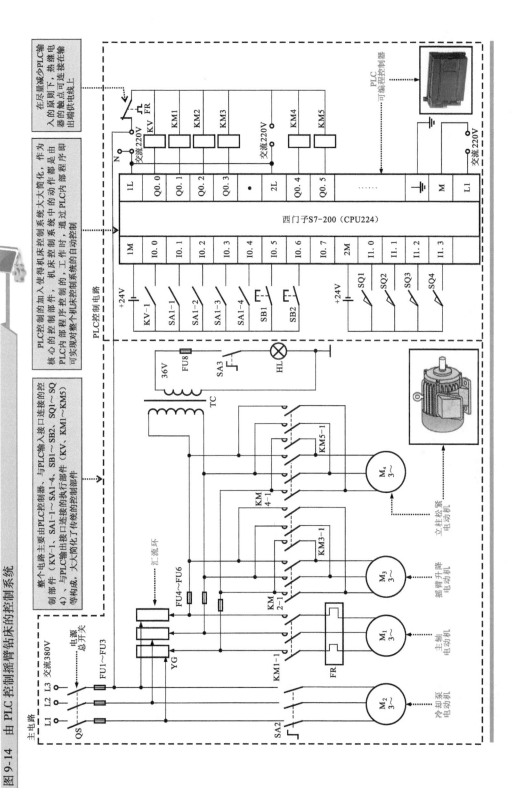

图 9-14 由 PLC 控制摇臂钻床的控制系统

工作时，当 PLC 输入接口外接控制部件输入控制信号时，由 PLC 内部微处理器识别该控制信号，然后通过调用其内部用户程序，控制其输出接口外接的执行部件动作，使控制系统主电路中实现相应动作，由此控制电动机运转，从而带动工控机床中的机械部件动作，进行加工操作，进而实现对整个工控机床的自动控制。

图 9-15 为该控制系统中 PLC 内部的梯形图。根据 PLC 控制的摇臂钻床控制电路的控制过程，将由 PLC 控制的摇臂钻床控制系统控制过程划分成 3 个阶段，即摇臂钻床主轴电动机 M1 的 PLC 控制过程、摇臂钻床摇臂升降电动机 M3 的 PLC 控制过程和摇臂钻床立柱松紧电动机 M4 的 PLC 控制过程。

图 9-15　由 PLC 控制的摇臂钻床控制系统的梯形图

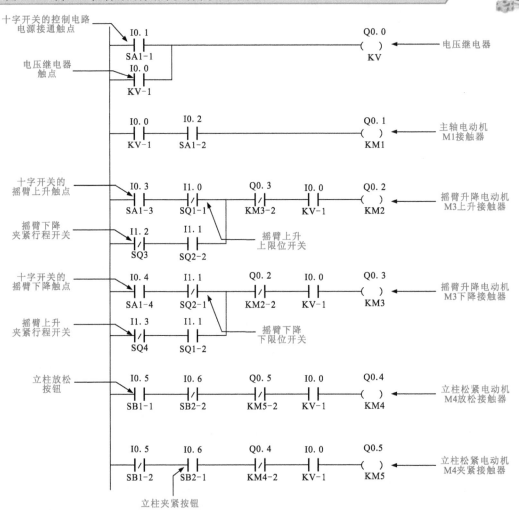

1　摇臂钻床主轴电动机 M1 的 PLC 控制过程

图 9-16 为摇臂钻床主轴电动机 M1 的 PLC 控制过程。

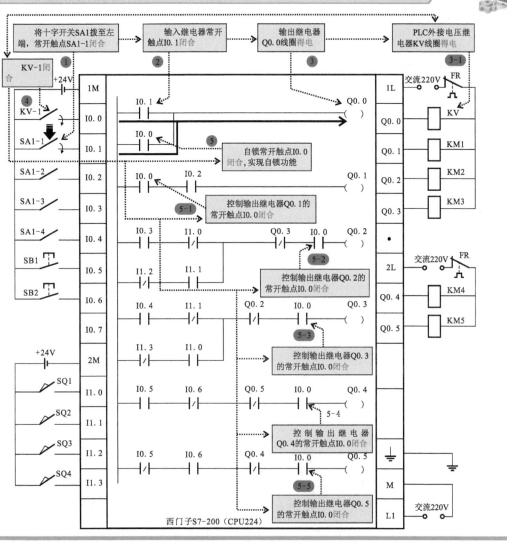

图 9-16 摇臂钻床主轴电动机 M1 的 PLC 控制过程

147

❶将十字开关 SA1 拨至左端，常开触点 SA1-1 闭合。

❶→❷将 PLC 程序中输入继电器常开触点 I0.1 置 "1"，即常开触点 I0.1 闭合。

❷→❸输出继电器 Q0.0 线圈得电。

❸-1 控制 PLC 外接电压继电器 KV 线圈得电。

❸-1→❹电压继电器常开触点 KV-1 闭合。

❹→❺将 PLC 程序中输入继电器常开触点 I0.0 置 "1"。

❺-1 自锁常开触点 I0.0 闭合，实现自锁功能。

❺-2 控制输出继电器 Q0.1 的常开触点 I0.0 闭合，为其得电做好准备。

❺-3 控制输出继电器 Q0.2 的常开触点 I0.0 闭合，为其得电做好准备。

❺-4 控制输出继电器 Q0.3 的常开触点 I0.0 闭合，为其得电做好准备。

❺-5 控制输出继电器 Q0.4 的常开触点 I0.0 闭合，为其得电做好准备。

❻控制输出继电器 Q0.5 的常开触点 I0.0 闭合，为其得电做好准备。

将十字开关 SA1 拨至右端，常开触点 SA1-2 闭合。PLC 程序中输入继电器常开触点 I0.2 置
"1"，即常开触点 I0.2 闭合。输出继电器 Q0.1 线圈得电。控制 PLC 外接接触器 KM1 线圈得电，主

电路中的主触点 KM1-1 闭合，接通主轴电动机 M1 电源，主轴电动机 M1 起动运转。

2 摇臂钻床摇臂升降电动机 M3 的 PLC 控制过程

图 9-17 所示为将十字开关拨至上端，常开触点 SA1-3 闭合时，PLC 控制下摇臂钻床的摇臂升降电动机 M3 上升的控制过程。

图 9-17 十字开关拨至上端，摇臂升降电动机 M3 上升的控制过程

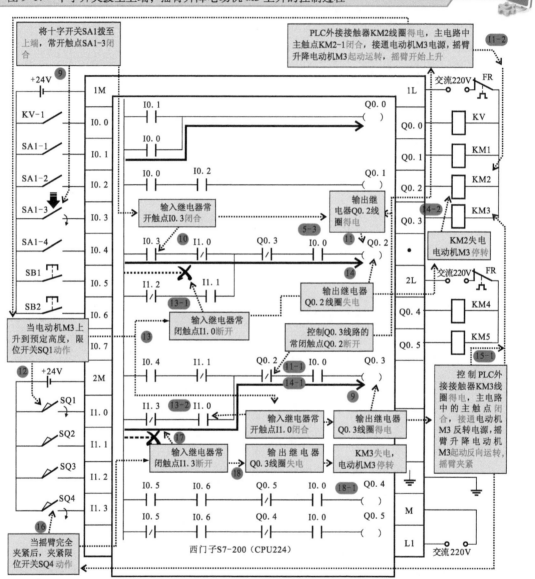

西门子 S7-200（CPU224）

⑨ 将十字开关 SA1 拨至上端，常开触点 SA1-3 闭合。

⑨→⑩ 将 PLC 程序中输入继电器常开触点 I0.3 置 "1"，即常开触点 I0.3 闭合。

⑩ + 5-3 →⑪ 输出继电器 Q0.2 线圈得电。

11-1 控制输出继电器 Q0.3 的常闭触点 Q0.2 断开，实现互锁控制。

11-2 控制 PLC 外接接触器 KM2 线圈得电，主电路中的主触点 KM2-1 闭合，接通电动机 M3 电源，摇臂升降电动机 M3 起动运转，摇臂开始上升。

⑫ 当电动机 M3 上升到预定高度时，触动限位开关 SQ1 动作。

⑫ →⑬ 将 PLC 程序中输入继电器 I1.0 相应动作。

⑬-1 常闭触点 I1.0 置 "0"，即常闭触点 I1.0 断开。

⑬-2 常开触点 I1.0 置 "1"，即常开触点 I1.0 闭合。

⑬-1 →⑭ 输出继电器 Q0.2 线圈失电。

⑭-1 控制输出继电器 Q0.3 的常闭触点 Q0.2 复位闭合；

⑭-2 控制 PLC 外接接触器 KM2 线圈失电，带动主电路中的主触点 KM2-1 复位断开，切断电动机 M3 的电源，摇臂升降电动机 M3 停止运转，摇臂停止上升。

⑬-2 + ⑭-1 + ⑤-4 →⑮ 输出继电器 Q0.3 线圈得电。

⑮-1 控制 PLC 外接接触器 KM3 线圈得电，带动主电路中的主触点 KM3-1 闭合，接通电动机 M3 的反转电源，摇臂升降电动机 M3 起动反向运转，将摇臂夹紧。

⑮-1 →⑯ 当摇臂完全夹紧后，夹紧限位开关 SQ4 动作。

⑯ →⑰ 将 PLC 程序中输入继电器常闭触点 I1.3 置 "0"，即常闭触点 I1.3 断开。

⑰ →⑱ 输出继电器 Q0.3 线圈失电。

⑱-1 控制 PLC 外接接触器 KM3 线圈失电，主电路中的主触点 KM3-1 复位断开，电动机 M3 停转，摇臂升降电动机自动上升并夹紧的控制过程结束。

3 摇臂钻床立柱松紧电动机 M4 的 PLC 控制过程

图 9-18 所示为按下立柱放松按钮 SB1 时，摇臂钻床的立柱松紧电动机 M4 起动的控制过程。

图 9-18 按下按钮 SB1 时立柱松紧电动机 M4 起动的控制过程

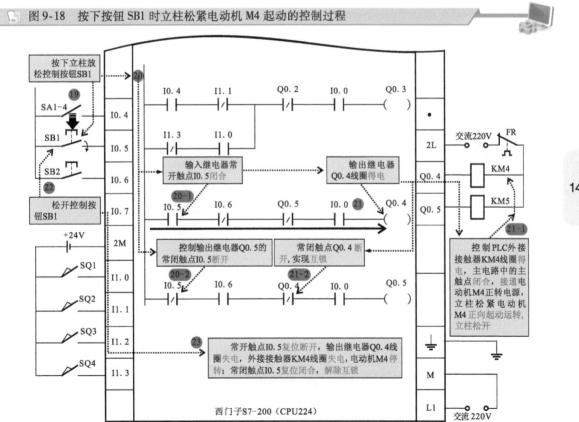

⑲ 按下按钮 SB1。

⑲ →⑳ PLC 程序中的输入继电器 I0.5 动作。

20-1 控制输出继电器 Q0.4 的常开触点 I0.5 闭合。

20-2 控制输出继电器 Q0.5 的常闭触点 I0.5 断开，防止输出继电器 Q0.5 线圈得电，实现互锁。

21-1 →**21** 输出继电器 Q0.4 线圈得电。

21-1 控制 PLC 外接交流接触器 KM4 线圈得电，主电路中的主触点 KM4-1 闭合，接通电动机 M4 的正向电源，立柱松紧电动机 M4 正向起动运转，立柱松开。

21-2 控制输出继电器 Q0.5 的常闭触点 Q0.4 断开，实现互锁。

22 松开按钮 SB1。

22 →**23** PLC 程序中的输入继电器 I0.5 复位，其常开触点 I0.5 复位断开；常闭触点 I0.5 复位闭合。PLC 外接接触器 KM4 线圈失电，主电路中的主触点 KM4-1 复位断开，电动机 M4 停转。

第 **10** 章 变频器常用控制电路及接线

10.1 变频器的原理与结构

10.1.1 变频器的原理

传统的电动机驱动方式是恒频的,即用频率为 50Hz 的交流 220V 或 380V 电源直接去驱动电动机。由于电源频率恒定,电动机的转速是不变的。如果需要满足变速的要求,就需要增加附加的减速或升速设备(变速齿轮箱等),这样不仅会增加设备成本,还会增加能源消耗,使其功能受限制。

为了克服上述定频控制中的缺点,提高效率,电气技术人员研发出通过改变电动机供电频率的方式来达到电动机转速控制的目的,这就是变频技术的"初衷"。

图 10-1 为电动机的变频控制的原理示意图。近年来变频技术逐渐发展并得到了广泛应用,采用变频的驱动方式驱动电动机可以实现宽范围的转速控制,还可以大大提高效率,具有环保节能的特点。

图 10-1 电动机的变频控制原理示意图

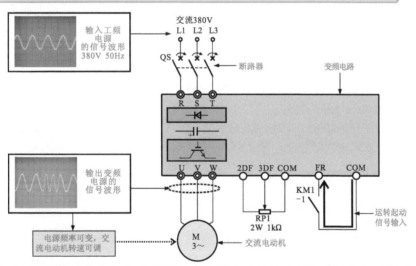

| 提示说明 |

工频电源是指工业上用的交流电源,单位为赫兹(Hz)。不同国家、地区的电力工业标准频率各不相同,中国电力工业的标准频率定为 50Hz。有些国家或地区(如美国等)则定为 60Hz。

在上述电路中改变电源频率的电路即为变频电路。在采用变频控制的电动机驱动电路中,恒压恒频的工频电源经变频电路后变成电压、频率都可调的驱动电源,使得电动机绕组中的电流呈线性上升,起动电流小且对电气设备的冲击也降到最低。

定频与变频两种控制的区别在于控制电路输出交流电压的频率是否可变,图 10-2 为两种控制方式输出电压的曲线图。

图 10-2　定频控制与变频控制中输出电压的曲线图

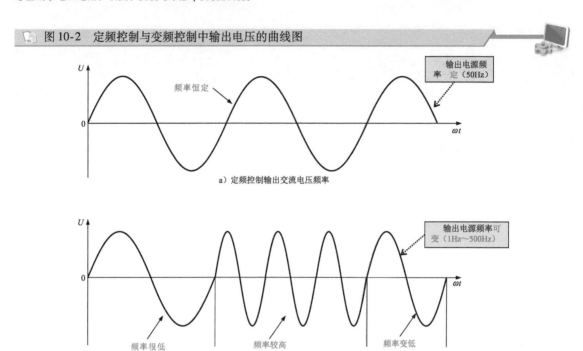

a）定频控制输出交流电压频率

b）变频控制输出交流电压频率

　　目前，多数变频电路在实际工作时，首先在整流电路模块将交流电压整流为直流电压，然后在中间电路模块对直流进行滤波，最后由逆变电路模块将直流电压变为频率可调的交流电压，进而对电动机实现变频控制。

　　由于逆变电路模块是实现变频的重点电路部分，因此从逆变电路的信号处理过程入手即可对变频的原理有所了解。

　　"变频"的控制主要是通过对逆变电路中电力半导体器件的开关控制，使输出电压频率发生变化，进而实现控制电动机转速的目的。

　　逆变电路由 6 只半导体晶体管（以 IGBT 较为常见）按一定方式连接而成，通过控制 6 只半导体晶体管的通断状态，即实现逆变过程。下面具体介绍逆变电路实现"变频"的具体工作过程。

1　U + 和 V – 两只 IGBT 导通

　　图 10-3 为 U + 和 V – 两只 IGBT 导通周期的工作过程。

图 10-3　U + 和 V – 两只 IGBT 导通周期的工作过程

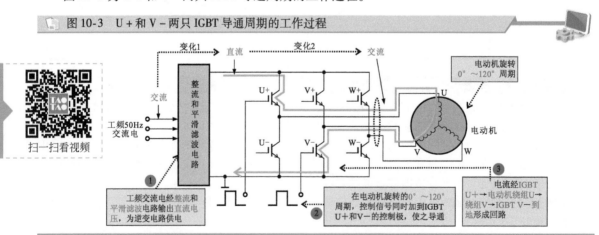

2 V + 和 W − 两只 IGBT 导通

图 10-4 为 V + 和 W − 两只 IGBT 导通周期的工作过程。

图 10-4　V + 和 W − 两只 IGBT 导通周期的工作过程

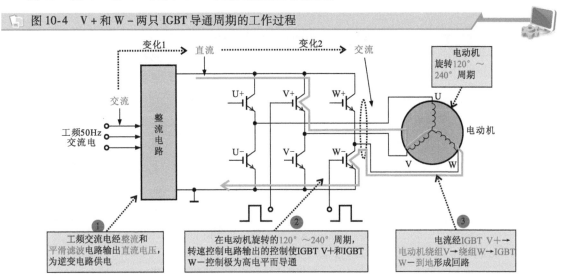

3 W + 和 U − 两只 IGBT 导通

图 10-5 为 W + 和 U − 两只 IGBT 导通周期的工作过程。

图 10-5　W + 和 U − 两只 IGBT 导通周期的工作过程

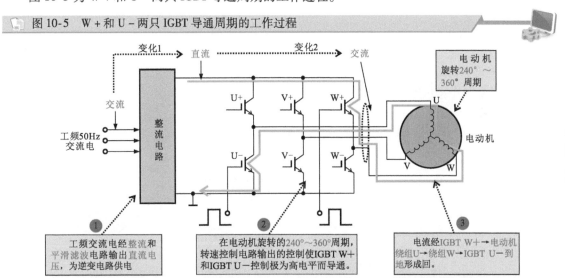

| 提示说明 |

　　我们平时使用的交流电都来自电网，在我国低压电网的电压和频率统一为 380V/220V，50Hz，这是一种规定频率的电源，不可调整，因此，如果要想得到电压和频率都能调节的电源，就必须想法"变出来"。那么，这里"变出来"不可能凭空产生，只能从另一种"能源"中变过来，一般这种"能源"就是直流电源。

　　也就是说，需要将不可调、不能控制的交流电源变为直流电源，然后再从直流电源中"变出"可调、可控的变频电源。

　　由于变频电路所驱动控制的电动机有直流和交流之分，因此变频电路的控制方式也可以分成直流变频方式和交流变频方式两种。

图 10-6 为采用 PWM 脉宽调制的直流变频控制电路原理图。直流变频是把交流市电转换为直流电，并送至逆变电路，逆变电路受微处理器指令的控制。微处理器输出转速脉冲控制信号经逆变电路变成驱动电动机的信号。

图 10-6　采用 PWM 脉宽调制的直流变频控制电路原理图

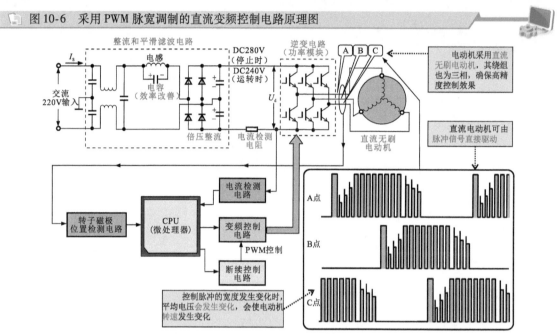

图 10-7 为采用 PWM 脉宽调制的交流变频控制电路原理图。交流变频是把 380/220V 交流市电转换为直流电源，为逆变电路提供工作电压，逆变电路在变频控制下再将直流电"逆变"成交流电，该交流电再去驱动交流异步电动机。"逆变"的过程受转速控制电路的指令控制，输出频率可变的交流电压，使电动机的转速随电压频率的变化而改变，这样就实现了对电动机转速的控制和调节。

图 10-7　采用 PWM 脉宽调制的交流变频控制电路原理图

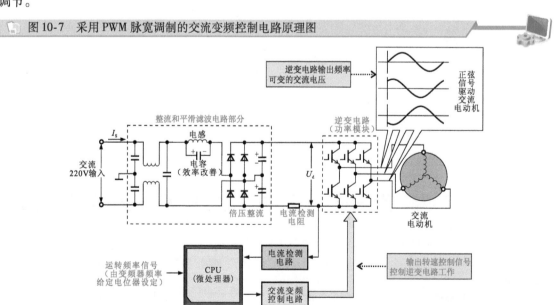

10.1.2 变频器的结构

变频器的英文名称 VFD 或 VVVF，它是一种利用逆变电路的方式将工频电源（恒频恒压电源）变成频率和电压可变的变频电源，进而对电动机进行调速控制的电器装置。图 10-8 为典型变频器的实物外形。

图 10-8 典型变频器的实物外形

1 变频器的外部结构

变频器控制对象是电动机，由于电动机的功率或应用场合不同，因而驱动控制用变频器的性能、尺寸、安装环境也会有很大的差别。图 10-9 为典型变频器的外部结构图。

图 10-9 典型变频器的外部结构图

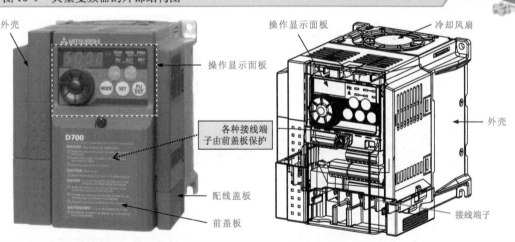

从图中可以看到，变频器的操作显示面板位于变频器的正面，操作显示面板的下面是开关及各种接线端子。这些接线端子外装有前盖板，起到保护作用。

在变频器的顶部有一个散热口，冷却风扇安装在变频器内，通过散热口散热。

图 10-10 为典型变频器的拆解示意图。图中明确标注了各部件的位置关系以及接线端子和开关接口（主电路接线端子、控制接线端子、控制逻辑切换跨接器、PU 接口、电流/电压切换开关）的分布。

155

图 10-10　典型变频器的拆解示意图

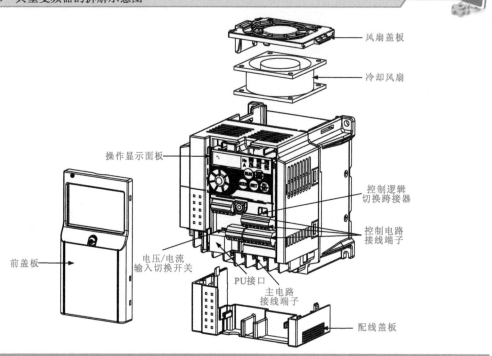

风扇盖板

冷却风扇

操作显示面板

控制逻辑
切换跨接器

控制电路
接线端子

前盖板

电压/电流
输入切换开关

PU接口

主电路
接线端子

配线盖板

（1）操作显示面板

操作显示面板是变频器与外界实现交互的关键部分，目前多数变频器都是通过操作显示面板上的显示屏、操作按键或键钮、指示灯等进行相关参数的设置及运行状态的监视。图 10-11 为典型变频器的操作显示面板。

图 10-11　典型变频器操作显示面板结构特图

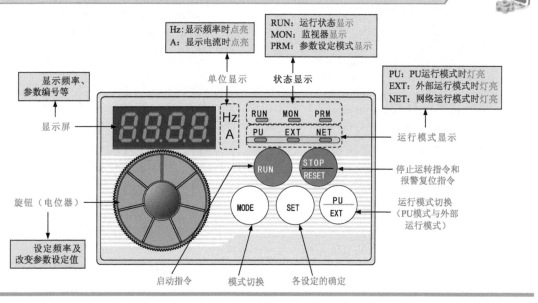

Hz：显示频率时点亮
A：显示电流时点亮

RUN：运行状态显示
MON：监视器显示
PRM：参数设定模式显示

PU：PU运行模式时灯亮
EXT：外部运行模式时灯亮
NET：网络运行模式时灯亮

显示频率、
参数编号等

单位显示　　　状态显示

显示屏

运行模式显示

停止运转指令和
报警复位指令

旋钮（电位器）

运行模式切换
（PU模式与外部
运行模式）

设定频率及
改变参数设定值

启动指令　　模式切换　　各设定的确定

| 提示说明 |

不同类型的变频器其操作面板的组成也有所不同，图 10-12 为另一种变频器操作面板的结构图。从图可以看出，这种变频器与图 10-12 中变频器的键钮分布虽有区别，但基本的功能按键十分相似。

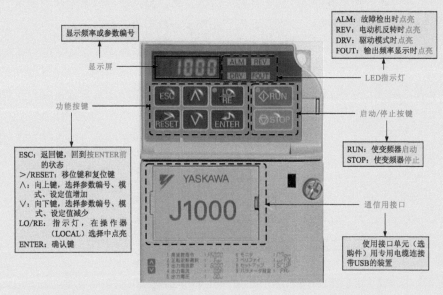

图 10-12　其他变频器操作面板的结构（安川 J1 000 型变频器）

（2）主电路接线端子

电源侧的主电路接线端子主要用于连接三相供电电源，而负载侧的主电路接线端子主要用于连接电动机。图 10-13 为典型变频器的主电路接线端子部分及其接线方式。

图 10-13　典型变频器的主电路接线端子部分及其接线方式

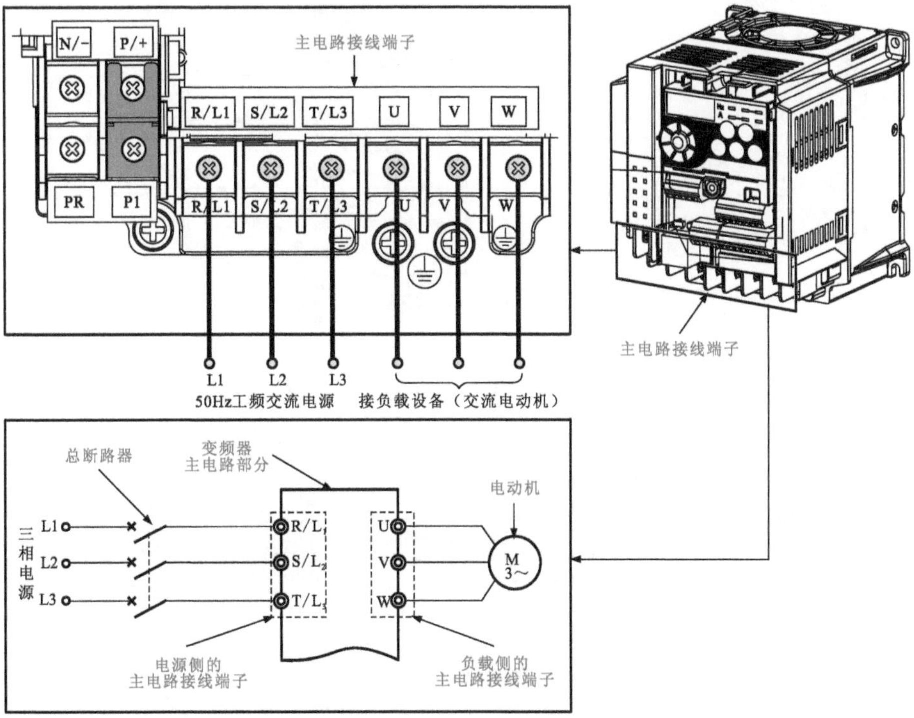

（3）控制接线端子

控制接线端子一般包括输入信号、输出信号及生产厂商设定用端子部分，用于连接变频器控制信号的输入、输出、通信等部件。其中，输入信号接线端子一般用于为变频器输入外部的控制信号，如正反转起动方式、频率设定值、PTC 热敏电阻输入等；输出信号端子则用于输出对外部装置的控制信号，如继电器控制信号等；生产厂商设定用端子一般不可连接任何设备，否则可能导致变频器故障。

图 10-14 为典型变频器的控制接线端子部分。

图 10-14　典型变频器的控制接线端子部分

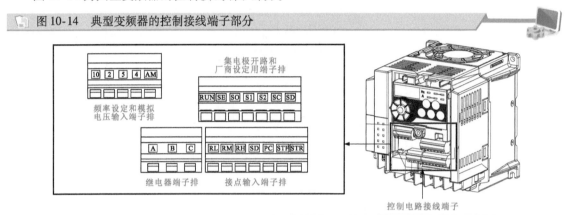

（4）控制逻辑切换跨接器

控制逻辑切换跨接器采用跳线帽设计，用于切换变频器控制逻辑方式。变频器的控制逻辑方式一般分为漏型逻辑和源型逻辑（指控制场效应晶体管的漏极和源极）。图 10-15 为典型变频器的控制逻辑切换跨接器。

图 10-15　典型变频器的控制逻辑切换跨接器

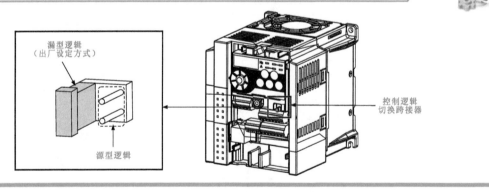

漏型逻辑指信号输入端子有电流流出时信号为 ON 的逻辑；源型逻辑指信号输入端子中有电流流入时信号为 ON 的逻辑。

（5）PU 接口

PU 接口是指变频器的通信接口。通过该接口及相应的连接电缆可实现变频器与操作面板、计算机等的连接，图 10-16 为典型变频器的 PU 接口部分。

变频器通过 PU 接口连接计算机时，用户可以通过客户端程序对变频器进行操作、监视或读写参数。

（6）电流/电压切换开关

电流/电压切换开关用于切换输入模拟信号的类型，所设定类型需要与输入模拟信号类型相符，否则可能损坏变频器。图 10-17 为典型变频器的电流/电压切换开关部分。

图 10-16 典型变频器的 PU 接口部分

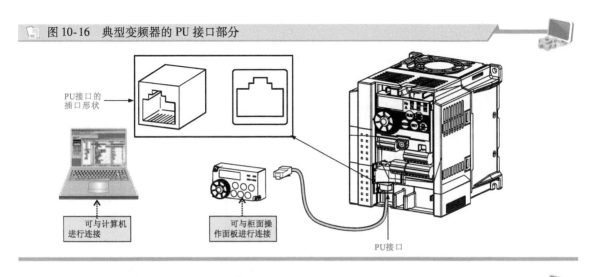

PU接口的插口形状

可与计算机进行连接

可与柜面操作面板进行连接

PU接口

图 10-17 典型变频器的电流/电压切换开关部分

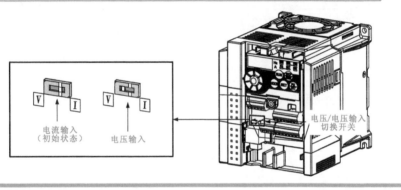

电流输入（初始状态）

电压输入

电压/电压输入切换开关

（7）冷却风扇

大多数变频器内部都安装有冷却风扇，用于对变频器内部主电路中半导体等发热器件的冷却，不同类型变频器冷却风扇的安装位置有所不同。图 10-18 为典型变频器的冷却风扇部分。

图 10-18 典型变频器的冷却风扇部分

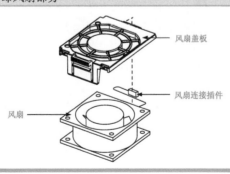

风扇盖板

风扇连接插件

风扇

2 变频器的内部结构

变频器的内部是由组成各种功能电路的电子、电力器件构成的。图 10-19 为典型变频器的内部结构。

如图 10-20 所示，变频器内部主要是由整流单元（电源电路板）、控制单元（控制电路板）、其他单元（通信电路板、接线端子排等）、高容量电容、电流互感器等部分构成的。

📖 图 10-19　典型变频器的内部结构

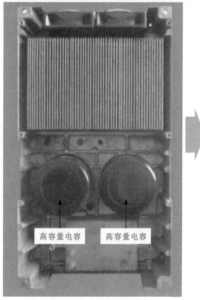

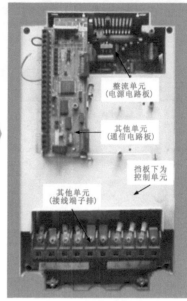

整流单元
（电源电路板）

其他单元
（通信电路板）

挡板下为
控制单元

其他单元
（接线端子排）

高容量电容　　高容量电容

a）变频器的后面板视图　　　　　　　b）变频器的前面板视图

📖 图 10-20　典型变频器内部的单元模块

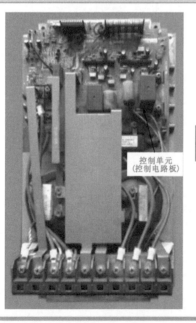

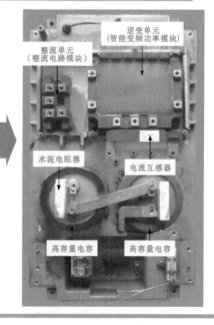

逆变单元
（智能变频功率模块）

整流单元
（整流电路模块）

控制单元
（控制电路板）

水泥电阻器

电流互感器

高容量电容　　高容量电容

10.2　变频器的功能与应用

10.2.1　变频器的功能特点

　　变频器的作用是改变电动机驱动电流的频率和幅值，进而改变其旋转磁场的周期，达到平滑控制电动机转速的目的。变频器的出现，使得复杂的调速控制简单化，用变频器与交流笼型异步电动机的组合，替代了大部分原来只能用直流电动机完成的工作，缩小了体积，降低了故障发生的概率，使传动技术发展到新阶段。

由于变频器既可以改变输出的电压又可以改变频率（即可改变电动机的转速），可实现对电动机的起动及转速进行控制。图 10-21 为变频器的功能原理图。

图 10-21 变频器的功能原理图

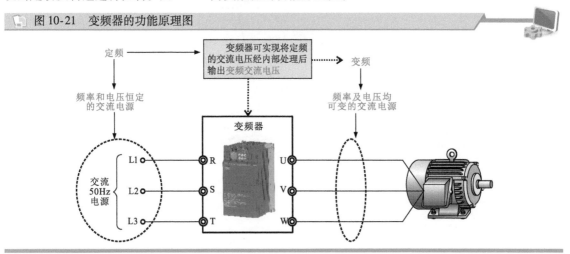

综合来说，变频器是一种集起停控制、变频调速、显示及按键设置功能、保护功能等于一体的电动机控制装置。

1 软起动功能

变频器基本上都包含了起动功能，可实现被控负载电动机的起动电流从零开始，最大值也不超过额定电流的 150%，减轻了对电网的冲击和对供电容量的要求。图 10-22 为电动机在硬起动、变频器起动两种方式中其起动电流、转速上升状态的比较。

图 10-22 电动机硬起动和变频起动的比较

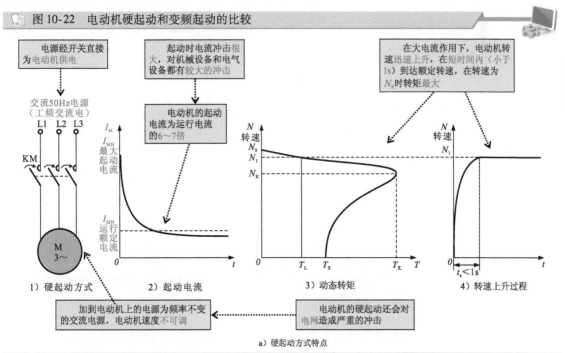

a）硬起动方式特点

📖 **图 10-22　电动机硬起动和变频起动的比较（续）**

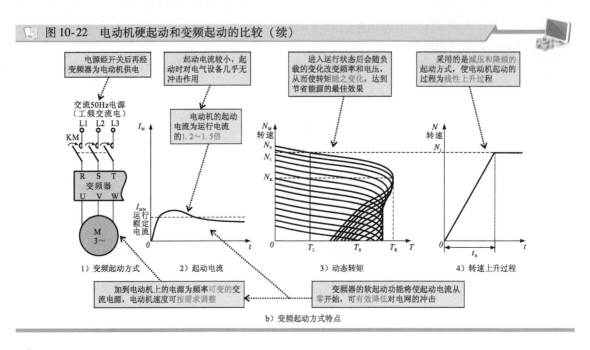

b）变频起动方式特点

2　可受控的加/减速功能

在使用变频器对电动机进行控制时，变频器输出的频率和电压可从低频低压加速至额定的频率和额定的电压，或从额定的频率和额定的电压减速至低频低压，而加/减时的快慢可以由用户选择加/减速方式进行设定，即改变上升或下降频率。其基本原则是，在电动机的起动电流允许的条件下，尽可能缩短加/减速时间。

例如，三菱 FR-A700 通用型变频器的加/减速方式有直线升降速、S 曲线加/减速 A、S 曲线加/减速 B 和暂停加/减速四种，如图 10-23 所示。

📖 **图 10-23　三菱 FR-A700 通用型变频器的升速方式**

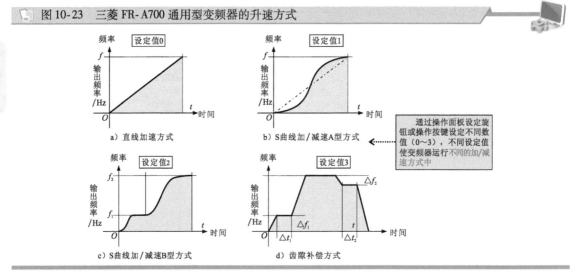

3　可受控的停车及制动功能

在变频器控制中，停车及制动方式可以受控，且一般变频器都具有多种停车方式及制动方式进行设定或选择，如减速停车、自由停车、减速停车＋制动等，该功能可减少对机械部件和电动机的冲击，从而使整个系统更加可靠。

| 提示说明 |

在变频器中经常使用的制动方式有两种，即直流制动、外接制动电阻和制动单元制动，用以满足不同用户的需要。

- 直流制动

变频器的直流制动功能是指当电动机的工作频率下降到一定的范围时，变频器向电动机的绕组接入直流电压，从而使电动机迅速停止转动。在直流制动功能中，用户需对变频器的直流制动电压、直流制动时间以及直流制动起始频率等参数进行设置。

- 外接制动电阻和制动单元制动

当变频器输出频率下降过快时，电动机将产生回馈制动电流，使直流电压上升，可能会损坏变频器。此时为回馈电路中加入制动电阻和制动单元，将直流回路中的能量消耗掉，以便保护变频器并实现制动。

4 变频器具有突出的变频调速功能

变频器的变频调速功能是其最基本的功能。在传统电动机控制系统中，电动机直接由工频电源（50Hz）供电，其供电电源的频率 f_1 是恒定不变的，因此其转速也是恒定的；而在电动机的变频控制系统中，电动机的调速控制是通过改变变频器的输出频率实现的，通过改变变频器的输出频率即可很容易地实现电动机工作在不同电源频率下，从而可自动完成电动机的调速控制。

图 10-24 为上述两种电动机控制系统中电动机调速控制的比较。

图 10-24 传统电动机控制系统与变频控制系统的比较

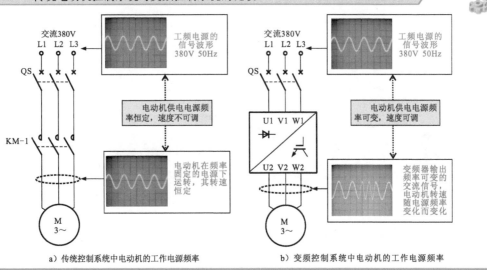

a）传统控制系统中电动机的工作电源频率　　　b）变频控制系统中电动机的工作电源频率

5 监控和故障诊断功能

变频器前面板上一般都设有显示屏、状态指示灯及操作按键，可用于对变频器各项参数进行设定以及对设定值、运行状态等进行监控显示。

大多变频器内部设有故障诊断功能，该功能可对系统构成、硬件状态、指令的正确性等进行诊断、当发现异常时，会控制报警系统发出报警提示声，同时在显示屏上显示错误信息；当故障严重时则会发出控制指令停止运行，从而提高变频器控制系统的安全性。

6 安全保护功能

变频器内部设有保护电路，可实现对其自身及负载电动机的各种异常保护功能，其中主要包括过热（过载）保护和防失速保护。

（1）过热（过载）保护功能

变频器的过热（过载）保护即过电流保护或过热保护。在所有的变频器中都配置了电子热保护功能或采用热继电器进行保护。过热（过载）保护功能是通过监测负载电动机及变频器本身温度，当变频器所控制的负载惯性过大或因负载过大引起电动机堵转时，其输出电流超过额定值或交流电动机过热时，保护电路动作，使电动机停转，防止变频器及负载电动机损坏。

（2）防失速保护

失速是指当给定的加速时间过短，电动机加速变化远远跟不上变频器的输出频率变化时，变频器将因电流过大而跳闸，停止运转。

为了防止上述失速现象使电动机正常运转，变频器内部设有防失速保护电路，该电路可检测出电流的大小进行频率控制。当加速电流过大时适当放慢加速速率，减速电流过大时也适当放慢减速速率，以防出现失速情况。

另外，变频器内的保护电路可在运行中实现过电流短路保护、过电压保护、冷却风扇过热和瞬时停电保护等。

7 与其他设备的通信功能

为了便于通信以及人机交互，变频器上通常设有不同的通信接口，可用于与PLC自动控制系统以及远程操作器、通信模块、计算机等进行通信连接，如图10-25所示。

图 10-25 变频器的通信功能

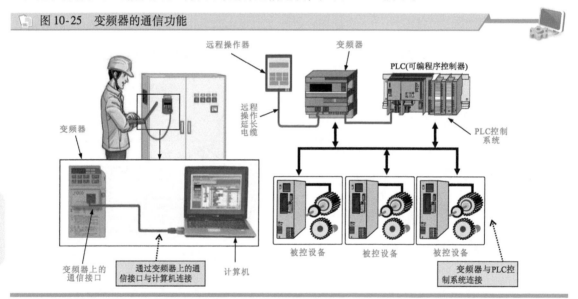

8 其他功能

变频器作为一种新型的电动机控制装置，除上述功能特点外，还具有运转精度高、功率因数可控等特点。

无功功率不但会增加线损和设备的发热，更重要的是功率因数的降低会导致电网有功功率的降低，使大量的无功电能消耗在线路当中，使设备的效率低下，能源浪费严重。使用变频调速装置后，由于变频器内部设置了功率因数补偿电路（滤波电容的作用），从而减少了无功损耗，增加了电网的有功功率。

10.2.2 变频器的应用

变频器是一种依托于变频技术开发的新型智能型驱动和控制装置，广泛地应用于交流异步电动机速度控制的各种场合，其高效率的驱动性能及良好的控制特性，已成为目前公认的最理想、最具有发展前景的调速方式之一。

变频器的各种突出功能使其在节能、提高产品质量或生产效率、改造传统产业使其实现机电一体化、工厂自动化、改善环境等各种方面得到了广泛的应用。其所涉及的行业领域也越来越广泛，简单来说，只要使用到交流电动机的场合，特别是需要运行中实现电动机转速调整的环境，几乎都可以应用变频器。

1　变频器在节能方面的应用

变频器在节能方面的应用主要体现在风机、泵类等作为负载设备的领域中，一般可实现 20% ~ 60% 的节电率。

图 10-26 为变频器在锅炉和水泵驱动电路中的节能应用。该系统中有两台风机驱动电动机和一台水泵驱动电动机，这三台电动机都采用了变频器驱动方式，耗能下降了 25% ~40%，大大节省了能耗。

图 10-26　变频器在锅炉和水泵驱动电路中的节能应用

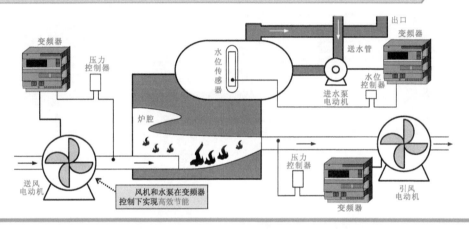

2　变频器在提高产品质量或生产效率方面的应用

变频器的控制性能使其在提高产品质量或生产效率方面得到广泛应用，如传送带、起重机、挤压、注塑机、机床、纸/膜/钢板加工、印制板开孔机等各种机械设备控制领域。

图 10-27 为变频器在典型挤压机驱动系统中的应用。挤压机是一种用于挤压一些金属或塑料材

图 10-27　变频器在典型挤压机驱动系统中的应用

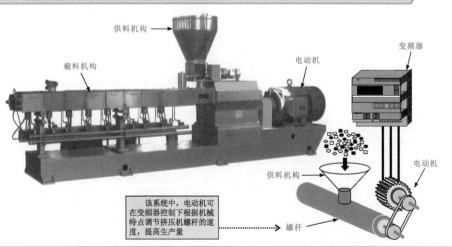

料的压力机，其具有将金属或塑料锭坯一次加工成管、棒、型材的功能。

| 提示说明 |

　　采用变频器对该类机械设备进行调速控制，不仅可根据机械特点调节挤压机螺杆的速度，提高生产量，还可检测挤压机柱体的温度，实现控制螺杆的运行速度。另外，为了保证产品质量一致，使挤压机的进料均匀，需要对进料控制电动机的速度进行实时控制，为此，在变频器中设有自动运行控制、自动检测和自动保护电路。

3 变频器在改造传统产业、实现机电一体化方面的应用

　　近年来，变频器的发展十分迅速，在工业生产领域和民用生活领域都得到的广泛的应用，特别在一些传统产业的改造建设中起到了关键作用，使它们从功能、性能及结构上都有一个质的飞越，同时可实现国家节能减排的基本要求。

　　图 10-28 为变频器在纺织机械中的应用。

图 10-28　变频器在纺织机械中的应用

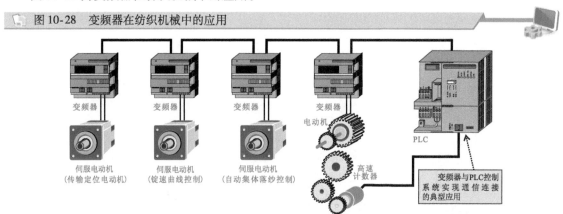

4 变频器在自动控制系统中的应用

　　随着控制技术的发展，一些变频器除了基本的软起动、调速控制之外，还具有多种智能控制、多电动机一体控制、多电动机级联控制、力矩控制、自动检测和保护功能，输出精度高达 0.1% ～ 0.01%，由此在自动化系统中得到了广泛的应用。常见的主要有化纤工业中的卷绕、拉伸、计量；各种自动加料、配料、包装系统及电梯智能控制。

　　图 10-29 变频器在电梯智能控制中的应用。在该电梯智能控制系统中，电梯的停车、上升、下

图 10-29　变频器在电梯智能控制中的应用

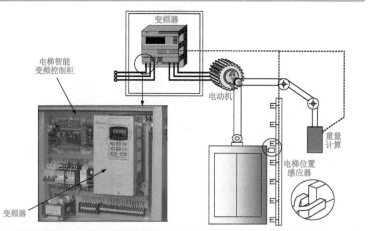

降、停车位置等根据操作控制输入指令，变频器由检测电路或传感器实时监测电梯的运行状态，根据检测电路或传感器传输的信息，实现自动控制。

5 变频器民用改善环境中的应用

变频器除了在工业上得到发展外，在民用改善环境方面也得到了一定范围的应用，如在空调器系统及供水系统中，采用变频器具有可有效减小噪声、平滑加速度、防爆、安全性高等优势。

图 10-30 为变频器在中央空调系统中的应用。

图 10-30 变频器在中央空调系统中的应用

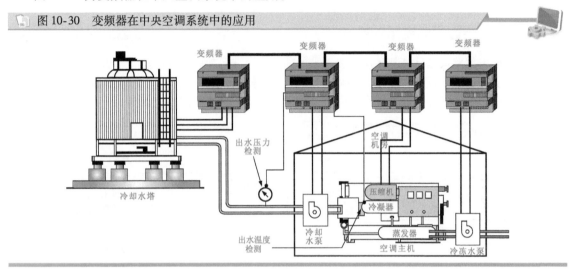

11.1 小区配电线路

11.1.1 小区配电线路的特点

小区供配电线路就是将外部高压干线送来的高压电，在总变配电室中经降压后，由低压干线分配给各低压支路，送入低压配电柜，再经低压配电柜分配给楼内各配电箱，最终为小区各动力设备、照明系统、安防系统等提供电力供应，并满足人们生活的用电需要，如图 11-1 所示。

图 11-1 小区供配电线路的功能特点

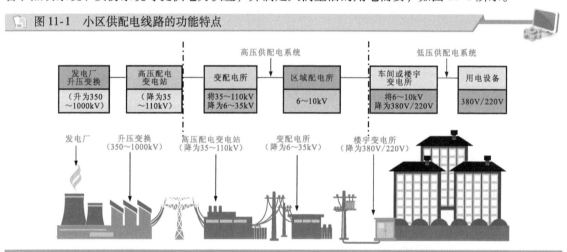

在电力变压器中将高压电变换成 380V 三相交流或 200V 单相交流电后被分成多路。其中，380V 交流电为电梯、水泵等动力设备供电，220V 单相交流电则为住户提供生活用电。如图 11-2 所示，在小区供配电线路中，应尽量均衡地将单相负载（家庭用电设备）分别接到三相电路中。

图 11-2 楼宇供配电线路的配电形式

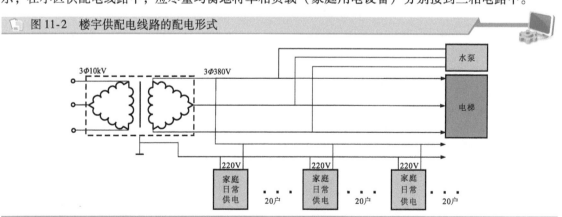

在实际应用中，楼宇供配电线路会受供电安全性、可靠性及环境因素、人为用电因素等诸多方面的影响。

为确保供电安全、可靠，小区供配电系统要确保两条供电回路，且每条供电回路来自于不同的变电所，如图 11-3 所示。

图 11-3　两套供电系统的小区供配电线路

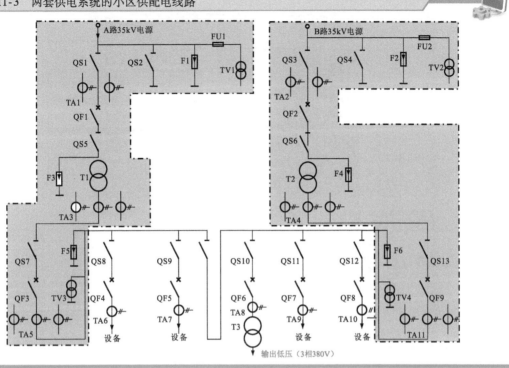

特别要求供配电安全稳定的小区供配电系统应具有两路供电系统，并可设计成互为备用电源，以确保用电安全，如图 11-4 所示。

图 11-4　具有备用电源设计的小区供配电线路

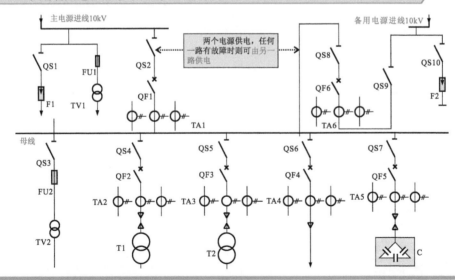

169

11.1.2　小区配电线路的接线与分配

如图 11-5 所示，在配电方式上，小区供配电系统采用混合式接线，由低压配电柜送来的低压支路直接进入低压配电箱，然后由低压配电箱直接分配给动力配电箱、公共照明配电箱及各楼层配电箱。图 11-6 为典型楼宇供配电线路的接线形式。

图 11-5 楼宇配电示意图

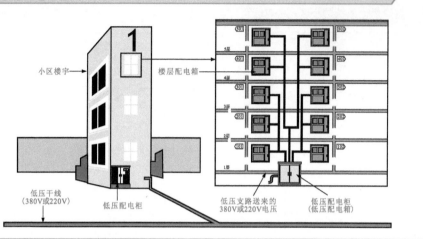

图 11-6 典型楼宇供配电线路的接线形式

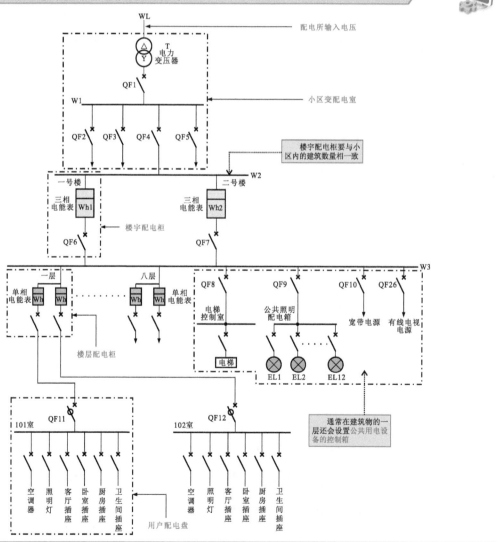

如果是单元普通住宅楼，在配电方式上会以单元作为单位进行配电，由低压配电柜分出多组支路分别接到单元内的总配电箱，再由单元内的总配电箱向各楼层配电箱供电，如图 11-7 所示。

图 11-7 普通住宅楼配电方式

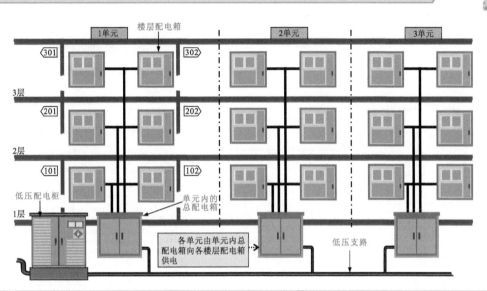

如果是高层建筑物，则在配电方式上会针对不同的用电特性采用不同的配电连接方式。用于住户用电的配电线路多采用放射式和链式混合的接线方式；用于公共照明的配电线路则采用树干式接线方式；对于用电不均衡部分，则会采用增加分区配电箱的混合配电方式，接线方式上也多为放射式与链式组合的形式，如图 11-8 所示。

图 11-8 高层住宅楼配电方式

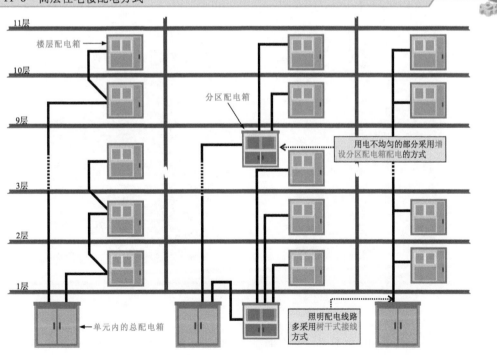

图 11-9 为典型小区配电线路的主要设备与接线关系。楼宇配电系统的设计规划需要先对楼宇的用电负荷进行周密的考虑，通过科学的计算方法，计算出建筑物用户及公共设备的用电负荷范围，然后根据计算结果和安装需要选配适合的供配电元件和线缆。

图 11-9　典型小区配电线路的主要设备与接线关系

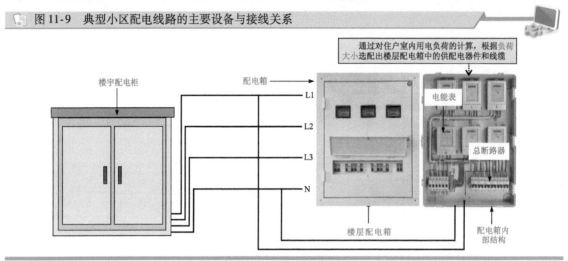

1　配电柜（箱）

配电柜（箱）的结构外形如图 11-10 所示。配电柜要求外观无损伤或变形，油漆完整无损，电器装置及元件、绝缘瓷件齐全，无损伤裂纹等缺陷的，以确保安全。另外，配电箱应采用冷轧钢板或阻燃绝缘材料制作，箱体钢板厚度不得小于 1.5mm，箱体表面及内部连接部位、元件等应做好防锈处理。配电箱的电器安装板上必须分设 N 线端子板和 PE 线端子。N 线端子板必须与金属电器安装板绝缘；PE 线端子板必须与金属电器安装板进行电气连接。

图 11-10　配电柜（箱）的结构外形

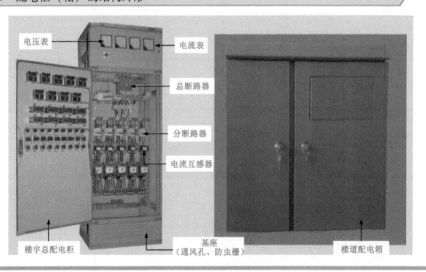

2　电能表

图 11-11 为典型的单相电能表和三相电能表。在选配电能表时，应需要根据用电设备的多少来判断，若用电设备较多，并且总功率也较大，则需要选用高额定电流的电能表，且选用电能表的最大额定电流要大于总断路器的额定电流，以确保安全。

图 11-11 典型的单相电能表和三相电能表

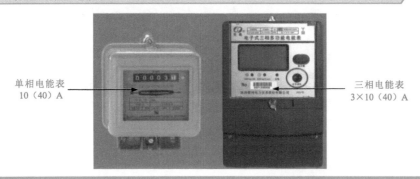

单相电能表
10（40）A

三相电能表
3×10（40）A

3 断路器

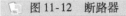

在选配断路器时，应选配质量合格的产品，并且断路器的额定电流一定要大于所对应线路的总电流之和，以确保安全。如图 11-12 所示，总配电箱中的断路器应为三相断路器，楼层配电箱应为带漏电保护功能的双进双出断路器。

图 11-12 断路器

三相四线断路器

漏电保护断路器

应用在
总配电箱中

应用在楼
层配电箱中

4 配电线缆

173

如图 11-13 所示，配电线缆应选择载流量大于等于实际电流量的绝缘导线。一般情况下，楼宇配电线缆选择铜芯橡胶绝缘导线（横截面积为 $25\mathrm{mm}^2$），并采用焊接钢管敷设。

图 11-13 配电线缆

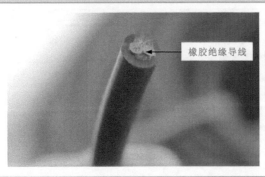

橡胶绝缘导线

橡胶绝缘导线

11.2 小区配电线路布线

11.2.1 高压配电线路的布线

　　高压供配电线路是指 6 ~ 10kV 的供电和配电电路，主要实现将电力系统中的 35 ~ 110kV 供电电压降低为 6 ~ 10kV 的高压配电电压，并供给高压配电所、车间变电所和高压用电设备等。

　　高压供配电线路是由各种高压供配电器件和设备组合连接形成的。电气设备的接线方式和连接关系都可以利用电路图表示，如图 11-14 所示。

　　图 11-14　高压供配电线路的结构组成

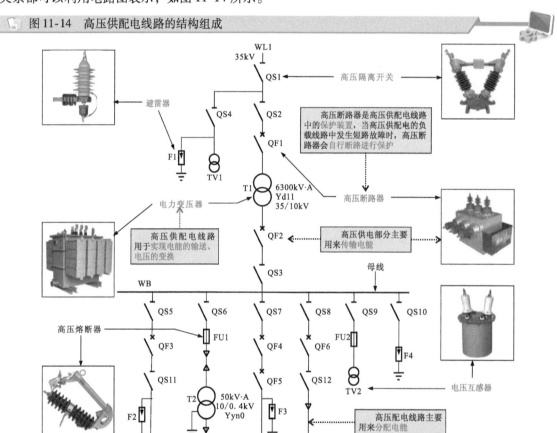

| 提示说明 |

　　在图 11-14 中，单线连接表示高压电气设备的一相连接方式，另外两相被省略，这是因为三相高压电气设备中三相接线方式相同，即其他两相接线与这一相接线相同。这种高压供配电线路的单线电路图主要用于供配电线路的规划与设计、有关电气数据的计算、选用、日常维护、切换回路等的参考，了解一相线路，就等同于知道了三相线路的结构组成等信息。

　　高压供配电线路是高压供配电设备按照一定的供配电控制关系连接而成的，如图 11-15 所示。

| 提示说明 |

　　供配电线路作为一种传输、分配电能的电路，与一般的电工电路有所区别。在通常情况下，供配电线路的连接关系比较简单，电路中电压或电流传输的方向也比较单一，基本上都是按照顺序关系从上到下或从左到右传输，且大部分组成器件只是简单地实现接通与断开两种状态，没有复杂的变换、控制和信号处理过程。

图 11-15 高压供配电线路的布线

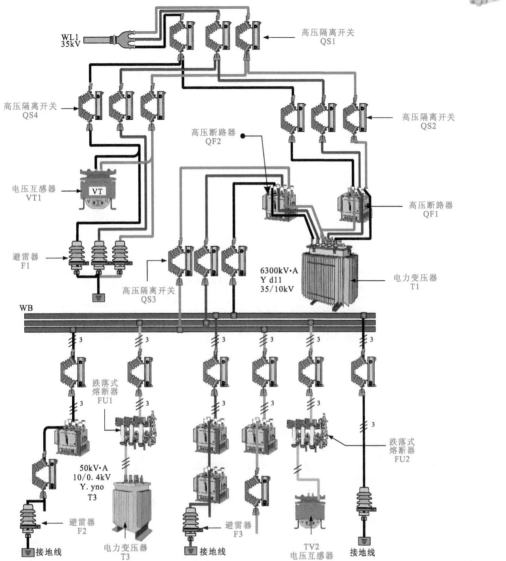

11.2.2 总降压变电所供配电线路的布线

总降压变电所供配电线路的高压供配电系统的重要组成部分，可实现将电力系统中的 35 ~ 110kV 电源电压降为 6 ~ 10kV 高压配电电压，并供给后级配电线路。图 11-16 为典型总降压变电所供配电线路的布线。

❶ 35kV 电源高压经架空线路引入，分别经高压隔离开关 QS1 ~ QS4、高压断路器 QF1、QF2 后送入两台容量为 6300kV·A 的电力变压器 T1 和 T2。

❷ 电力变压器 T1 和 T2 将 35kV 电源高压降为 10kV。

❸ 10kV 电压再分别经高压断路器 QF3、QF4 和高压隔离开关 QS5、QS6 后，送到两段母线 WB1、WB2 上。

❹ WB1 母线的一条支路经高压隔离开关、高压熔断器 FU1 后，接入 50kV·A 的电力变压器 T3 中。

175

图 11-16 典型总降压变电所供配电线路的布线

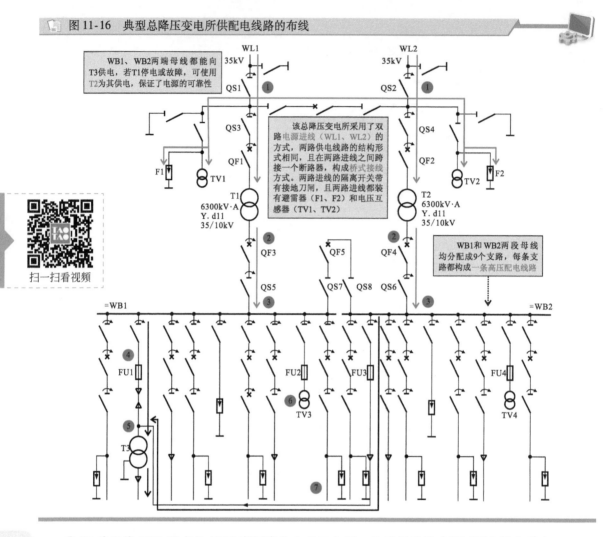

WB1、WB2两端母线都能向T3供电，若T1停电或故障，可使用T2为其供电，保证了电源的可靠性

该总降压变电所采用了双路电源进线（WL1、WL2）的方式，两路供电线路的结构形式相同，且在两路进线之间跨接一个断路器，构成桥式接线方式。两路进线的隔离开关带有接地刀闸，且两路进线都装有避雷器（F1、F2）和电压互感器（TV1、TV2）

WB1和WB2两段母线均分配成9个支路，每条支路都构成一条高压配电线路

扫一扫看视频

⑤ T3 将母线 WB1 送来的 10kV 高压降为 0.4kV 电压，为后级线路或低压用电设备供电。

⑥ 其他各支路分别经高压隔离开关、高压断路器后作为高压配电线路输出或连接电压互感器。

⑦ 母线 WB2 也经高压隔离开关和高压熔断器 FU3 后加到 50kV·A 的电力变压器上。

11.3 住宅低压配电线路

11.3.1 住宅低压配电线路的特点

低压供配电线路是指 380V/220V 的供电和配电电路，主要实现对交流低压的传输和分配。

低压供配电线路主要由各种低压供配电器件和设备按照一定的控制关系连接构成。图 11-17 为典型低压供配电线路的结构组成。

低压供配电线路具有将供电电源向后级层层传递的特点，图 11-18 为典型低压供配电线路的布线连接。

| 提示说明 |

在 380V/220V 供电的场合，如各种住宅楼照明供配电、公共设施照明供配电、车间设备供配电、临时建筑场地供配电等，不同数量和规格的低压供配电器件按照不同供配电要求连接，可构成具有不同负载能力的低压供配电电路。

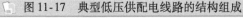

图 11-17　典型低压供配电线路的结构组成

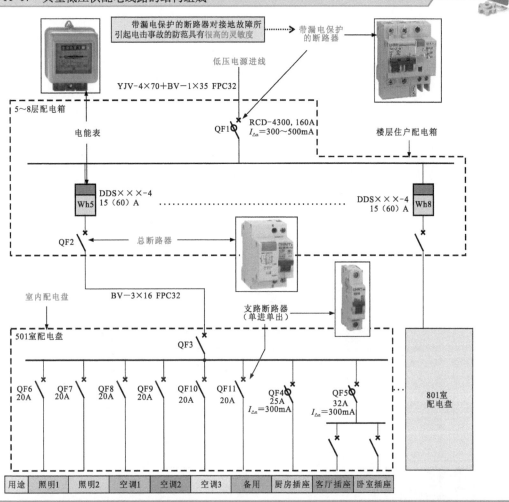

11.3.2　住宅配电线路的布线

177

住宅低压供配电线路主要是由低压配电室、楼层配线间及室内配电盘等部分构成。

图 11-19 为低层住宅低压供配电电路的布线。该配电电路中的电源引入线（380/220V 架空线）选用三相四线制，有 3 根相线和一根零线。进户线有 3 条，分别为相线、零线和地线。

❶ 每个单元的一个楼层有两个用户，将进户线分为两条，每一条都经过一个电能表 DD862 5（20）A，经电能表后分为三路。

❷ 一路经断路器 C45N-60/2（6A）为照明灯供电。

另外两路分别经断路器 C45N-60/1（10A）后，为客厅、卧式、厨房和阳台的插座供电。

❸ 此外，还有一条进户线经两个断路器 C45N-60/2（6A）后，为地下室和楼梯的照明灯供电。

❹ 进户线规格为 BX（3×25＋1×25SC50），表示进户线为铜芯橡胶绝缘导线（BX）。其中，3 根截面积为 25mm² 的相线，1 根 25mm² 的零线，采用管径为 50mm 的焊接钢管（SC）敷设。

❺ 同一层楼不同单元门的线路规格为 BV（3×25＋2×25）SC50，表示该线路为铜芯塑料绝缘导线（BV）。其中，3 根截面积为 25mm² 的相线，2 根 25mm² 的零线，采用管径为 50mm 的焊接钢管（SC）穿管敷设。

图 11-18 低压供配电线路的布线连接

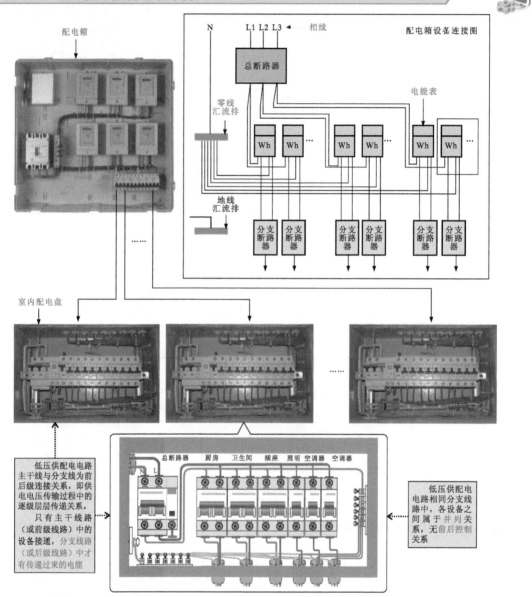

⑥ 某一用户照明线路的规格为 WL1 BV（2×2.5）PC15WC，表示该线路的编号为 WL1，线材类型为铜芯塑料绝缘导线（BV），2 根截面积为 2.5mm² 的导线，采用管径为 15mm 的硬塑料导管（PC15）暗敷设在墙内（WC）。

⑦ 某客厅、卧室插座线路的规格为 WL2 BV（3×6）PC15WC，表示该线路的编号为 WL2，线材类型为铜芯塑料绝缘导线（BV），3 根截面积为 6mm² 的导线，采用管径为 15mm 的硬塑料导管（PC15）暗敷设在墙内（WC）。

⑧ 每户使用独立的电能表，电能表规格为 DD862 5（20）A，第一个字母 D 表示电能表；第二个字母 D 表示为单相；862 为设计型号，5（20）A 表示额定电流为 5～20A。

⑨ 住宅楼设有一只总电能表，规格标识为 DD862 10（40）A，10（40）A 表示额定电流，为10～40A。

家庭供配电线路是一种常见的低压供配电线路，结构简单，组成低压电器部件的数量和类型较少，

图 11-19 低层住宅低压供配电电路的布线

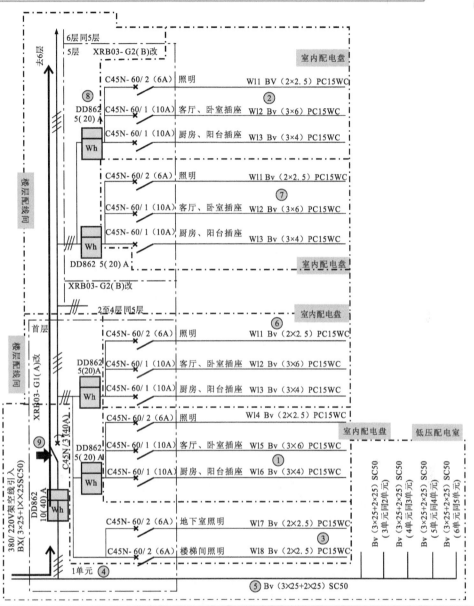

分析过程比较简单。图 11-20 为家庭供配电线路，主要由配电箱、室内配电盘和供配电电路构成。其中，配电箱内设有电能表、总断路器；配电盘内主要由各分支断路器构成（普通断路器、带漏电保护的断路器）。

11.3.3 入户配电线路的布线

图 11-21 为典型入户配电线路的布线。室内供配电线路将交流 220V 市电电压送入用户配电箱中。闭合总断路器 QF1，交流 220V 经电能表 Wh、总断路器 QF1 后送入室内配电盘中。

交流 220V 电压经闭合带漏电保护器的总断路器 QF2，分为多个支路。第一个支路经一只双进双出的断路器（空气开关）后作为室内照明线路；第二至第四个支路分别经一只单进单出的断路器（空气开关）后作为室内用电设备及厨房中的插座线路；第五个支路经一只单进单出的断路器（空气开关）后单独作为空调器的供电线路。

图 11-20 家庭供配电线路

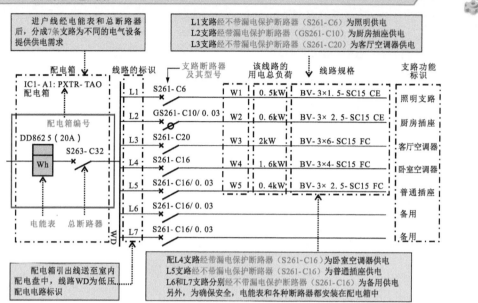

进户线经电能表和总断路器后，分成7条支路为不同的电气设备提供供电需求

L1支路经不带漏电保护断路器（S261-C6）为照明供电
L2支路经带漏电保护断路器（GS261-C10）为厨房插座供电
L3支路经不带漏电保护断路器（S261-C20）为客厅空调器供电

配电箱	线路的标识	支路断路器及其型号	该线路的用电总荷	线路规格	支路功能标识
IC1-A1: PXTR-TAO 配电箱	L1	S261-C6	W1	0.5kW	BV-3×1.5-SC15 CE	照明支路
配电箱编号	L2	GS261-C10/0.03	W2	0.6kW	BV-3×2.5-SC15 CE	厨房插座
DD862 5（20A）	L3	S261-C20	W3	2kW	BV-3×6-SC15 FC	客厅空调器
S263-C32	L4	S261-C16	W4	1.6kW	BV-3×4-SC15 FC	卧室空调器
Wh	L5	S261-C16/0.03	W5	0.4kW	BV-3×2.5-SC15 FC	普通插座
	L6	S261-C16/0.03				备用
电能表　总断路器	L7	S261-C16/0.03				备用

配电箱引出线送至室内配电盘中，线路WD为低压配电电路标识

配L4支路经带漏电保护断路器（S261-C16）为卧室空调器供电
L5支路经不带漏电保护断路器（S261-C16）为普通插座供电
L6和L7支路分别经不带漏电保护断路器（S261-C16）为备用供电
另外，为确保安全，电能表和各种断路器都安装在配电箱中

图 11-21 典型入户配电线路的布线

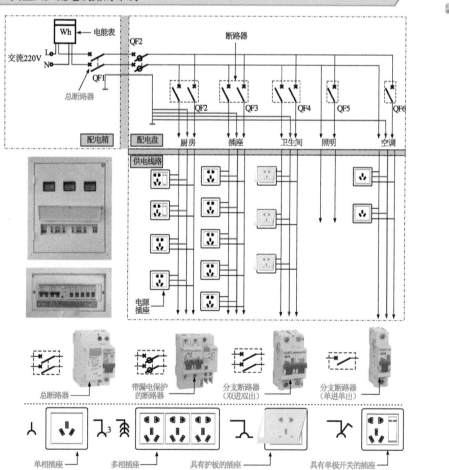

11.4 配电线路的安装

11.4.1 小区配电线路的敷设

小区供配电线路不能明敷，应采用地下管网施工方式，将传输电力的电线、电缆敷设在地下预埋管网中，如图 11-22 所示。

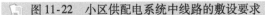

图 11-22 小区供配电系统中线路的敷设要求

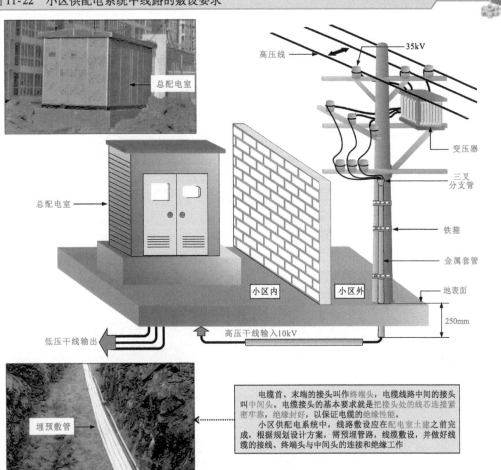

35kV
高压线
总配电室
总配电室
变压器
三叉分支管
铁箍
金属套管
小区内 小区外
地表面
250mm
低压干线输出
高压干线输入10kV
埋预敷管

电缆首、末端的接头叫作终端头，电缆线路中间的接头叫中间头。电缆接头的基本要求就是把接头处的线芯连接紧密牢靠，绝缘封好，以保证电缆的绝缘性能。
小区供配电系统中，线路敷设应在配电室土建之前完成，根据规划设计方案，需预埋管路，线缆敷设，并做好线缆的接线、终端头与中间头的连接和绝缘工作

| 提示说明 |

小区供配电线路设计其他方面的要求：
- 防火要求。总配电室安装设计需要注意防火要求。建筑防火按照《建筑设计防火规范》（GB 50016—2014）执行。
- 防水要求。小区供配电线路设计需要注意防水要求。电气室地面宜高于该层地面标高 0.1m（或设防水门槛）。电气室上方上层建筑内不得设置给排水装置或卫生间。
- 隔离噪声及电磁屏蔽要求。总配电室正常工作会产生噪声及电磁辐射，设计要求屋顶及侧墙、内敷钢网及钢结构应采用阻音材料，以隔离噪声和电磁辐射，钢网及钢结构应焊接并可靠接地。
- 通风要求。变配电室内宜采用自然通风。每台变压器的有效通风面积为 $2.5 \sim 3m^2$，并设置事故排风。
- 其他要求。配电室内不应有无关管线通过。

11.4.2　小区配电设备的安装

小区供配电设备的安装主要包括变配电室、低压配电柜的安装。

1　变配电室的安装

小区的变配电室是配电系统中不可缺少的部分，也是供配电系统的核心。变配电室应架设在牢固的基座上（见图11-23），且敷设的高压输电电缆和低压输电电线必须有金属套管进行保护，施工过程一定要在断电的情况下进行。

📄 图 11-23　小区供配电系统中变配电室的架设与固定

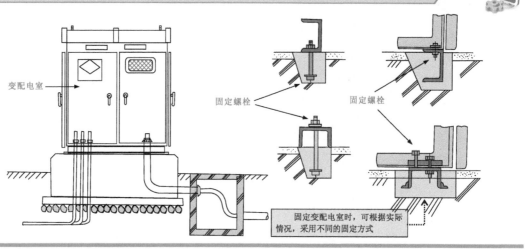

2　低压配电柜的安装

在小区供配电系统中，低压配电柜一般安装在楼体附近，如图 11-24 所示，用于对送入的 380V 或 220V 交流低压进行进一步分配后，分别送入小区各楼宇中的各动力配电箱、照明（安防）配电箱及各楼层配电箱中。楼宇配电柜的安装、固定和连接应严格按照施工安全要求进行。

📄 图 11-24　小区供配电系统中的低压配电柜

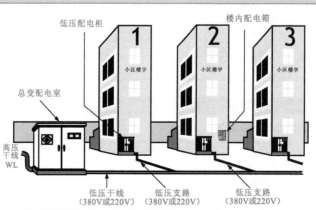

对小区配电柜进行安装连接时，应先确认安装位置、固定深度及固定方式等，然后根据实际的需求，确定所有选配的配电设备、安装位置并确定其安装数量等，如图 11-25 所示。

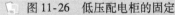

图 11-25 低压配电柜的固定与安装接线

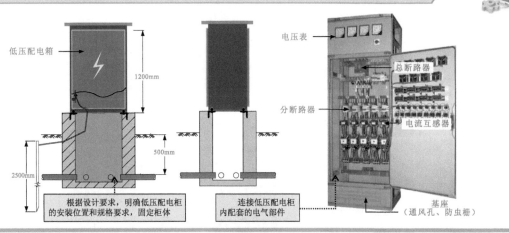

低压配电箱

1200mm

500mm

2500mm

根据设计要求，明确低压配电柜的安装位置和规格要求，固定柜体

连接低压配电柜内配套的电气部件

电压表

总断路器

分断路器

电流互感器

基座（通风孔、防虫栅）

固定低压配电柜时，可根据配电柜的外形尺寸进行定位，并使用起重机将配电柜吊起，放在需要固定的位置，校正位置后，应用螺栓将柜体与基础型钢紧固，如图 11-26 所示。配电柜单独与基础型钢连接时，可采用铜线将柜内接地排与接地螺栓可靠连接，必须加弹簧垫圈进行防松处理。

图 11-26 低压配电柜的固定

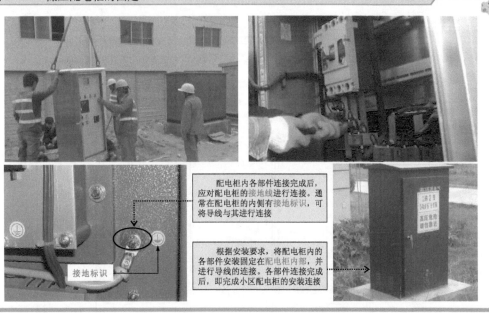

配电柜内各部件连接完成后，应对配电柜的接地线进行连接。通常在配电柜的内侧有接地标识，可将导线与其进行连接

接地标识

根据安装要求，将配电柜内的各部件安装固定在配电柜内部，并进行导线的连接。各部件连接完成后，即完成小区配电柜的安装连接

183

11.4.3　室内配电线路的敷设

室内配电线路是为住宅各房间的电器设备及插座分配供电线路。配电盘分配供电送到室内用电设备和照明灯具中，各种低压配电设备按照一定的接线方式连接构成家庭供配电线路，如图 11-27 所示。

家庭用户用电主要包括照明和用电设备（插座连接）两种。分配支路可以分为照明支路和插座支路。

另外，由于厨房用电设备（如微波炉、电磁炉、抽油烟机等）、卫生间内的用电设备（如浴霸等）及空调器等都属于大功率用电设备，因此一般将厨房、卫生间和空调器分设单独支路。

📷 **图 11-27　室内配电线路的特点**

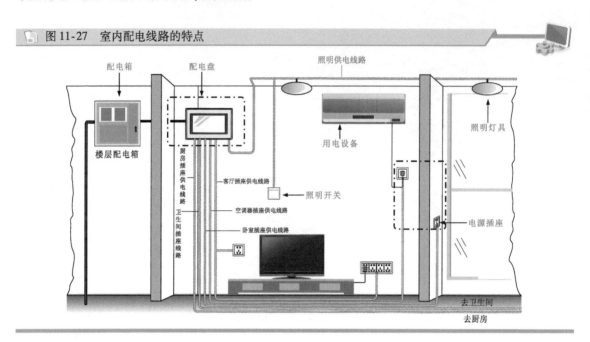

图 11-28 为典型室内配电线路的布线图。一般将室内配电规划分为 5 个支路，即照明支路、插座支路、厨房支路、卫生间支路、空调器支路。

📷 **图 11-28　典型室内配电线路的布线图**

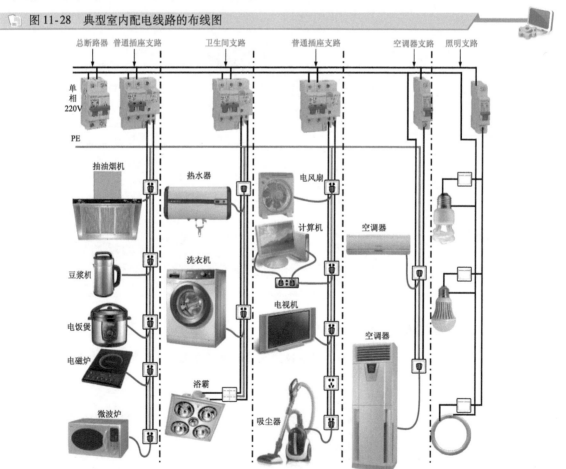

11.4.4　配电箱的安装

配电箱是家庭供配电线路中用于计量和控制家庭住宅中各个支路的配电设备，便于用电管理、日常使用和电力维护等。

1　配电箱的安装方式

根据预留位置及敷设导线的不同，配电箱主要有两种安装方式，即暗装和明装，如图 11-29 所示。

图 11-29　配电箱的安装方式

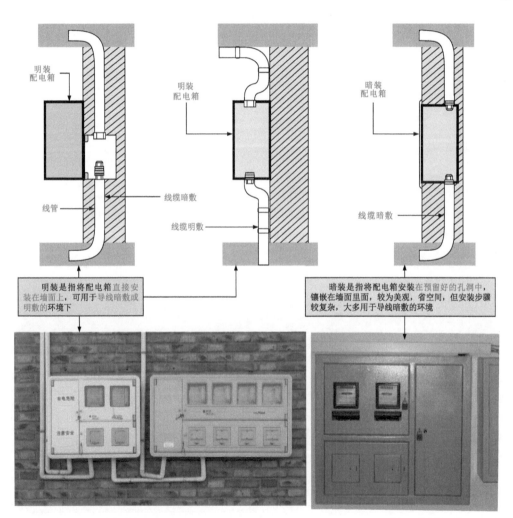

2　配电箱的安装要求

配电箱应安装在楼道内无振动的承重墙上，距地面高度不小于 1.5m。配电箱输出的入户线缆应暗敷于墙壁内，取最近距离开槽、穿墙，线缆由位于门左上角的穿墙孔引入室内，以便连接住户配电盘，如图 11-30 所示。

图 11-30　配电箱的安装要求

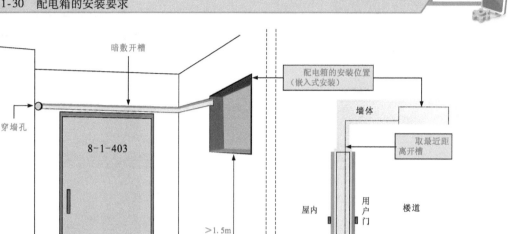

3　配电箱内设备的连接规范和要求

图 11-31 为配电箱内各设备的连接规范和要求。楼内配电箱内的线缆使用有严格的规定，即相线、零线、地线所选用的线缆规格和颜色等均应符合国家标准。

图 11-31　配电箱内各设备的连接规范和要求

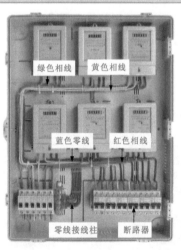

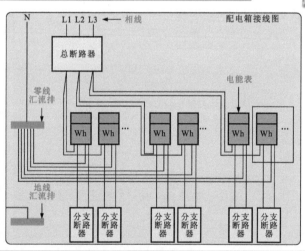

| 提示说明 |

相线 L1 为黄色，相线 L2 为绿色，相线 L3 为红色，零线 N 为蓝色，地线 PE 为黄、绿双色，而单相供电中的相线为红色，零线也为蓝色。

另外，在配电箱中，入户接地线和配电箱外壳接地线应连接在地线接线柱上；零线与干线中的零线接线柱连接；输入相线与输入干线中的一根相线连接。

4 配电箱的安装方法

　　首先根据规划将配电箱安装固定好，并将预留的供配电线缆引入配电箱中，为安装用户电能表和断路器做好准备。

　　图 11-32 为配电箱中待安装电能表的实物外形。根据电能表上的标识，确认电能表参数符合安装要求；明确电能表的接线端子功能，为接线做好准备。

图 11-32　配电箱中待安装电能表的实物外形（单相电子式预付费式电能表）

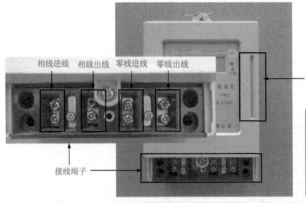
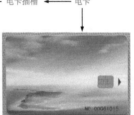

相线进线　相线出线　零线进线　零线出线

电卡插槽　←　电卡

接线端子

扫一扫看视频

　　由于待安装电能表为单相电子式预付费式电能表，为了方便用户插卡操作，需要确保电能表卡槽靠近配电箱箱门的观察窗附近。根据配电箱深度和电能表厚度比较，如需适当增加底板厚度，一般可在底板上加装木条，如图 11-33 所示。

图 11-33　配电箱中绝缘底板的处理

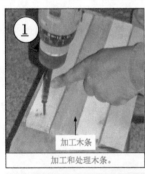

① 加工木条

加工和处理木条。

② 电动螺钉旋具

在绝缘底板上加装木条。

③ 根据待安装电能表尺寸加装底板木条。

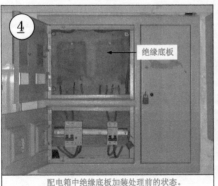
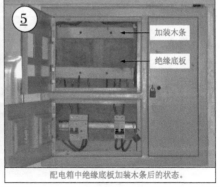

④ 绝缘底板

配电箱中绝缘底板加装处理前的状态。

⑤ 加装木条

绝缘底板

配电箱中绝缘底板加装木条后的状态。

　　配电箱中绝缘底板处理完成后，将电能表安装到相应位置如 11-34 所示。

图 11-34　电能表的安装

将电能表放到绝缘底板上，背部固定挂钩挂到固定螺栓上。

关闭配电箱箱门，根据箱门窗口位置调整电能表的位置。

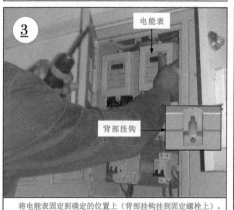
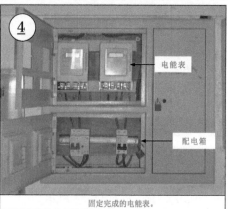

将电能表固定到确定的位置上（背部挂钩挂到固定螺栓上）。

固定完成的电能表。

　　电能表固定好后，需要将电能表与用户总断路器连接。按照"1、3 进，2、4 出"的接线原则，将电能表第 1、3 接线端子分别连接入户线的相线和零线；将第 2、4 接线端子分别连接总断路器的零线和相线接线端，如图 11-35 所示。

11.4.5　配电盘的安装

　　配电盘用于分配家庭的用电支路，使不同支路用电均衡，且各支路得以独立控制，方便使用和线路维护。在动手安装配电盘之前，首先需要根据配电盘的施工方案，了解配电盘的安装位置和线路走向，如图 11-36 所示。

图 11-35　电能表与断路器的接线

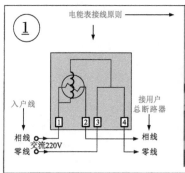

根据电能表"1、3进，2、4出的原则"连接电能表与入户线、电能表与用户总断路器之间的连接线。

图 11-35　电能表与断路器的接线（续）

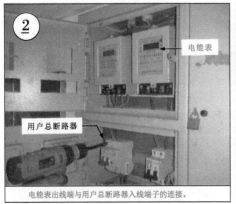

② 用户总断路器 电能表

电能表出线端与用户总断路器入线端子的连接。

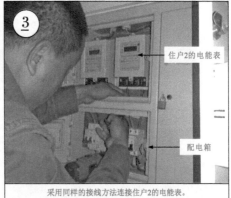

③ 住户2的电能表 配电箱

采用同样的接线方法连接住户2的电能表。

④ 电能表 接线端子护盖 接线完成的电能表 配电箱

安装电能表接线端子护盖。

图 11-36　配电盘的安装要求

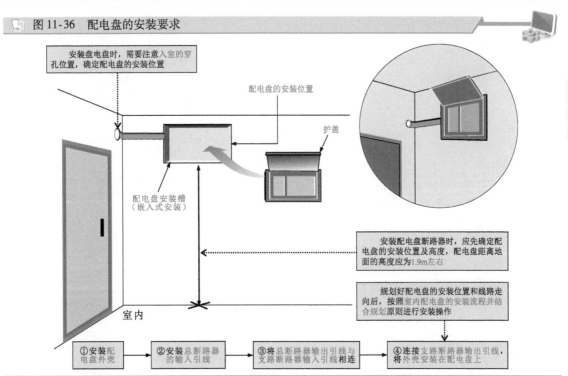

安装盘电盘时，需要注意入室的穿孔位置，确定配电盘的安装位置

配电盘的安装位置

护盖

配电盘安装槽（嵌入式安装）

室内

安装配电盘断路器时，应先确定配电盘的安装位置及高度，配电盘距离地面的高度应为1.9m左右

规划好配电盘的安装位置和线路走向后，按照室内配电盘的安装流程并结合规划原则进行安装操作

①安装配电盘外壳 → ②安装总断路器的输入引线 → ③将总断路器输出引线与支路断路器输入引线相连 → ④连接支路断路器输出引线，将外壳安装在配电盘上

189

根据前期的规划设计，将选配好的支路断路器安装到配电盘内。一般为了便于控制，在配电盘

中应安装一只总断路器（一般可选带漏电保护的断路器），用于实现室内供配电线路的总控制功能。配电盘内的断路器全部安装完成后，按照"左零右火"的原则连接供电线路，最终完成配电盘的安装，如图 11-37 所示。

📄 **图 11-37　配电盘的安装与接线**

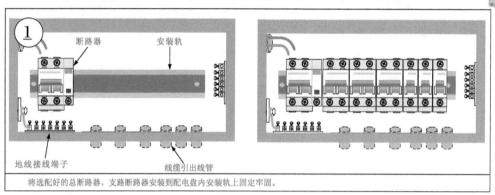

将选配好的总断路器、支路断路器安装到配电盘内安装轨上固定牢固。

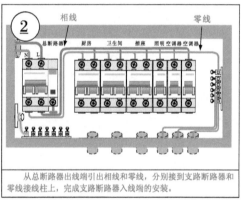

从总断路器出线端引出相线和零线，分别接到支路断路器和零线接线柱上，完成支路断路器入线端的安装。

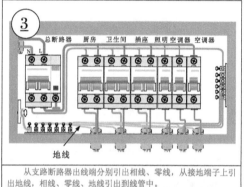

从支路断路器出线端分别引出相线、零线，从接地端子上引出地线，相线、零线、地线引出到线管中。

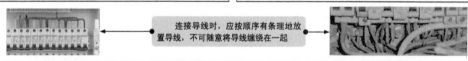

连接导线时，应按顺序有条理地放置导线，不可随意将导线缠绕在一起

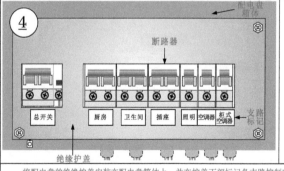

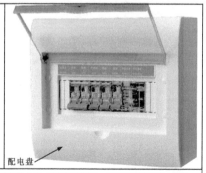

将配电盘的绝缘护盖安装在配电盘箱体上，并在护盖下部标记各支路控制功能的名称，方便用户操作、控制和后期调试、维修。至此，完成家庭配电盘的安装连接操作。

扫一扫看视频

第12章 照明线路布线与安装

12.1 公共照明线路

12.1.1 楼宇公共照明线路的特点

楼宇公共照明主要为建筑物内的楼道、走廊等提供照明，方便人员通行。照明灯大都安装在楼道或走廊的中间（空间较大可平均设置多盏照明灯），需要手动控制的开关（触摸开关）通常设置在楼梯口，自动开关（如声控开关）通常设置在照明灯附近。图 12-1 为楼宇公共照明系统的特点。

图 12-1 楼宇公共照明系统的特点

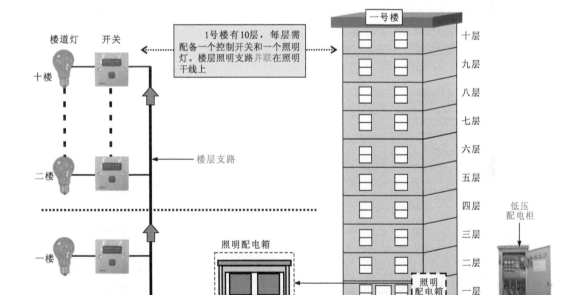

楼宇公共照明线路重点应考虑线路的实用性、方便性和节能特性，应从线路选材、照明灯具选用和控制方式设计多方面综合考虑。

控制开关用于控制电路的接通或断开，在这里用来控制楼道照明灯的点亮或熄灭。设计楼道开关时应满足方便、节能的特点，一般选用声控开关（或声光控开关）、人体感应开关和触摸开关等。图 12-2 为楼宇公共照明系统的布线结构。

📖 图 12-2　楼宇公共照明系统的布线结构

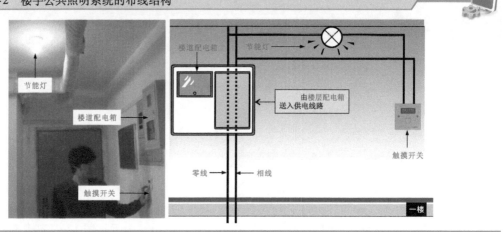

12.1.2　小区公共照明线路的特点

小区公共照明是每个小区必不可少的公共照明设施，主要用来在夜间为小区内的道路提供照明。通常，照明路灯大都设置在小区边界或园区内的道路两侧，为小区提供照明的同时，也美化了小区周围的环境。图 12-3 为小区公共照明系统的特点。小区公共照明应重点考虑照明灯具的布置要求和选材要求。除此之外，还需要考虑路灯数量、放置位置及照明范围，规划施工方案。设计路灯位置时，要充分考虑灯具的光强分布特性，使路面有较高的照射亮度和均匀度，且尽量限制眩光的产生。

📖 图 12-3　小区公共照明系统的特点

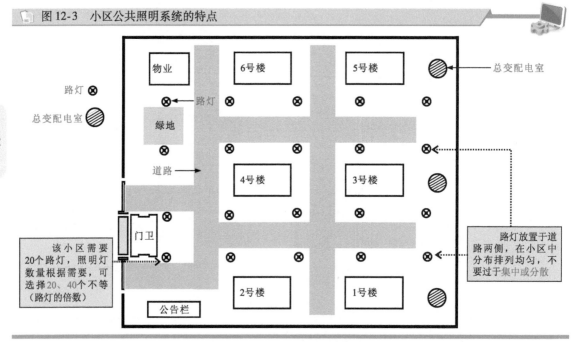

图 12-4 为典型小区公共照明控制线路的结构。从图中可以看到，该公共照明控制电路是由多盏照明路灯、总断路器 QF、双向晶闸管 VT、控制芯片（NE555 时基集成电路）、光敏电阻器 MG 等构成的。

图 12-4　典型小区公共照明控制线路的结构

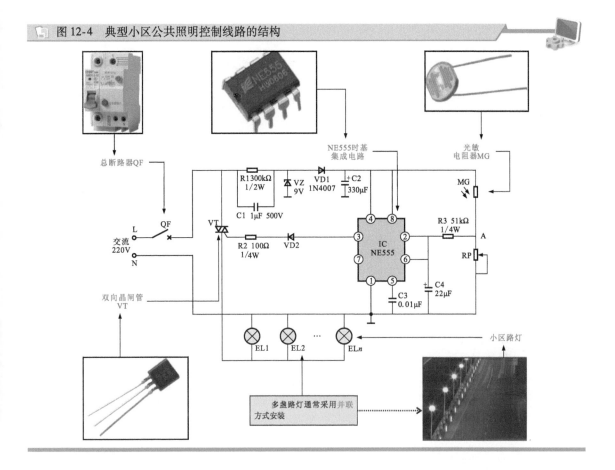

12.2　室内照明线路

12.2.1　室内照明线路的特点

如图 12-5 所示，室内照明控制线路是指应用在室内场合，当室内光线不足的情况下用来创造明亮环境的照明线路。

图 12-5　室内照明线路的特点

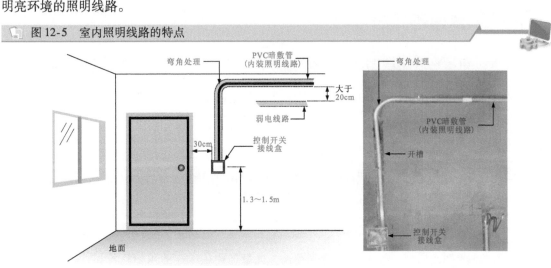

12.2.2　室内照明线路的连接

室内照明控制线路主要由控制开关和照明灯具等构成，通过一定的组合和连接关系实现室内照明的不同控制功能。图12-6为两室一厅室内照明控制线路。两室一厅室内照明控制电路包括客厅、卧室、书房、厨房、厕所、玄关等部分的吊灯、顶灯、射灯的控制电路。

图12-6　两室一厅室内照明控制线路

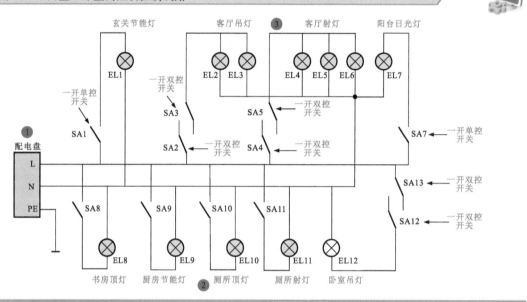

❶ 两室一厅照明控制电路由室内配电盘引出各分支供电引线。

❷ 玄关节能灯、书房顶灯、厨房节能灯、厕所顶灯、厕所射灯、阳台日光灯都采用一开单控开关控制一盏照明灯的结构形式。闭合一开单控开关，照明灯得电点亮；断开一开单控开关，照明灯失电熄灭。

❸ 客厅吊灯、客厅射灯和卧室吊灯三个照明支路均采用一开双控开关控制，可实现两地控制一盏或一组照明灯的点亮和熄灭。

12.3　照明线路的布线

12.3.1　小区公共路灯照明线路的布线

图12-7为典型小区公共路灯照明控制线路的布线连接关系。图12-8为典型小区公共路灯照明线路的结构。

❶ 合上供电电路中的断路器QF，接通交流220V电源，经整流和滤波电路后，输出直流电压为时基集成电路IC（NE555）供电，进入准备工作状态。

❷ 当夜晚来临时，光照强度逐渐减弱，光敏电阻器MG的阻值逐渐增大，压降升高，分压点A点电压降低，加到时基集成电路IC的2、6脚电压变为低电平。

❸ 时基集成电路IC的2、6脚为低电平（低于$1/3V_{DD}$）时，内部触发器翻转，3脚输出高电平，二极管VD2导通，触发晶闸管VT导通，照明路灯形成供电回路，$EL1 \sim ELn$同时点亮。

❹ 当第二天黎明来临时，光照强度越来越高，光敏电阻器MG的阻值逐渐减小，电压降低，分压点A点电压升高，加到时基集成电路IC的2、6脚上的电压逐渐升高。

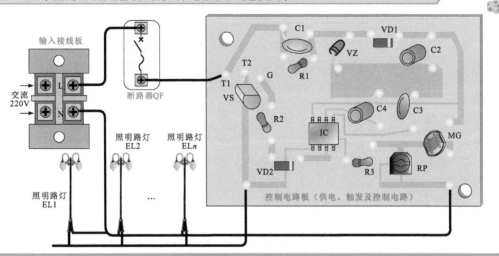

图 12-7　典型小区公共路灯照明控制线路的布线连接关系

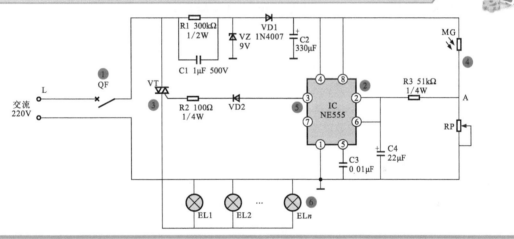

图 12-8　典型小区公共路灯照明线路的结构

❺ 当 IC 的 2 脚电压上升至大于 $2/3V_{DD}$，6 脚电压也大于 $2/3V_{DD}$ 时，IC 内部触发器再次翻转，IC 的 3 脚输出低电平，二极管 VD2 截止，晶闸管 VT 截止。

❻ 晶闸管 VT 截止，照明路灯 EL1 ~ ELn 供电回路被切断，所有照明路灯同时熄灭。

12.3.2　楼道触摸延时照明线路的布线

楼道触摸延时照明线路利用触摸开关控制照明电路中晶体管与晶闸管的导通与截止状态，实现对照明灯工作状态的控制。在待机状态，照明灯不亮；当有人碰触触摸开关时，照明灯点亮，并可以实现延时一段时间后自动熄灭的功能。

图 12-9 为楼道触摸延时照明线路的布线连接关系。触摸延时开关是主要的控制器件之一。用户可以通过该开关控制照明灯的点亮。单向晶闸管在电路中可起到电子开关的作用。照明灯是该电路中的负载，受电路控制器件的控制。桥式整流堆主要对交流 220V 电压进行整流操作。

❶ 合上总断路器 QF，接通交流 220V 电源。电压经桥式整流电路 VD1 ~ VD4 整流后输出直流电压，为后级电路供电。

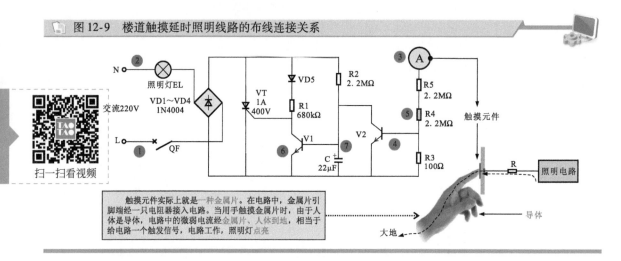

图 12-9　楼道触摸延时照明线路的布线连接关系

扫一扫看视频

> 触摸元件实际上就是一种金属片。在电路中，金属片引脚端经一只电阻器接入电路。当用手触摸金属片时，由于人体是导体，电路中的微弱电流经金属片、人体到地，相当于给电路一个触发信号，电路工作，照明灯点亮。

❷ 直流电压经电阻器 R2 后为电解电容器 C 充电，充电完成后，为晶体管 V1 提供导通信号，晶体管 V1 导通。电流经晶体管 V1 的集电极、发射极到地，晶闸管 VT 触发端为低电压，处于截止状态。当晶闸管 VT 截止时，照明灯供电电路中流过的电流很小，照明灯 EL 不亮。

❸ 当人体碰触触摸开关 A 时，经电阻器 R5、R4 将触发信号送到晶体管 V2 的基极，晶体管 V2 导通。

❹ 当晶体管 V2 导通后，电解电容器 C 经晶体管 V2 放电，晶体管 V1 因基极电压降低而截止。晶闸管 VT 的控制极电压升高达到触发电压，晶闸管 VT 导通，照明灯供电电路形成回路，电流量满足照明灯 EL 点亮的要求，点亮。

❺ 人体离开触摸开关 A 后，晶体管 V2 无触发信号，晶体管 V2 截止，电解电容器 C 再次充电。由于电阻器 R2 的阻值较大，导致电解电容器 C 的充电电流较小，充电时间较长。

❻ 在电解电容器 C 充电完成之前，晶体管 V1 一直处于截止状态，晶闸管 VT 仍处于导通状态，照明灯 EL 继续点亮。

❼ 电解电容器 C 充电完成后，晶体管 V1 导通，晶闸管 VT 因触发电压降低而截止，照明灯供电电路中的电流再次减小至等待状态，无法使照明灯 EL 维持点亮，导致照明灯 EL 熄灭。

12.3.3　典型室内照明控制线路的布线

图 12-10 为典型室内照明控制线路（三个开关控制一盏照明灯）的布线连接关系。该电路是由三个控制开关和一盏照明灯构成的。

图 12-10　典型室内照明控制线路（三个开关控制一盏照明灯）的布线连接关系

交流 220V

断路器 QF

双控开关 SA1

SA2-1

SA2-2

双控联动开关 SA2

双控开关 SA3

输入接线板

照明灯 EL

图 12-11 为典型室内照明控制线路（三个开关控制一盏照明灯）的结构。照明控制线路依靠独特的开关连接组合，从而实现对多开关控制一盏照明灯的功能。

图 12-11　典型室内照明控制线路（三个开关控制一盏照明灯）的结构

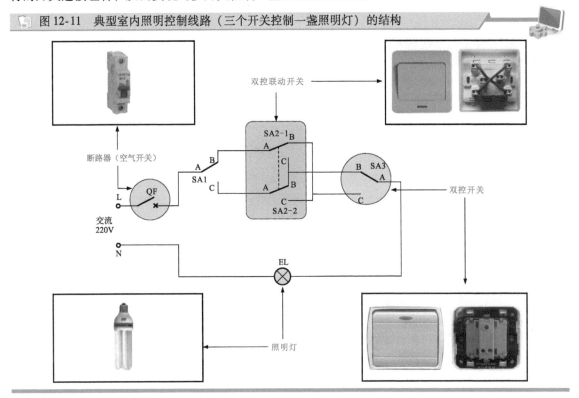

图 12-12 为典型室内照明控制线路（三个开关控制一盏照明灯）的控制过程。合上供电线路中的断路器 QF，接通交流 220V 电源，照明灯未点亮时，按下任意开关都可以点亮照明灯 EL。

图 12-12　典型室内照明控制线路（三个开关控制一盏照明灯）的控制过程

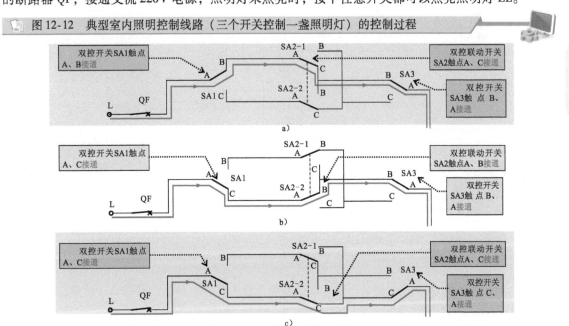

图 12-12a 中，初始状态下，按下双控开关 SA1，触点 A、B 接通，电源经 SA1 的 A、B 触点，

SA2-1 的 A、B 触点，SA3 的 B、A 触点后，与照明灯 EL 形成回路，照明灯点亮。

在照明灯 EL 点亮的状态下，按动 SA2 或 SA3 均可使照明灯 EL 熄灭。

图 12-12b 中，初始状态下，按下 SA2，触点 A、B 接通，电源经 SA1 的 A、C 触点，双 SA2-2 的 A、B 触点，双控开关 SA3 的 B、A 触点后，与照明灯 EL 形成回路，照明灯点亮。

在照明灯 EL 点亮的状态下，按动 SA1 或 SA3 均可使照明灯 EL 熄灭。

图 12-12c 中，初始状态下，按下双控开关 SA3，触点 C、A 接通，电源经双控开关 SA1 的 A、C 触点，双控联动开关 SA2-2 的 A、C 触点，双控开关 SA3 的 C、A 触点后，与照明灯 EL 形成回路，照明灯点亮。

在照明灯 EL 点亮的状态下，按动 SA1 或 SA2 均可使照明灯 EL 熄灭。

12.3.4　声控照明线路的布线

声控照明线路是指利用声音感应器件和晶闸管对照明灯的供电进行控制，利用电解电容器的充、放电特性实现延时，可实现当声控开关感应到有声音时自动亮起，当声音结束一段时间后照明灯自己熄灭的控制功能。图 12-13 为声控照明线路的布线连接关系。

图 12-13　声控照明线路的布线连接关系

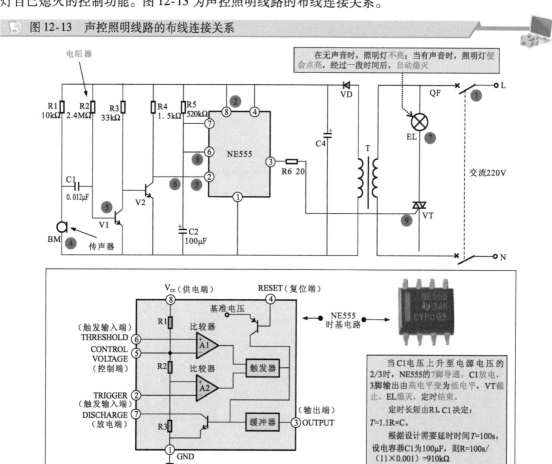

❶ 合上总断路器 QF，接通交流市电电源，经变压器 T 降压、整流二极管 VD 整流、滤波电容器 C4 滤波后变为直流电压。

❷ 直流电压为 NE555 时基电路的 8 脚提供工作电压。

❸ 无声音时，NE555 时基电路的 2 脚为高电平，3 脚输出低电平，VT 处于截止状态。

❹ 有声音时，传声器 BM 将声音信号转换为电信号。

⑤ 电信号经电容器 C1 后送往晶体管 V1 的基极，放大后，经 V1 的集电极送往晶体管 V2 的基极，由 V2 输出放大后的音频信号。

⑥ 晶体管 V2 将放大后的音频信号加到 NE555 时基电路的 2 脚，此时 NE555 时基电路受到信号的作用，3 脚输出高电平，双向晶闸管 VT 导通。

⑦ 交流 220V 市电电压为照明灯 EL 供电，开始点亮。

⑧ 当声音停止后，晶体管 V1 和 V2 无信号输出，电容器 C2 的充电使 NE555 时基电路 6 脚的电压逐渐升高。

⑨ 当电压升高到一定值后（8V 以上，2/3 的供电电压），NE555 时基电路内部复位，由 3 脚输出低电压，双向晶闸管 VT 截止，照明灯 EL 熄灭。

12.3.5 光控路灯线路的布线

图 12-14 为光控路灯线路的布线连接关系。光控路灯照明控制电路使用光敏电阻器代替手动开关，自动控制路灯的工作状态。白天，光照较强，路灯不工作；夜晚降临或光照较弱时，路灯自动点亮。

图 12-14 光控路灯线路的布线连接关系

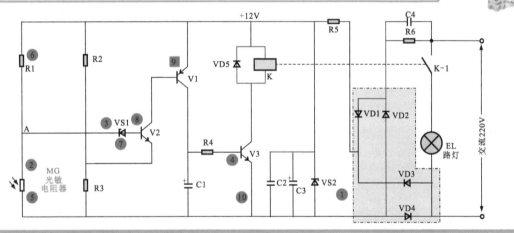

① 交流 220V 电压经桥式整流电路 VD1 ～ VD4 整流、稳压二极管 VS2 稳压后，输出 +12V 直流电压，为路灯控制电路供电。

② 白天光照强度较大，光敏电阻器 MG 的阻值较小。

③ 光敏电阻器 MG 与电阻器 R1 形成分压电路，电阻器 R1 上的压降较大，分压点 A 电压偏低，低于稳压二极管 VS1 的导通电压。

④ 由于 VS1 无法导通，晶体管 V2、V1、V3 均截止，继电器 K 不吸合，路灯 EL 不亮。

⑤ 夜晚时，光照强度减弱，光敏电阻器 MG 的阻值增大。

⑥ 光敏电阻器 MG 的阻值增大，在分压电路中，分压点 A 电压升高。

⑦ 分压点 A 电压升高，超过稳压二极管 VS1 导通电压时，稳压二极管 VS1 导通。

⑧ 稳压二极管 VS1 导通后，为晶体管 V2 提供基极电压，使晶体管 V2 导通。

⑨ 晶体管 V2 导通后，为晶体管 V1 提供导通条件，使晶体管 V1 导通。

⑩ 晶体管 V1 导通后，为晶体管 V3 提供导通条件，使晶体管 V3 导通，继电器 K 线圈得电，带动常开触点 K-1 闭合，形成供电回路，路灯 EL 点亮。

| 提示说明 |

　光敏电阻器大多是由半导体材质制成的，利用半导体材料的光导电特性，使电阻器的电阻随入射光线的强弱发生变化，内部结构如图 12-15 所示。

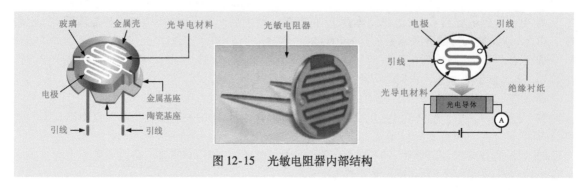

图 12-15　光敏电阻器内部结构

12.4　照明线路的安装

12.4.1　公共照明控制开关的安装

公共照明控制开关主要用来控制公共照明灯的工作状态。目前，公共照明控制开关的种类较多，常见的有智能路灯控制器、光控路灯控制器及太阳能路灯控制器等。下面以光控路灯控制开关为例，介绍一下具体的安装方法。图 12-16 为公共照明控制开关的安装方法。

图 12-16　公共照明控制开关的安装方法

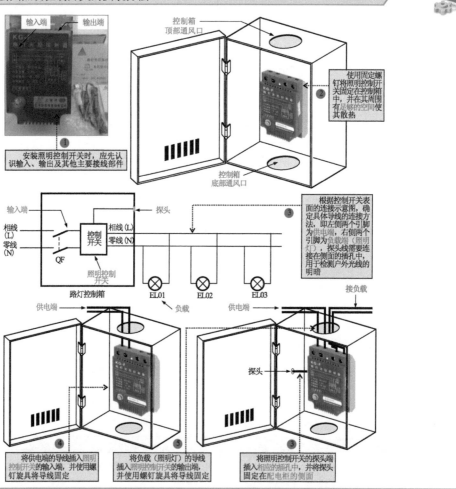

12.4.2 公共照明灯具的安装

安装公共照明灯具时，应尽量使线路短直、安全、稳定、可靠、便于以后的维修，要严格按照照度及亮度的标准和设备的标准安装。在安装路灯照明系统前，应选择合适的路灯、线缆，通常需要考虑灯具的光线分布，以方便路面有较高的照射亮度和均匀度，并尽量限制眩光的产生。

下面以典型路灯为例介绍具体的安装方法，路灯的安装可大致分为 3 步：线缆的敷设、灯杆的安装、灯具的安装。图 12-17 为公共照明灯具的安装方法。

图 12-17 公共照明灯具的安装方法

① 安装灯杆之前，应根据需要选择合适的灯杆，通常灯杆的高度可选择为5m，路灯之间的距离为25m左右，可根据道路路型的复杂程度，使路口多、分叉多的地方有较好的视觉指导作用，在主次干道采用的均为对称排列

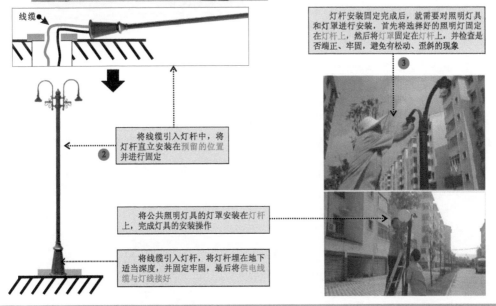

线缆

③ 灯杆安装固定完成后，就需要对照明灯具和灯罩进行安装，首先将选择好的照明灯固定在灯杆上，然后将灯罩固定在灯杆上，并检查是否端正、牢固，避免有松动、歪斜的现象

② 将线缆引入灯杆中，将灯杆直立安装在预留的位置并进行固定

将公共照明灯具的灯罩安装在灯杆上，完成灯具的安装操作

将线缆引入灯杆，将灯杆埋在地下适当深度，并固定牢固，最后将供电线缆与灯线接好

201

12.4.3 室内照明线路的敷设

室内照明线路根据功能、位置及用户需求的不同，应采用不同的布线敷设方式。如图 12-18 所示，通常，厨房、卫生间、阳台等照明一般采用简单的单灯单控照明线路类型，即由一个开关控制一盏照明灯的线路；卧室照明线路一般为体现人性化设计，应在进门和床头都能控制照明灯，这种线路应设计成两地控制照明电路；客厅一般设有两盏或多盏照明灯，一般应设计成三方控制照明电路，分别在进门、主卧室门外侧、次卧室门外侧进行控制等。

📖 **图 12-18　室内照明线路的布线类型**

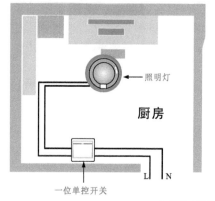

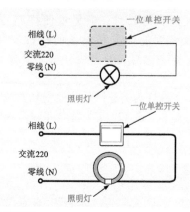

a）单灯（或多灯）单控照明线路

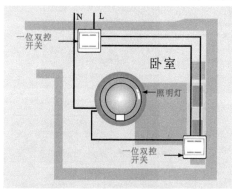

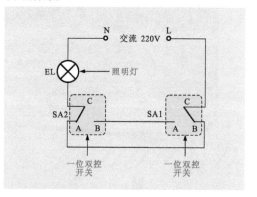

b）单灯（或多灯）双控照明线路

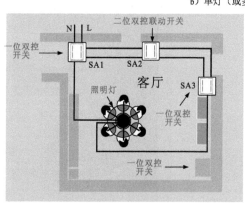

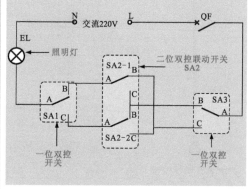

c）单灯（或多灯）三控（或多控）照明线路

图 12-19 为室内照明线路的敷设要求。因目前家庭照明线路中多采用节能照明灯具，线路总耗电功率较小，所以室内照明线路一般选择截面积为 $2.5\,mm^2$ 的塑料绝缘硬铜芯导线；控制开关根据实际控制需求和照明线路类型可选择一位单控开关、一位双控开关、二位单控开关、二位双控开关、三位单控开关、二位双控联动开关等；照明灯具一般选择节能灯，根据装修风格可选择不同外形特征的照明灯具，如普通节能吸顶灯、LED 吸顶灯、LED 日光灯、水晶灯、吊灯等。

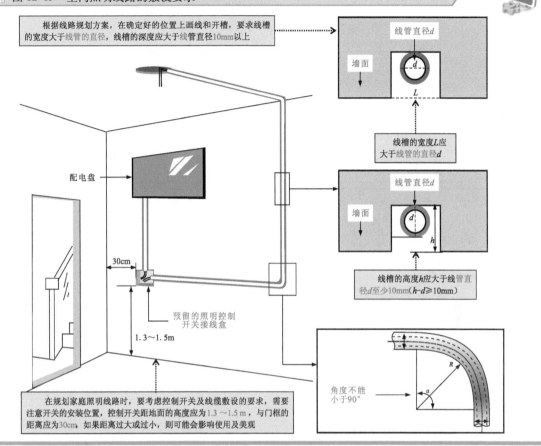

图 12-19　室内照明线路的敷设要求

根据线路规划方案，在确定好的位置上画线和开槽，要求线槽的宽度应大于线管的直径，线槽的深度应大于线管直径10mm以上

线管直径d

墙面

L

线槽的宽度L应大于线管的直径d

线管直径d

墙面

h

线槽的高度h应大于线管直径d至少10mm（h-d≥10mm）

配电盘

30cm

预留的照明控制开关接线盒

1.3～1.5m

在规划家庭照明线路时，要考虑控制开关及线缆敷设的要求，需要注意开关的安装位置，控制开关距离地面的高度应为1.3～1.5 m，与门框的距离应为30cm，如果距离过大或过小，则可能会影响使用及美观

角度不能小于90°

R

α

图 12-20 为典型室内照明线路布线敷设案例。布线敷设一般要求走捷径，尽量减少弯头，并合理节省导线材料。另外，灯控线路中最多允许连接 25 个以内的照明灯具，若超过 25 个，则需要增加一个新的照明支路进行供电。

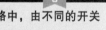
│ 提示说明 │

从配电盘引出的相线经开关、照明设备后至零线形成回路。各照明灯具并联在电路中，由不同的开关进行控制。

SA1、SA4、SA5、SA9 为一位单控开关，分别对照明灯具 EL1、EL7、EL8、EL12 进行控制。

SA6、SA67 为二位单控开关，分别对照明灯具 EL9、EL10 进行控制。

SA2、SA3、SA8 为二位双控开关，其中二位双控开关 SA2-1、SA2-2 为一组，SA3-1、SA3-2 为一组，SA8-1、SA8-2 为一组，分别对客厅吊灯（EL2、EL3）、客厅射灯（EL4～EL6）、卧室吊灯（EL11）实行两地控制。

12.4.4　单控开关的安装

单控开关是指具有一组控制触点的开关，多用于简单的照明控制线路。根据单控开关的控制功能，安装单控开关就是将控制开关接线盒中预留的照明线缆连接到单控开关的相应接线端子上，然后将单控开关安装固定到预定位置。图 12-21 为单控开关的控制和接线关系。

根据单控开关的接线关系可知，安装单控开关可先将接线盒内预留的零线进线和出线直接连接，然后将预留的相线进线和出线分别连接在单控开关的接线端子上即可，如图 12-22 所示。

图 12-20　典型室内照明线路布线敷设案例

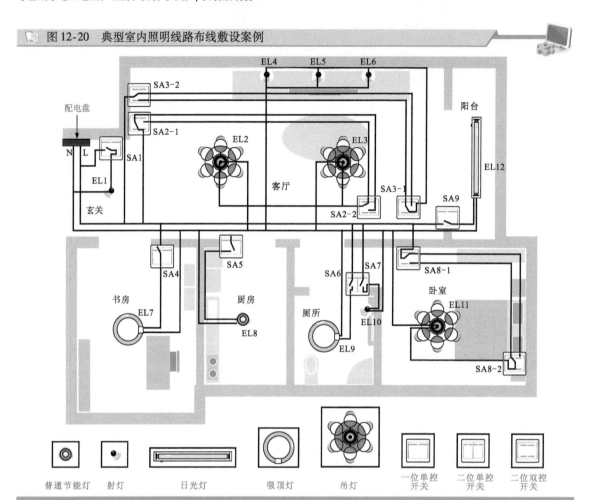

图 12-21　单控开关的控制和接线关系

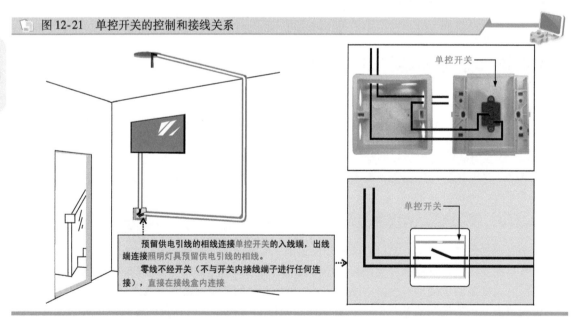

图 12-22　单控开关的安装方法

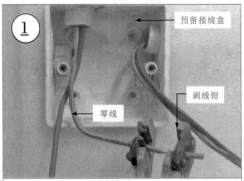

① 借助剥线钳剥除导线的绝缘层。

预留接线盒
剥线钳
零线

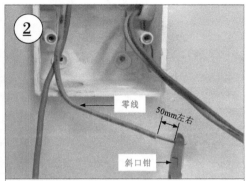

② 根据线路连接要求，剥除绝缘层的线芯长度为50mm左右，若过长，可将多余部分剪掉。

零线
50mm左右
斜口钳

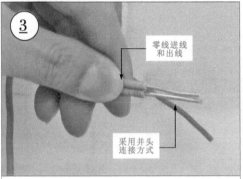

③ 单控开关仅接入相线（红色），接线盒中的零线直接连接即可，剥除相同长度的绝缘层后采用并头连接方式连接。

零线进线和出线
采用并头连接方式

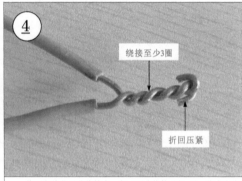

④ 将两条线芯对称绕接在一起（至少绕接3圈）后，将多余线芯折回压紧。

绕接至少3圈
折回压紧

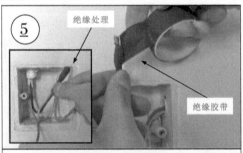

⑤ 使用绝缘胶带对连接部位进行绝缘处理，不可有裸露的线芯，确保线路安全。

绝缘处理
绝缘胶带

⑥ 将电源供电端的相线端子穿入单控开关的一根接线柱中（一般先连接入线端再连接出线端）。

避免将线芯裸露在外部

⑦ 使用螺钉旋具拧紧接线柱固定螺钉，固定电源供电端的相线，导线的连接必须牢固，不可出现松脱情况。

螺钉旋具

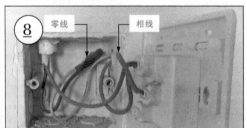

⑧ 将连接导线适当整理，归纳在接线盒内，并再次确认导线连接是否牢固，无裸露线芯，绝缘处理良好。

零线
相线

205

📄 图 12-22 单控开关的安装方法（续）

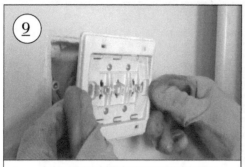

将单控开关底座中的螺钉固定孔对准接线盒中的螺孔按下。

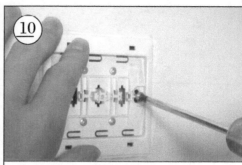

使用螺钉旋具将单控开关的底座固定在接线盒螺孔上，使用固定螺钉固定牢固，确认底板与墙壁接触紧密。

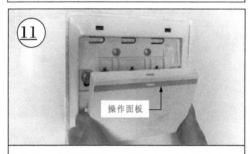

将单控开关的操作面板装到底板上，有红色标识的一侧向上。

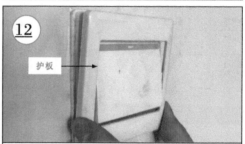

将单开单控开关的护板装到底板上，卡紧（按下时，听到"咔"声）。

12.4.5 双控开关的安装

双控开关是指具有两组控制触点的开关，在控制状态下，一组触点闭合，一组触点断开，多用于两地（采用两个双控开关）同时控制一盏或一组照明灯的控制线路中。图 12-23 为双控开关的控制和接线关系。

📄 图 12-23 双控开关的控制和接线关系

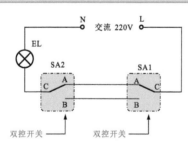

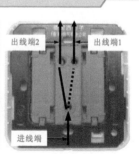

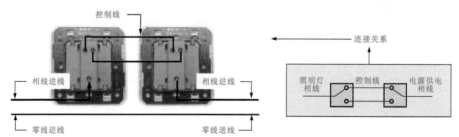

明确双控开关的安装方法后，需按操作步骤逐步完成双控开关的安装，具体操作如图 12-24 所示。

📷 图 12-24 双控开关的安装方法

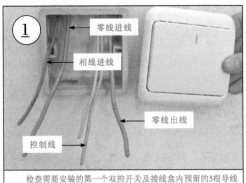

检查需要安装的第一个双控开关及接线盒内预留的5根导线是否正常。

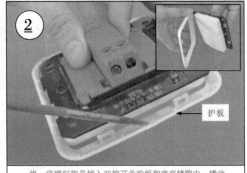

将一字螺钉旋具插入双控开关护板和底座缝隙中，撬动护板。

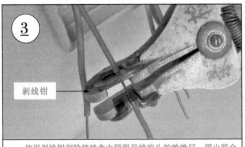

使用剥线钳剥除接线盒内预留导线端头的绝缘层，露出符合规定长度的线芯。

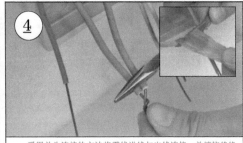

采用并头连接的方法将零线进线与出线连接，并缠绕绝缘胶带，确保连接牢固、绝缘良好。

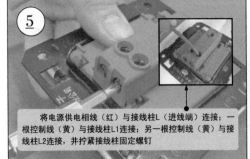

将电源供电相线（红）与接线柱L（进线端）连接；一根控制线（黄）与接线柱L1连接；另一根控制线（黄）与接线柱L2连接，并拧紧接线柱固定螺钉

使用螺钉旋具将双控开关接线柱L和L1、L2上的线缆固定螺钉分别拧松，连接各连接导线。

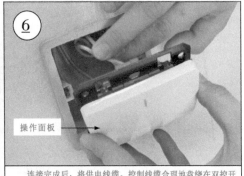

连接完成后，将供电线缆、控制线缆合理地盘绕在双控开关的接线盒中。

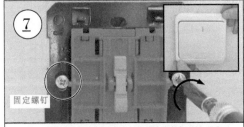

将双控开关底板上的固定孔与接线盒上的螺纹孔对准后，拧入固定螺钉，将底板固定，然后固定护板。

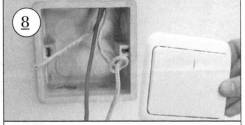

安装第二个双控开关，首先检查接线盒内预留线缆是否正确（三根线缆，一根相线，两根控制线）。

207

📘 图 12-24 双控开关的安装方法（续）

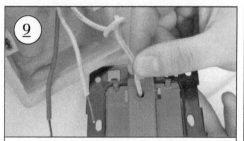

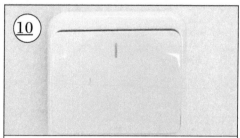

与安装第一个双控开关方法相同，依次将三根线缆插入双控开关对应的接线孔内，并固定。

同样，将操作面板、护板安装到双控开关的底板上，完成第二个双控开关的安装。

12.4.6 室内照明灯具的安装

1 LED 照明灯的安装

LED 照明灯是指由 LED（半导体发光二极管）构成的照明灯具。目前，LED 照明灯是继紧凑型荧光灯（普通节能灯）后的新一代照明光源。

LED 照明灯相比普通节能灯具有环保（不含汞）、成本低、功率小、光效高、寿命长、发光面积大、无眩光、无重影、耐频繁开关等特点。

用于家庭照明的 LED 灯根据安装形式主要有 LED 日光灯、LED 吸顶灯、LED 节能灯等，如图 12-25 所示。

📘 图 12-25 LED 照明灯

LED日光灯

LED吸顶灯

LED节能灯

如图 12-26 所示，LED 照明灯的安装方式比较简单。一般直接将 LED 日光灯的接线端与交流 220V 照明控制线路（经控制开关）预留的相线和零线连接即可。图 8-13 为 LED 照明灯的安装方法。

📘 图 12-26 LED 照明灯的安装方法

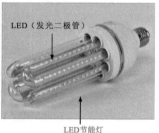

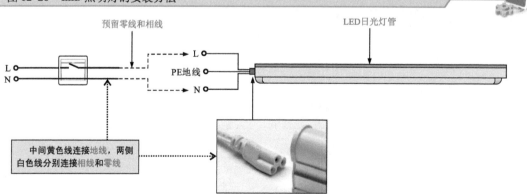

预留零线和相线

LED日光灯管

L
N

L
PE地线
N

中间黄色线连接地线，两侧
白色线分别连接相线和零线

图 12-26　LED 照明灯的安装方法（续）

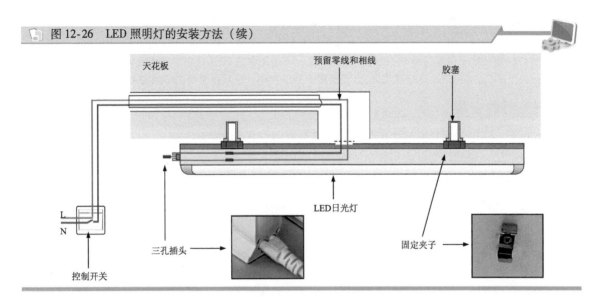

在实际应用环境中，若需照明面积较大，则可将多根 LED 日光灯管串联，即用连接器或双头连接线将灯管之间对接构成串联电路，如图 12-27 所示。注意，串联电路最后一根灯管的末端应盖上堵头盖子，避免因误操作或触摸发生触电危险。

图 12-27　LED 日光灯的串联

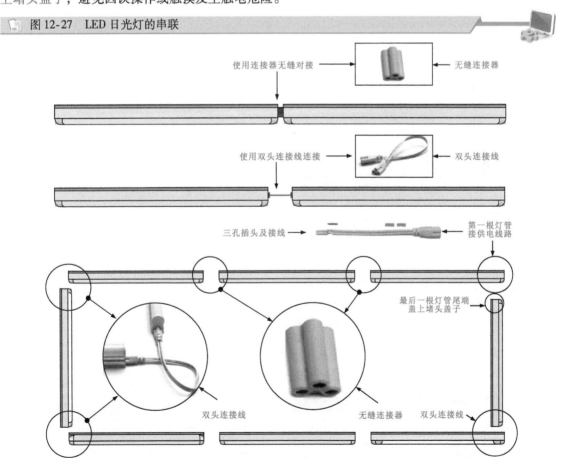

| 提示说明 |

　　串联安装时，应计算出可串联 LED 日光灯的最大数量。例如，若每根 LED 日光灯的功率为 7W，则 LED 日光灯的连接线采用电子线 18#线时，可以连接 157 根左右的 LED 日光灯（线径×额定电压值×额定允许通过的电流/功率 = LED 日光灯的数量），预留一部分空间，也可以串接 100 根左右的 LED 日光灯。

2 日光灯的安装

　　日光灯是一定区域内照明的常用灯具，可满足家庭、办公、商场、超市等场所的照明需要，应用范围十分广泛，通常日光灯应安装在房间顶部或墙壁上方，使日光灯发出的光线可以覆盖房间的各个角落。图 12-28 为日光灯的安装要求。

图 12-28　日光灯的安装要求

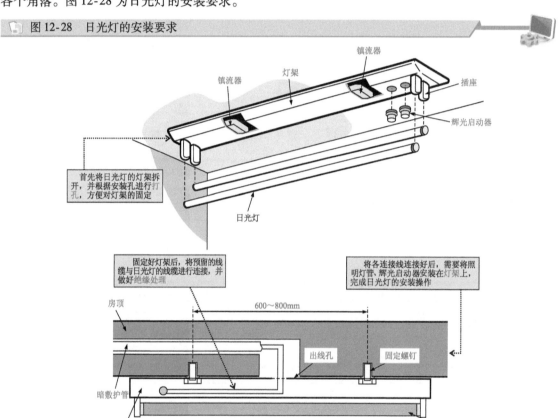

　　安装日光灯时，首先将日光灯架安装固定到位。然后按图 12-29 所示，将布线时预留的照明支路线缆与灯架内的电线相连。连接时需要注意，相线与镇流器连接线连接；零线与日光灯灯架连接线连接，并使用绝缘胶带对线缆连接部位进行缠绕包裹，做好绝缘处理。

图 12-29　日光灯线路的连接

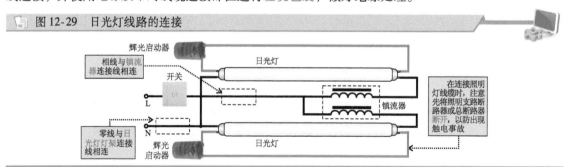

如图 12-30 所示，线缆连接完成后，则需要将其封装在灯架内部，并将灯架的外壳盖上。将准备好的性能完好的日光灯、辉光启动器安装在灯加的插座上，完成日光灯的安装。

图 12-30　安装灯管和辉光启动器

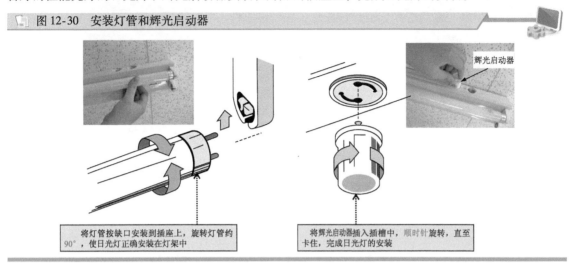

将灯管按缺口安装到插座上，旋转灯管约 90°，使日光灯正确安装在灯架中

将辉光启动器插入插槽中，顺时针旋转，直至卡住，完成日光灯的安装

3　节能灯的安装

节能灯又称为紧凑型荧光灯，具有节能、环保、耐用等特点，适合安装在家庭、办公室、工厂等长时间照明的场所中。在对其进行安装时，应先对挂线盒进行固定，然后加工导线，最后安装节能灯。图 12-31 为节能灯的安装方法。

图 12-31　节能灯的安装方法

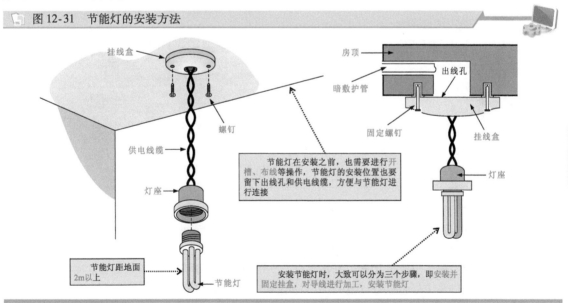

挂线盒

螺钉

供电线缆

灯座

节能灯距地面 2m 以上

节能灯

房顶

出线孔

暗敷护管

固定螺钉

挂线盒

灯座

节能灯在安装之前，也需要进行开槽、布线等操作，节能灯的安装位置也要留下出线孔和供电线缆，方便与节能灯进行连接

安装节能灯时，大致可以分为三个步骤，即安装并固定挂盒，对导线进行加工，安装节能灯

211

第 13 章　智能家居系统的安装

13.1　有线电视线路安装

13.1.1　有线电视线路的结构

完整的有线电视系统分为前端、干线和分配分支三个部分，如图 13-1 所示。前端部分负责信号的处理，对信号进行调制；干线部分主要负责信号的传输；分配分支部分主要负责将信号分配给每个用户。

图 13-1　有线电视系统的结构

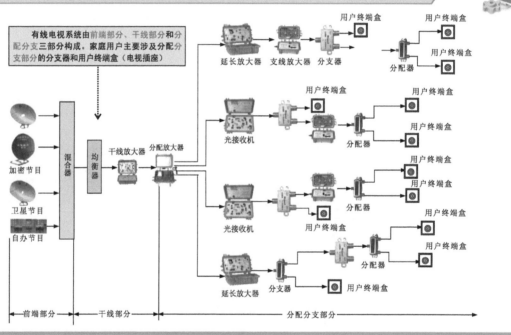

根据线路结构可以看到，有线电视线路主要包括光接收机、干线放大器、支线放大器、分配器和分支器、用户终端盒（电视插座）等设备。

其中，干线放大器、分配放大器、光接收机、支线放大器、分配器等一般安装在特定的设备机房中，进入用户的部分主要包括分支器和用户终端盒（电视插座）。

如图 13-2 所示，家庭有线电视系统包括进户线、分配器和用户终端盒几部分。

13.1.2　有线电视线路的连接

有线电视线缆（同轴线缆）是传输有线电视信号、连接有线电视设备的线缆。连接前，需要先处理线缆的连接端。

通常，有线电视线缆与分配器和机顶盒采用 F 头连接，与用户终端盒的接线端为压接，与用户终端盒输出口之间采用竹节头连接，如图 13-3 所示。因此，对同轴线缆的加工包括三个环节，即剥除绝缘层和屏蔽层、F 头的制作和竹节头的制作。

图 13-2　家庭有线电路系统的结构

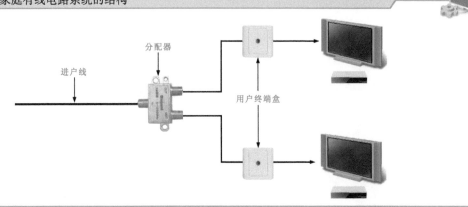

图 13-3　有线电视线缆的加工与处理形式

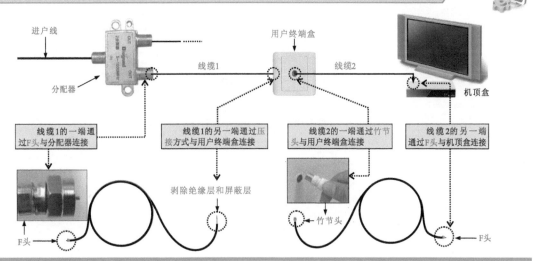

1　有线电视线缆绝缘层和屏蔽层的剥削

如图 13-4 所示，将有线电视线缆的绝缘层和屏蔽层剥除，露出中心线芯，为制作 F 头压接做好准备。

图 13-4　有线电视线缆绝缘层和屏蔽层的剥削

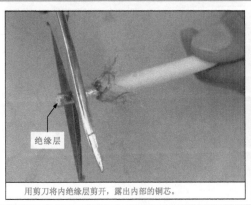

用剪刀将内绝缘层剪开，露出内部的铜芯。

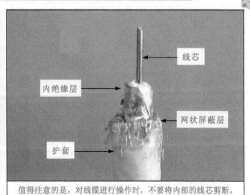

线芯

内绝缘层

网状屏蔽层

护套

值得注意的是，对线缆进行操作时，不要将内部的线芯剪断。

2 有线电视线缆 F 头的制作

图 13-5 为有线电视线缆 F 头的制作方法。

图 13-5 有线电视线缆 F 头的制作方法

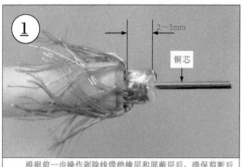

根据前一步操作剥除线缆绝缘层和屏蔽层后，确保剪断后的绝缘层要与护套切口相距2～3mm。

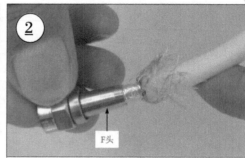

将F头安装到绝缘层与屏蔽层之间，安装好F头后，绝缘层应在螺纹下面。

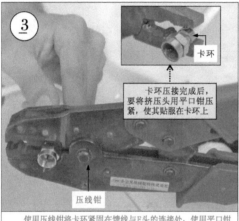

使用压线钳将卡环紧固在馈线与F头的连接处，使用平口钳将卡环修整好。

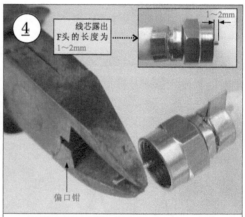

使用偏口钳将铜芯剪断，使其露出F头1～2mm。至此，F头制作完成。

3 有线电视线缆竹节头的制作

竹节头是连接有线电视用户终端盒输出口的接头。图 13-6 为有线电视线缆竹节头的制作方法。

图 13-6 有线电视线缆竹节头的制作方法

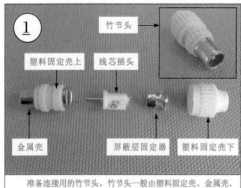

准备连接用的竹节头。竹节头一般由塑料固定壳、金属壳、线芯插头、屏蔽层固定器构成。

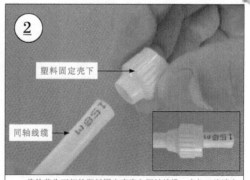

将竹节头下部的塑料固定壳穿入同轴线缆，在加工线端完成后，用于与上部塑料固定壳连接。

214

图 13-6　有线电视线缆竹节头的制作方法（续）

⑤ 内层绝缘层

剪掉内层绝缘层，露出同轴线缆内部线芯。

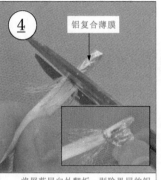

④ 铝复合薄膜

将屏蔽层向外翻折，剥除里层的铝复合薄膜。

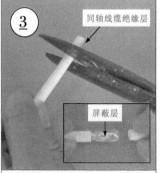

③ 同轴线缆绝缘层

屏蔽层

剥除同轴线缆的绝缘外皮，注意不可损伤屏蔽层，否则影响电视信号。

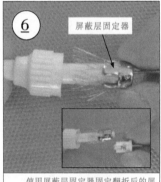

⑥ 屏蔽层固定器

使用屏蔽层固定器固定翻折后的屏蔽层，确保屏蔽层与固定器接触良好。

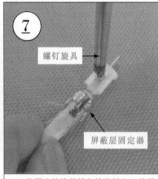

⑦ 螺钉旋具

屏蔽层固定器

将露出的线芯插入线芯插头，使用螺钉旋具紧固插头固定螺钉。

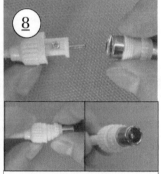

⑧

拧紧竹节头塑料外壳。至此，竹节头的安装完成。

13.1.3　有线电视终端的安装

有线电视线缆连接端制作好后，将其对应的接头分别与分配器、有线电视终端盒接线端子、有线电视机终端盒输出口、机顶盒等设备进行连接，完成有线电视终端的安装，如图 13-7 所示。

图 13-7　有线电视线缆的连接关系

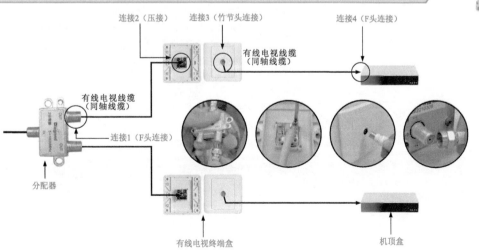

1 分配器与用户终端盒的连接

将加工好的有线电视线缆 F 头端与分配器输出端连接，将处理好绝缘层和屏蔽层的一端与用户终端盒压接，如图 13-8 所示。

图 13-8 分配器与用户终端盒的连接方法

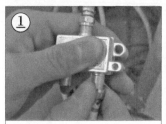

① 将分支的其中一根有线电视线接头与分配器输出端连接。旋紧线缆中的一端，使线缆与分配器紧固。

② 将用户终端盒的护盖打开。拧下用户终端盒内部信息模块上固定卡的固定螺钉，拆除固定卡。

用户终端盒接线信息模块

③ 将有线电视线缆线芯插入用户终端盒内部信息模块接线孔内，拧紧螺钉。盖上插座的护板，完成有线电视插座的安装。

处理好的有线电视线缆

2 用户终端盒与机顶盒的连接

选取另外一根处理好接线端子的有线电视线缆，将竹节头端与用户终端盒输出口连接，F 头端与机顶盒连接，如图 13-9 所示。

图 13-9 用户终端盒与机顶盒的连接方法

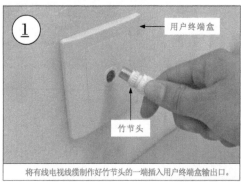

① 用户终端盒

竹节头

将有线电视线缆制作好竹节头的一端插入用户终端盒输出口。

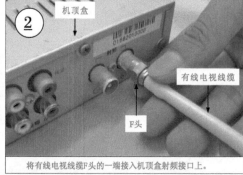

② 机顶盒

有线电视线缆

F 头

将有线电视线缆 F 头的一端接入机顶盒射频接口上。

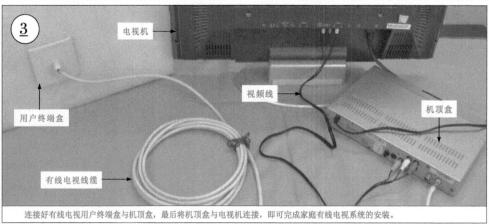

③ 电视机

视频线

机顶盒

用户终端盒

有线电视线缆

连接好有线电视用户终端盒与机顶盒，最后将机顶盒与电视机连接，即可完成家庭有线电视系统的安装。

13.2 电话安装

13.2.1 电话线路的结构

电话系统主要是通过市话电话系统实现住户与外界通话的系统结构。其主要是由交换机、分线盒、通信电缆和入户线缆等组成。

图 13-10 为电话系统的结构。

图 13-10 电话系统的结构

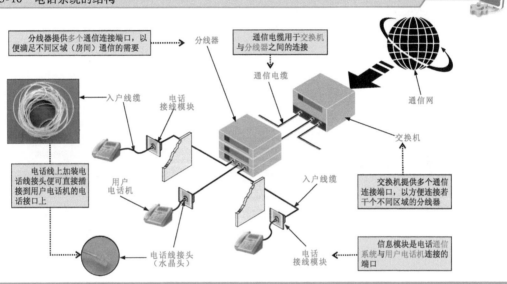

由上图可以看到，交换机、分线盒、通信电缆、入户线缆、与用户电话机构成了主要的电话系统，电话网络与交换机相连根据需要并由分线盒分出多个网络支路，分别连接房间或区域的电话机。

图 13-11 为交换机与分线盒之间通信电缆的布线敷设示意图。

图 13-11 交换机与分线盒之间通信电缆的布线敷设示意图

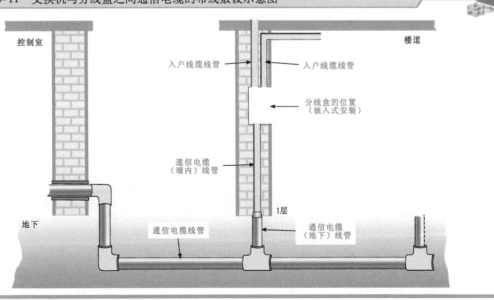

　　交换机与分线盒之间通信电缆的敷设完成后，接下来敷设分线盒与楼层接线盒之间的入户线缆。

　　该建筑物的分线盒内部安装器件少，箱体可采用嵌入式安装，选择放置在一楼楼道的承重墙上，箱体距地面高度应不小于 1.5m，分线盒引出的入户线缆应暗敷于墙壁内。

　　楼层接线盒应远离楼层配电箱，入户线缆应采用嵌入式安装，楼层接线盒应安装置于楼道内无振动的承重墙上，距地面高度不小于 1.5m。楼层接线盒输出的入户线缆应暗敷于墙壁内，取最近距离开槽、穿墙，线缆由位于门右上角的穿墙孔引入室内，以便连接住户接线端子。

　　图 13-12 为室内入户接线盒线缆的布线敷设示意图。

图 13-12　室内入户接线盒线缆的布线敷设示意图

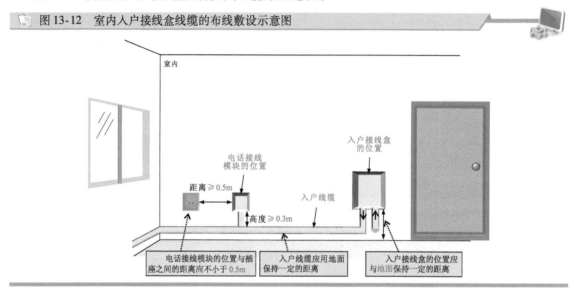

　　敷设室内入户线缆中的各接线端子时，要满足布线的规范性，接线端子的安装位置距地面的高度应大于 0.3m；电话接线端子与强电端子接口之间的间隔距离应大于 0.2m。

13.2.2　交换机的安装

　　将市话的通信电缆引入后，将其与交换机进行连接。控制室中交换机的通信电缆敷设好后，首先将交换机放到交换机箱内的支架上，接着将固定螺钉穿入交换机的固定和交换机箱的固定孔内固定牢固。

　　图 13-13 为安装控制室内的交换机。

图 13-13　安装控制室内的交换机

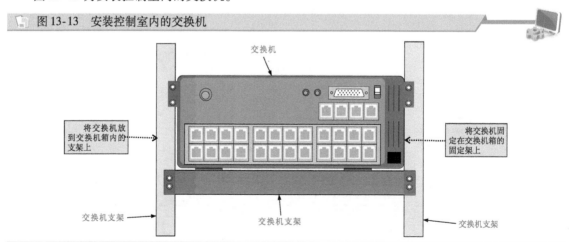

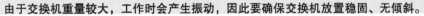

| 提示说明 |

由于交换机重量较大，工作时会产生振动，因此要确保交换机放置稳固、无倾斜。

使用通信电缆连接控制室内的交换机，连接时将电信、联通等运营商引入控制室的通信电缆连接到电话交换机外线接口上，将分配输出的通信电缆连接在交换机的内线接口上，最后将交换机的电源线连接好。

图 13-14 为控制室内交换机的连接方法。

图 13-14　控制室内交换机的连接方法

13.2.3　分线盒的安装

交换机连接完成后，接下来对楼宇分线盒进行安装连接。将分线盒放置到安装槽中，安装槽中应预先敷设木块或板砖等铺垫物，分线盒放入后，应保证安装稳固，无倾斜、无振动等现象。

分线盒固定好后，接下来将交换机送来的通信电缆连接到接线盒中。连接分线盒时，可按照分线盒中的标号进行连接。然后，将通信电缆中的导线分别连接到分线盒中，并将预留出的入户线缆连接到分线盒中。分线盒引出的入户线缆主要采用 2 芯电话线进行连接。

图 13-15 为分线盒与通信电缆的连接。

图 13-15　分线盒与通信电缆的连接

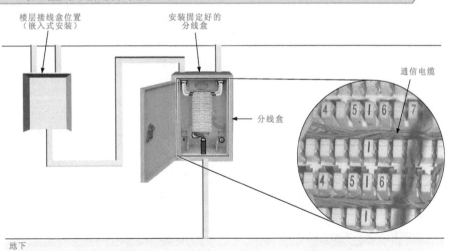

13.2.4　室内电话线接线模块的安装

　　电话接线模块是电话通信系统与用户电话机连接的端口。入户接线盒安装完成后，还需要在用户墙体上预留的电话接线盒处安装电话接线模块。

1　接线盒中预留电话线接线端子的加工

　　在进行电话接线模块的安装连接前，应先对接线盒中预留的电话线接线端子进行加工，以便于电话接线模块的连接。

　　电话线是电话通过系统中的传输介质，电话接线盒的安装就是将入户的电话线与电话接线盒进行连接，以便用户通过电话接线盒上的电话传输接口（RJ-11 接口）连接电话进行通话。

　　图 13-16 为电话接线盒以及电话信息模块的实物外形。

　　🖼 图 13-16　电话接线盒以及电话信息模块的实物外形

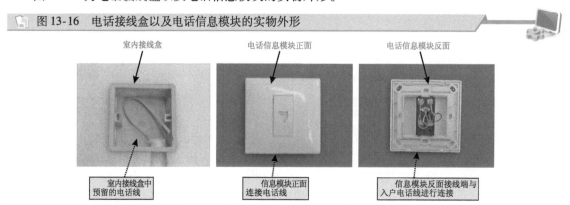

室内接线盒　　　　　电话信息模块正面　　　　　电话信息模块反面

室内接线盒中预留的电话线　　　信息模块正面连接电话线　　　信息模块反面接线端与入户电话线进行连接

　　电话线与电话接线盒上接口模块的安装连接可分为电话线的加工处理和电话线与接口模块的连接两个环节。

　　首先将接线盒中的电话线进行处理。剥落电话线的表皮绝缘层，并对内部线芯进行加工后，将其内部线芯与接线端子进行连接。具体操作如图 13-17 所示。

　　剥线完成后，将线芯穿入接线端子插头内，然后使用尖嘴钳夹紧接线端子的固定爪，包住电话线线芯。为了将接线端子与电话线线芯固定牢固，可以使用钳子的尾段进行固定，加紧固定爪，然后再使用同样的方法，在另一个线芯上也加工上接线端子片。

2　电话接线模块的安装

　　接线盒中预留电话线的接线端子加工完成后，便可对其电话接线模块进行安装连接，连接时应保证预留电话线线芯与接线端子连接牢固。

　　将电话线的电话线接线模块的面板板打开，即可看对其固定的螺钉，将螺钉取下。在电话线接线模块的反面中有 4 个连接端子，使用螺钉旋具将需要连接端子接口处的螺钉拧开。

　　分别将红色导线和绿色导线连接到相同颜色的接线端子上，具体操作如图 13-18 所示。

图 13-17 将线芯连接接线端子

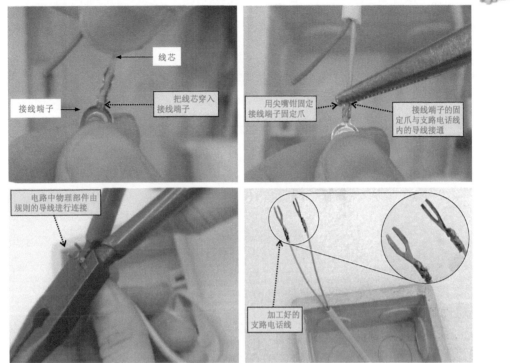

图 13-18 连接同轴电缆的铜芯并将同轴电缆固定在金属扣内

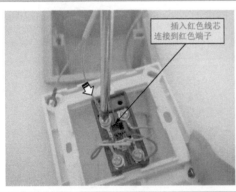
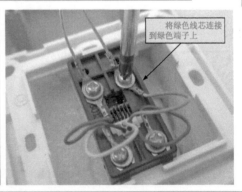

确认电话线连接无误后，将连接好以后的电话线接线模块放到模块接线盒上，选择合适的螺钉将电话线接线模块面板固定。固定好电话线接线模块后，将护盖安装到模块上，即完成了电话线接线模块的安装，最后将带有水晶头的电话插头插接到电话线接线模块中即可。

13.3 网络安装

13.3.1 家庭网络系统的结构

1 借助有线电视构建的网络结构

借助有线电视线路实现宽带上网也是目前常用的一种网络形式。有线电视信号入户后，经 MO-

DEM 将上网信号和电视信号隔离；MODEM 的一个输出端口连接至机顶盒后，将电视信号送入电视机中；另一个输出端口连接计算机（或连接无线路由器后实现无线上网），如图 13-19 所示。

图 13-19　借助有线电视线路构建的网络系统

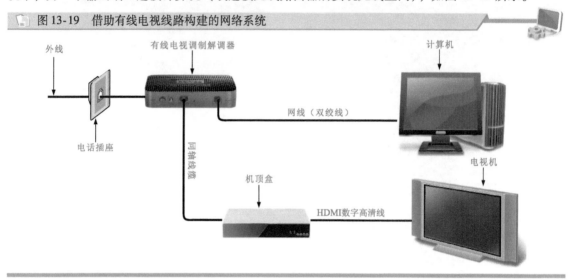

2　借助光纤构建的网络结构

如图 13-20 所示，光纤以其传输频率宽、通信量大、损耗低、不受电源干扰等特点已成为网络传输中的主要传输介质之一，采用光纤上网需要借助相应的光设备。

图 13-20　借助光纤构建的网络系统

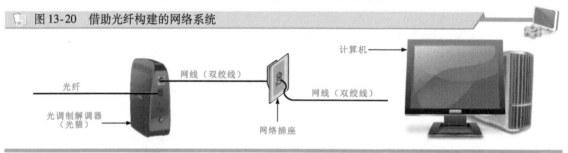

当需要多台设备连接网络时，可增设路由器。为避免增设路由器的线路敷设引起装修问题，家庭网络系统多采用无线路由器实现无线上网，如图 13-21 所示。

图 13-21　借助光纤构建的无线网络系统

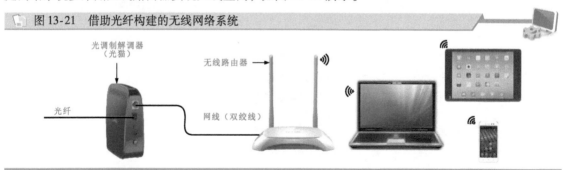

13.3.2　网络插座的安装

网络插座是网络通信系统与用户计算机连接的主要端口。安装前，应先了解室内网络插座的具体连接方式，然后根据连接方式进行安装操作。

如图 13-22 所示，网络插座背面的信息模块与入户线连接，正面的输出端口通过安装好水晶头的网线与计算机连接。

图 13-22　网络插座的连接方式

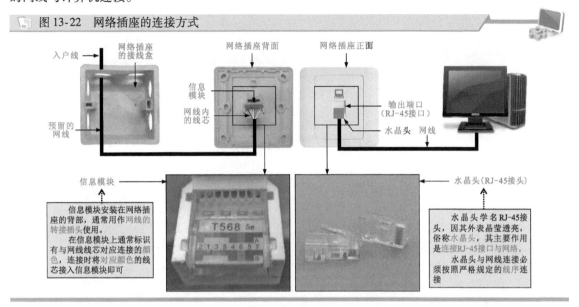

如图 13-23 所示，目前常见网络传输线（双绞线）的排列顺序主要分为两种，即 T568A、T568B。安装时，可根据这两种网络传输线的排列顺序进行排列。

信息模块和水晶头接线线序均应符合 T568A、T568B 线序要求。

值得注意的是，网络插座信息模块压线板的排线顺序并不是按 1，2，…，8 递增排列的。网络插座信息模块从右到左依次为 2，1，3，5，4，6，8，7。

图 13-23　网络插座的接线线序

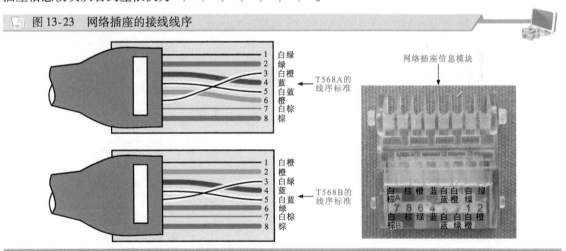

1　网线与网络插座信息模块的连接

图 13-24 为网络入户预留网线与网络插座背部信息模块的连接方法。

2　网线与网络插座输出端口的连接

如图 13-25 所示，将另外一根网线两端分别连接水晶头，用于连接网络插座和计算机设备。

📷 图 13-24　网络入户预留网线与网络插座背部信息模块的连接方法

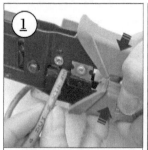

① 先检查网络插座接线盒内预留的网线是否正常。使用压线钳剪开网线的绝缘层，不要损伤绝缘层内部的线芯。

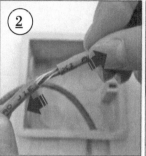

② 将网线外层的绝缘层剥去，露出内部的线芯。

③ 使用工具将露出的线芯剪切整齐。将剪齐的线芯按照顺序排列，便于与信息模块连接。

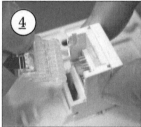

④ 根据插座的样式选择网络插座，采用压线式安装方式。用手轻轻取下压线式网络插座内信息模块的压线板，确定网络插座的压接方式。

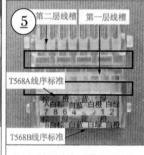

第二层线槽　第一层线槽

T568A线序标准

棕 白棕 橙 蓝 白蓝 白橙 白绿 绿
7 8 6 4 5 3 1 2
白绿 绿 白橙 蓝 白蓝 橙 白棕 棕

T568B线序标准

⑤ 观察压线板的线槽和线槽的颜色标识。

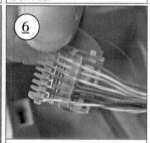

⑥ 按照T568A的线序标准将网线依次插入压线板。将网线全部穿入压线板的线槽中。

压线板

⑦ 安装前，取下室内网络插座的护板。将穿好网线的压线板插回插座内的网络信息模块上。用力向下按压压线板。

⑧ 检查压装好的压线板，确保接线及压接正常。将连接好的网络插座放到插座接线盒上，将连接好的网络插座放到插座接线盒上。把固定螺钉放入网络插座与接线盒的固定孔中拧紧。再将网络插座的护板安装到模块上。

📷 图 13-25　网线与网络插座输出端口的连接

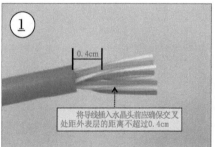

0.4cm

将导线插入水晶头前应确保交叉处距外表层的距离不超过0.4cm

① 使用网线钳对网线线芯进行切割处理后，将8根线芯按线序规则插入水晶头内。插入时要确保线芯插入到底，且无错位情况。

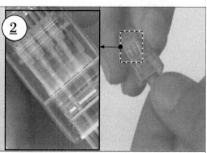

② 检查网线连接效果，确保准确无误地插入水晶头中。检查网线的端接是否正确，因为水晶头是透明的，所以透过水晶头即可检查插线的效果。

图 13-25 网线与网络插座输出端口的连接（续）

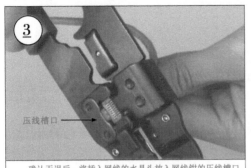

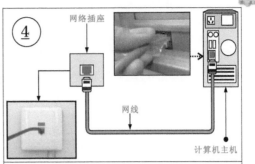

确认无误后，将插入网线的水晶头放入网线钳的压线槽口中，确认位置设置良好后，使劲压下网线钳手柄，使水晶头的压线铜片都插入网线的导线之中，使其接触良好。

将两端都安装好水晶头网线的一端连接网络插座，另一端连接计算机网卡接口，完成网络系统的连接。

13.4 视频监控系统安装

13.4.1 视频监控系统的结构

视频监控系统是指对重要的边界、进出口、过道、走廊、停车场、电梯等区域安装监控设备，在监控中心对这些位置进行全天候的监控，并自动进行录像，方便日后查询。

视频监控系统的应用方式有很多，根据监控范围的大小、功能的多少以及复杂程度的不同，视频监控系统所选用的设备也会不同。但基本上是由前端摄像部分、信号传输部分、控制部分以及图像处理显示部分组成的。图 13-26 为视频监控系统的结构。

图 13-26 视频监控系统的结构

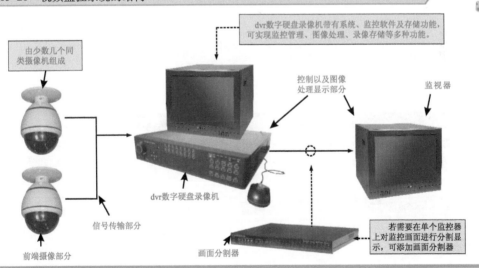

视频监控系统常用到的设备包括摄像机及其配件、视频分配器、数字硬盘录像机、矩阵主机、监视器、控制台等。

前端摄像部分用来采集视频（以及音频）信号，通过信号线路传送到图像显示处理部分。在专用的设备控制下，通过调节摄像设备的角度及焦距，还可改变采集图像的方位和大小。

信号传输部分用来传送采集的音/视频信号以及控制信号，是各设备之间重要的通信通道。

控制部分是整个系统的控制核心，它可被理解为一部特殊的计算机，通过专用的视频监控软件对整个系统的监控工作、图像处理、图像显示等进行协调控制，保证整个系统能够正常工作。

图像处理显示部分主要用来显示处理好的监控画面，保证图像清晰完整地呈现在监控工作人员的眼前。

13.4.2　视频监控系统的布线规划

为了保证安装后的视频监控系统能够正常运行，有效监视周边及建筑物内的主要区域，在安装视频监控系统前，需要对楼宇及周边环境进行仔细考察，确定视频监控区域，制定出合理的视频监控系统布线安装规划。

图13-27为典型园区视频监控系统的布线规划。园区内的全部摄像机通过并联的方式接在电源线和通信线路上，为减少线路负荷，可从监控中心分出多路干线，通过埋地敷设连接某区域内的几个摄像机。

图13-27　典型园区视频监控系统的布线规划

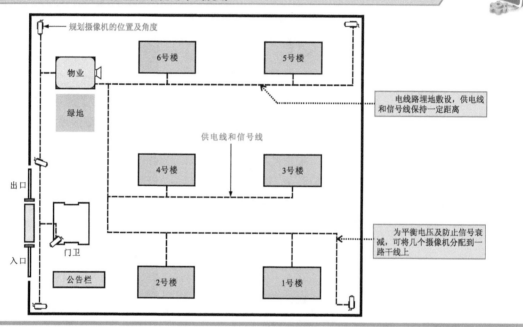

226

| **提示说明** |

对于视频信号线缆，300m 以内可使用双绞线，超过 300m 建议使用同轴线缆；对控制信号线，可根据配线位置使用6 芯、4 芯或 2 芯绞线；电源线使用普通铜芯护套线即可，但需要考虑线路的载流量，选择线径。

13.4.3　视频监控系统的安装

1　摄像机安装

安装固定好支架或云台后，进行摄像机的安装。安装时，先将摄像机面板罩取下，然后使用螺钉将其固定到支架或云台上，再对摄像机进行接线，最后装回摄像机板罩。

如图13-28 所示，面板罩拆下后，可看到黑色的内球罩，再将其取下。

按图13-29 所示，固定好摄像机后，接下来进行连线。将视频线和电源线从支架孔中穿过，并按要求连接到摄像机上。

图 13-28 拆下内球罩

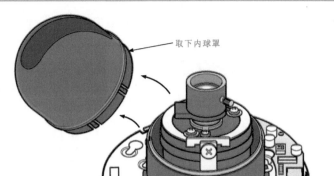

取下内球罩

图 13-29 连接线缆

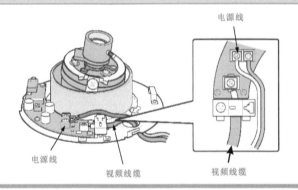

电源线

电源线
视频线缆
视频线缆

　　一边观察监视器，一边调整水平、俯仰和方位，并检查摄像机动作是否正常，图像是否正常。图 13-30 为摄像机方位的调整。

图 13-30 摄像机方位的调整

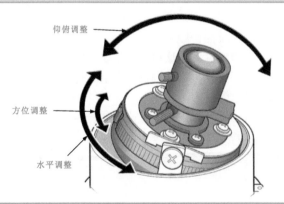

仰俯调整

方位调整

水平调整

　　所有调整和连接完成后，将内球罩安装到摄像机上，然后将面板罩安装到摄像机上。最后使用十字螺钉旋具将面板螺钉拧紧，并将遮挡橡皮帽装到螺钉孔上。

2 解码器连接

解码器通常安装在云台附近，主要通过线缆与云台及摄像机镜头进行连接。图13-31为解码器与云台、镜头的连接示意图。

图 13-31 解码器与云台、镜头的连接示意图

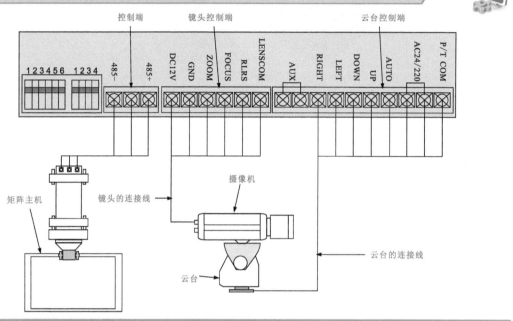

13.5 火灾报警系统安装

13.5.1 火灾报警系统的结构

火灾报警系统也称为火灾自动报警系统（Fire Alarm System，FAS）。火灾报警系统主要由火灾探测器、各种火灾报警控制器、火灾报警按钮、火灾紧急广播（或报警铃）等构成。

1 区域报警系统

区域报警系统（Local Alarm System，LAS）主要是由区域火灾报警控制器和火灾探测器等构成的，是一种结构简单的火灾自动报警系统。该类系统主要适用于小型楼宇或针对单一防火对象。通常情况下，在区域报警系统中使用火灾报警控制器的数量不得超过3台。

图13-32为典型的区域报警系统结构。

在区域报警系统中，火灾探测器与火灾报警按钮串联一起，同时与区域火灾报警控制器进行连接，再由火灾报警控制器与报警铃相连。若支路中一个探测器检测有火灾的情况时，则通过火灾报警控制器控制报警铃发出警报。在该系统中每个部件均起着非常重要的作用。

2 集中报警系统

集中报警系统（Remote Alarm System，RAS）主要由集中火灾报警控制器、区域火灾报警控制器和火灾探测器等构成，是一种功能较复杂的火灾自动报警系统。该类系统通常用于高层宾馆、写字楼中。图13-33为典型的集中报警系统。

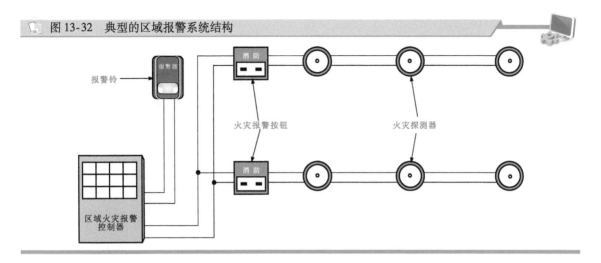

图 13-32 典型的区域报警系统结构

报警铃

报警器

火灾报警按钮

火灾探测器

区域火灾报警
控制器

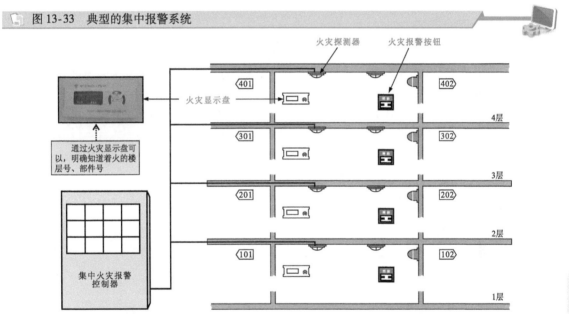

图 13-33 典型的集中报警系统

火灾探测器　火灾报警按钮

火灾显示盘

通过火灾显示盘可
以，明确知道着火的楼
层号、部件号

集中火灾报警
控制器

401　402

4层

301　302

3层

201　202

2层

101　102

1层

在集中报警系统中，区域火灾报警控制器和火灾探测器均与区域报警系统中的部件相同，只是在区域报警系统的基础上添加了集中火灾报警控制器，将整个火灾报警系统进行扩大化，适用的范围更广泛。

3　控制中心报警系统

控制中心报警系统（Control Center Alarm System，CCAS）主要由消防控制室的消防控制设备、集中火灾报警控制器、区域火灾报警控制器和火灾探测器等构成，是一种功能复杂的火灾自动报警系统，该类系统适合应用于小区楼宇中。

控制中心报警系统将各种灭火设施和通信装置进行联动，从而形成控制中心报警系统，由自动报警、自动灭火、安全疏散诱导等组成一个完整的系统。图 13-34 为典型的控制中心报警系统。

13.5.2　火灾报警系统的安装

安装楼宇火灾报警系统时，根据火灾报警系统的先后顺序，先安装火灾联运控制器和消防控制主机，然后安装火灾探测器、火灾报警铃、报警按钮以及控制器等。

图 13-34 典型的控制中心报警系统

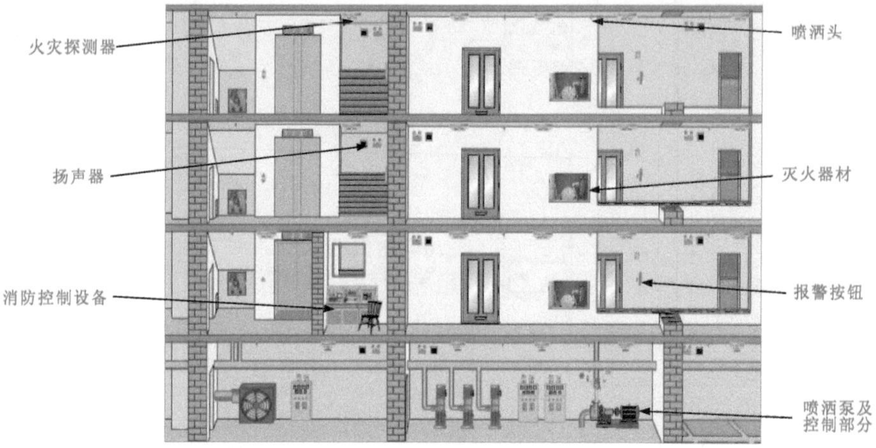

火灾探测器
喷洒头
扬声器
灭火器材
消防控制设备
报警按钮
喷洒泵及控制部分

1 火灾联动控制器和消防控制主机的安装

安装火灾报警系统时，先需要将火灾联动控制器和消防控制主机应安装在消防控制室内，安装时注意安装的方式。

将火灾联动控制器采用壁挂的方式安装在位于消防控制主机旁边的墙面上，然后将火灾联动控制器与消防控制主机进行连接、将消防控制主机与管理计算机进行连接，从而实现数据的传输；最后将火灾联动控制器与火灾报警控制器的信号线分别连至各楼层的火灾报警设备中。

图 13-35 为火灾联动控制器和消防控制主机的安装。

图 13-35 火灾联动控制器和消防控制主机的安装

将联动控制器安装在墙面上
联动控制器
消防控制主机
管理计算机
消防控制室
使用线缆将各设备进行连接
火灾联动控制器与火灾报警控制器的信号线分别连入各楼层的火灾报警设备中

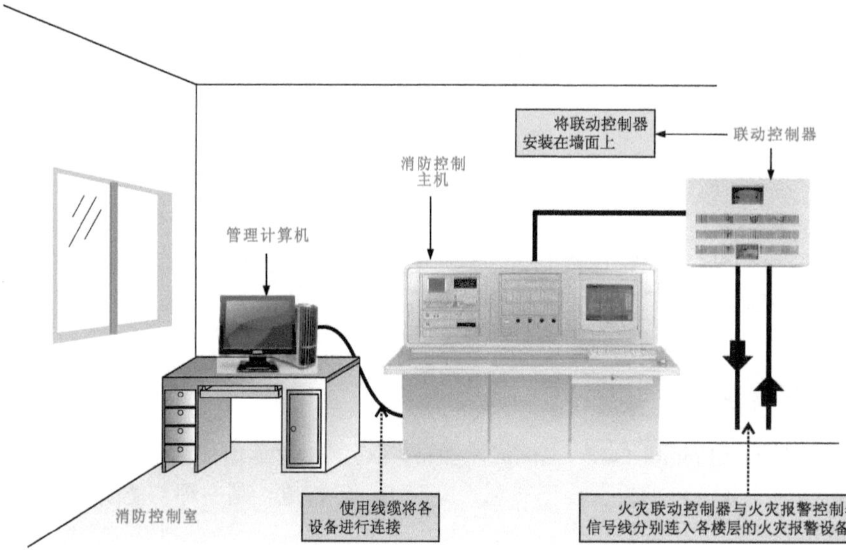

2 火灾探测器安装连接

安装火灾探测器时需要进行的操作有线缆的敷设、线缆的连接以及火灾探测器的连接。

（1）线缆的敷设

火灾报警线路通常采用暗敷的敷设方式，但采用暗敷进行线路的敷设时，应将线路敷设在不能燃烧的结构中，即敷设在金属管内。如需要弯曲时，注意金属管弯曲的曲率半径必须大于金属管内径的 6 倍以上。否则管内壁会引起变形，矿物绝缘导线以及其他线缆不容易穿入。

图 13-36 为绝缘电缆的敷设方式。

图 13-36　绝缘电缆的敷设方式

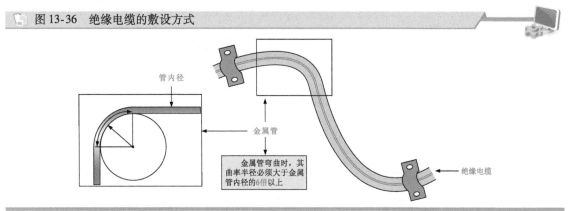

（2）中间连接器的连接

电缆敷设安装过程中，要在附件安装时进行割断分制操作，并且分制后及时进行终端的安装和连接。由于所采用的电缆为矿物绝缘电缆，在安装时会受到长度及不同电气回路电缆的影响，因此需要采用中间连接器将两根相同规格的电缆连接在一起。

图 13-37 为线缆中间连接器的连接方法。

图 13-37　线缆中间连接器的连接方法

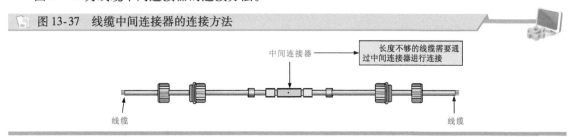

（3）火灾探测器的安装及接线

将相关的线缆敷设完成后，将火灾探测器的接线盒安装到墙体内，再将火灾探测器的通用底座与接线盒通过固定螺钉进行连接固定，固定完成后，对火灾探测器进行接线操作，即将与火灾探测器的连接线与火灾探测器通用底座的接线柱进行连接，最后将火灾探测器接在火灾探测器的通用底座上，并使用固定螺钉紧固。

图 13-38 为火灾探测器的安装及接线方法。

图 13-38　火灾探测器的安装及接线方法

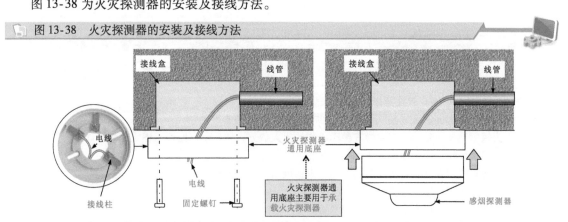

|| 提示说明 ||

火灾探测器在安装时，应符合下列规定：

1）安装火灾探测器时，探测器至天花板或房梁的距离应大于 0.5m，其周围 0.5m 内不应有遮挡物。

2）当安装感烟探测器时，探测器至送风口的水平距离应大于 1.5m，与多孔送风天花板孔口的水平距离应大于 0.5m。

3）在宽度小于 3m 的内楼道天花板上设置火灾探测器时，应居中安装火灾探测器，并且火灾探测器的安装间距不应超过 10m，感烟探测器的安装间距不应超过 15m，探测器距墙面的距离不大于探测器安装间距的一半。

4）火灾探测器应水平安装，若必须倾斜安装时，其倾斜角度不大于 45°。

5）火灾探测器的底座应与接线盒固定牢固，其导线必须可靠压接或焊接，探测器的外接导线，应留有不小于 15cm 的余量。

6）火灾探测器的指示灯应面向容易观察的主要入口方向。

7）连接电线的线管或线槽内，不应有接头或扭结。电线的接头应在接线盒内焊接或用接线端子连接。

3 火灾报警铃、火灾报警按钮、火灾报警控制器的安装及接线

火灾探测器安装完成后，将火灾报警铃、火灾报警按钮、火灾报警控制器安装到楼道的墙面的预留位置上，并进行线路的连接。

图 13-39 为火灾报警系统中其他部件的安装及接线方法。

📄 图 13-39 火灾报警系统中其他部件的安装及接线方法

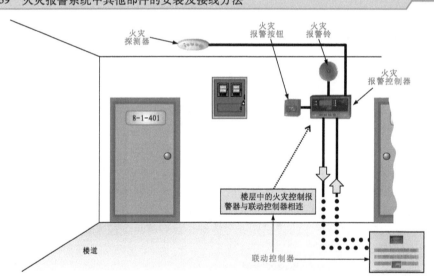

|| 提示说明 ||

由于火灾报警按钮是人工操作器件，因此，在安装时应将其安装在不可人为随意安装的位置，否则将产生误报警的严重后果。

安装火灾报警按钮时，应注意以下几点：

1）安装时，每个保护区（防火单元）至少设置一只火灾报警按钮。

2）火灾报警按钮安装时，应安装在便于操作的出入口处，并且步行距离不得大于 30m。

3）火灾报警按钮的安装高度应为 1.5m 左右。

4）火灾报警按钮安装时，应设有明显的标志，以防止发生误触发现象的发生。

安装火灾报警铃时，需要注意以下几点：

1）每个保护区至少应设置一个火灾报警铃。

2）火灾报警铃应设在各楼层楼道靠近楼梯出口处。

13.6 防盗报警系统安装

13.6.1 防盗报警系统的结构

防盗报警系统是指利用各种探测装置对建筑物内以及周边防范区域进行探测，当有人员非法侵入防范区域时，能够自动识别并报警。楼宇周边防盗系统品种很多，但总体结构相似，都是由前端探测器、信号通道、报警控制器以及辅助设备这几部分组成。

图 13-40 为楼宇周边防盗系统的结构。

图 13-40 楼宇周边防盗系统的结构

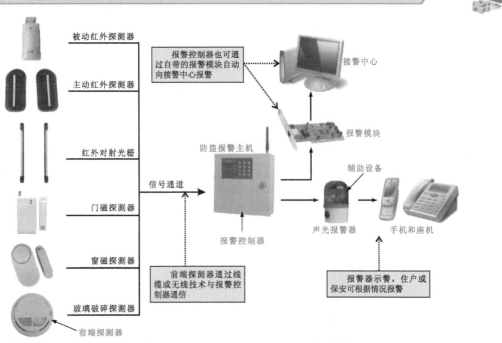

各个前端探测器通过信号通道（或无线通信）与报警控制器相连，系统启动运行后，报警控制器实时对前端探测器传送回的信号进行分析，发现异常后，立即发出信号控制报警器工作。

13.6.2 防盗报警系统的布线规划

为了保证安装后的防盗系统能够有效防止和较少盗窃事件的发生，保护财产安全，在安装防盗系统前，需要对楼宇及周边环境进行仔细考察，确定防范区域，制定出合理的边防盗系统安装规划。

图 13-41 为办公楼周边防盗系统的布线规划。围墙处的探测器使用一根供电线路，各探测器并联；围墙探测器接收端各信号线分别与报警主机相连。

1 主动红外探测器的设计安装原则

1）在安装时要尽量使两个主动红外探测器保持水平，在两个红外探测器之间不可以有障碍物，红外探测器探测角度上下不能超过 20°。图 13-42 为红外探测器的探测角度。

2）主动红外探测器如果安装在支架上，支架长度应为 1m 左右，支架直径为 40mm，在支架顶端以下 20mm 处有直径为 10mm 的小孔，以作穿线用。

图 13-41　办公楼周边防盗系统的布线规划

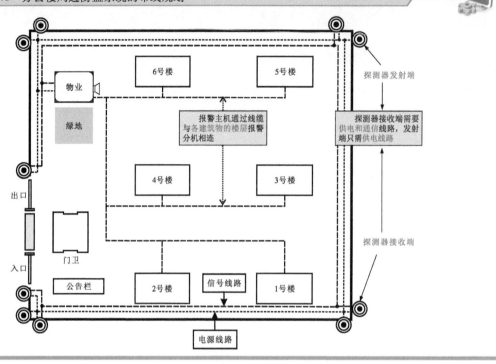

图 13-42　红外探测器的探测角度

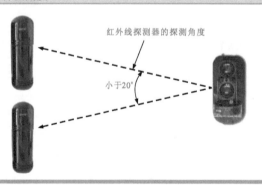

红外线探测器的探测角度

小于20°

3）主动红外探测器一般分为发射端和接收端两部分，只需要发射端连接电源线便可。连接护套线的线径的大小要视线路的长度而定，线路越长要求的线径就越粗，一般使用 1.0mm² 的电源线。接收端要与电源线和信号线连接，一般电源线采用的是普通 2 芯护套线，信号线采用的是屏蔽 2 芯双绞线。

4）主动红外探测器采用集中供电，供电时应注意线路不可太长。如果线路太长，电压就会衰减，通常使用 1.0mm² 电源线，最长不可超过 500m。

5）接线时，电源线接主动红外探测器的 POWER（＋）端子，而信号线则连接 COM 端子和 NO 端子，这种连接方法平时状态为常开，而当主动红外探测器发生报警时，会触发一个闭合信号给报警主机，主机收到闭合信号就会报警。

2　线缆的敷设连接设计原则

（1）信号线分支要求

信号线不应出现分支情况，当分支情况不可避免时，则必须满足以下三条要求：

1）分支长度不大于 10m；

2）信号线长度之和不超过 800m；

3）该分支线上的设备总数不得超过 50 个。

（2）系统中的信号线布线要求

周边防护系统中的信号线应尽量远离干扰源，信号线应走弱电井，不能与强电（例如交流 220V）并行布线，也不能与射频信号线路（如 CATV、大信号音频线）并行布线。若必须并行走线，距离应大于 0.5m。图 13-43 为系统中的信号线布线要求。

图 13-43　系统中的信号线布线要求

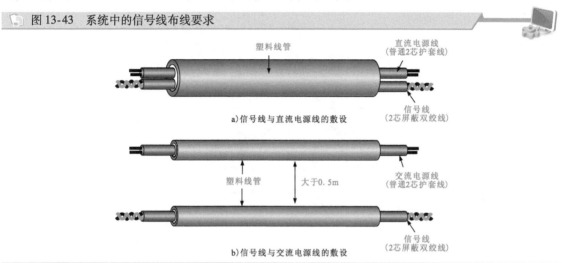

a)信号线与直流电源线的敷设

b)信号线与交流电源线的敷设

（3）处理线路端子要求

所有线路的端子必须采用焊接或螺钉卡紧方式，并将连接部位做好防水及防潮处理，例如，对焊接后的接点，用防水胶带缠紧或用环氧树脂密封处理。

（4）接地要求

1）同一个线路段上的所有的连接设备必须具有统一的信号接地，以避免共模干扰。

2）集中供电时，同一个线路段上所有电源的直流负极，必须直接接到一起组成公共信号地，此时信号地即为直流电源地。通信设备的自带电源的直流负极也要接到直流电源地。

3）当独立进行供电时，要将所有总线设备的接地（黑线）引脚接在一起，组成公共信号地。

3　其他设计原则

1）线路绝对不能明敷，必须穿管暗敷，这是探测器工作安全性的最起码的要求。

2）安装在围墙上的探测器，其射线距墙的最远水平距离不能大于 30cm。

3）顶上安装的探测器，探头的位置应高出栅栏或围墙顶部 25cm，以减少在墙上活动的小动物引起误报。

13.6.3　防盗报警系统的线缆敷设

在周边防盗系统规划完成后，应先对线缆进行敷设，其中包括线缆在建筑物周边的敷设和线缆在围墙上的敷设，下面详细介绍两种敷设方法。

1　建筑物周边的敷设

在建筑物周边的敷设可以采用直接埋地的敷设方式。在建筑物周围，除了防盗系统的供电、信号线缆外，还有照明、广播、视频等信号线路，因此应将防盗系统的线缆穿在塑料管中进行敷设，并且尽量与其他线路分开敷设或采用不同的线路。

2　围墙上线缆的敷设

围墙上的线缆的敷设采用的是暗敷，可有效保证防盗系统的安全稳定。

金属管（钢管）具有强度高的特点，因此不易被破坏，很适合防盗系统的线缆敷设。为安全起见，金属管内必须使用绝缘线缆，并且两引线不得在管内接头，金属管的厚度不得小于1.2mm。图13-44为金属管的连接。

图 13-44　金属管的连接

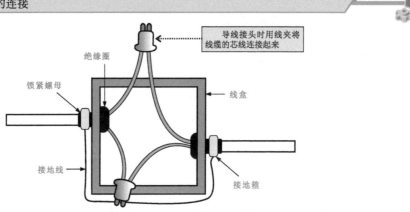

导线接头时用线夹将线缆的芯线连接起来

绝缘圈

锁紧螺母

线盒

接地线

接地箍

13.6.4　防盗报警系统的设备安装

1　红外探测器安装

线缆敷设完毕后，就可在规划位置安装红外探测器，安装时要严格遵循装配要求，安装好后要进行调试，保证设备能够正常工作。

2　主动红外探测器的安装

（1）主动红外探测器的定位

确定安装位置，使安装后的探测器射束能有效遮断目标通道，在安装面上作好标识，保证发射接收互相对准、平行。主动红外探测器安装的基本要求如下：

1）根据探测器的有效防护区域、现场环境，确定探测器的安装位置、角度、高度，要求探测器在符合防护要求的条件下尽可能安装在隐蔽位置。

2）走线应尽可能隐蔽，避免被破坏。一般线缆采用暗敷的方式进行敷设。

3）做好备案，施工图样应注明各防区探测器及缆线的型号规格，并标明电缆内各色线的用途，便于后期的设备维护。

（2）穿线并固定探测器

1）将电源线及信号线从支架穿线孔中穿出。

2）将电源线按照连接标识"＋"、"－"正确接入接线柱拧紧，并将信号线接在"COM"端和"NO"端，将主动红外探测器固定到支架上。

图13-45为主动红外探测器的安装连接。

3　报警主机的连接

安装好探测器后，接下来要对报警控制器，也就是报警主机、子机进行安装连接。报警主机安装在监控中心中，子机安装在各楼层报警控制箱中，固定好后再对线路进行连接。

图 13-45　主动红外探测器的安装连接

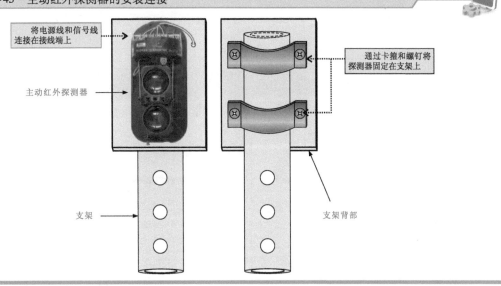

将电源线和信号线连接在接线端上

主动红外探测器

通过卡箍和螺钉将探测器固定在支架上

支架

支架背部

图 13-46 为报警控制器线路的连接。

图 13-46　报警控制器线路的连接

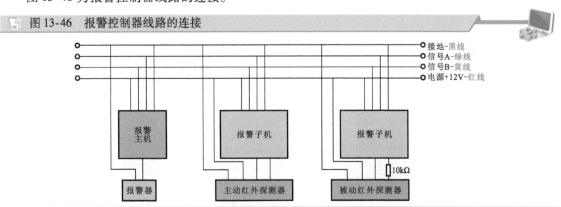

接地-黑线
信号A-绿线
信号B-黄线
电源+12V-红线

报警主机

报警子机

报警子机

10kΩ

报警器

主动红外探测器

被动红外探测器

　　探测器和相关线路连接到主机上后，要求在报警主机上该防区警示灯无闪烁、不点亮，防区无报警指示输出，表示整个防区设置正常。否则，要对线路进行检查，对探头进行重新调试，重新对防区状态进行确定。

13.7　智能家居电路安装

13.7.1　智能家居系统的结构

　　智能家居就是利用综合布线技术、网络技术及自动控制技术将家居生活相关的设备集成，从而为家居提供自动化智能控制。

　　如图 13-47 所示，智能家居依托互联网，实现对家居内影音、照明、空气、清洁及安防等设备的智能化远程自动控制，使其能够自动完成工作。

1　智能照明

　　如图 13-48 所示，在智能家居系统中，智能照明可以通过遥控等智能控制方式实现对住宅内灯光的控制。例如，远程启动或关闭住宅内的指定照明设备。在确保节能环保的同时为住户提供舒

适、方便的体验。

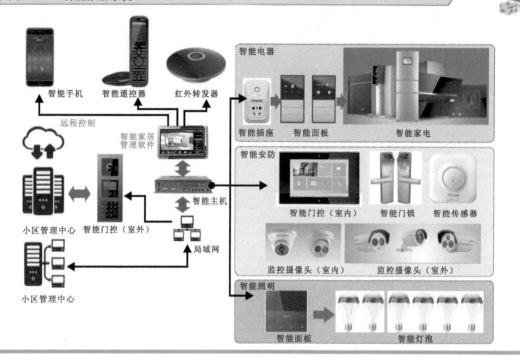

图 13-47　智能家居系统

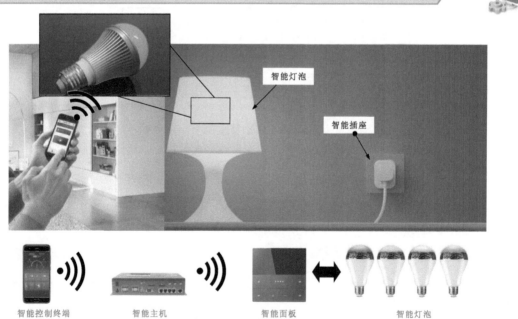

图 13-48　智能照明系统

　　智能照明系统采用弱电控制强电的方式，电路中控制回路与负载回路分离，且智能灯光控制系统采用模块化结构设计，简单灵活，便于安装，如果需要调整照明效果，通过软件即可实现设置修改。

2 智能电器

如图 13-49 所示，智能电器可以依托互联网，通过自动检测、手机终端遥控等多种控制方式实现对智能家电产品的自动控制。

图 13-49 智能电器控制

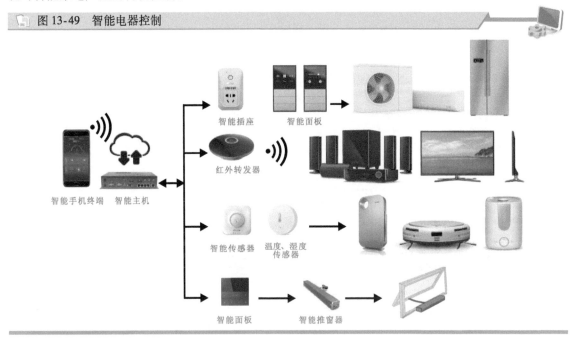

3 红外转发器

如图 13-50 所示，红外转发器内部主要包括红外接收、发射模块和无线接收模块。它能将智能主机发出的无线射频信号转换成可以控制家电的红外遥控信号，从而实现无线设备对红外信号覆盖范围内的家电设备的集中控制。

图 13-50 典型红外转发器的实物外形

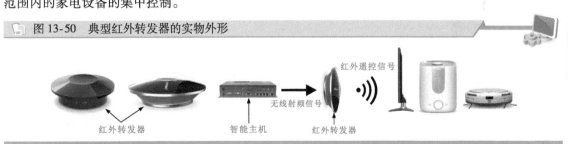

4 温度、湿度传感器

如图 13-51 所示，温度、湿度传感器可以自动检测住宅内的湿度，一旦空气过于干燥便会自动启动联动的智能空气加湿器工作。同样，温度、湿度传感器也可以搭配智能空调器，在用户的远程操控下设定启动或停机的时间。

5 智能安防

如图 13-52 所示，在智能家居生活中，可以在室内外安装智能摄像头，用户可以通过手机实时查看各摄像头拍摄的情况。安装在门窗上的智能防盗装置一旦被打开，即会将报警信息实时传递给用户，以便及时采取相应的处理措施。另外，在房间及厨房等处安装有烟雾报警器、燃气报警器等智能传感器，如出现意外情况，可及时报警。

图 13-51 温度、湿度传感器

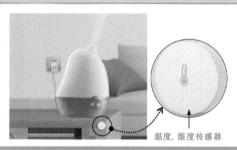

温度、湿度传感器

图 13-52 智能安防系统

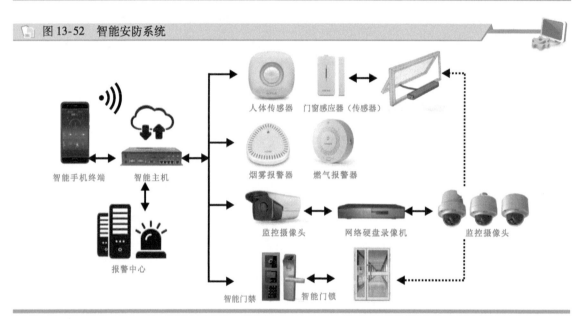

6 人体传感器

如图 13-53 所示，人体传感器又称热释人体感应开关。它是基于红外线技术的自动控制产品，当人进入感应范围时，专用传感器探测到人体红外光谱的变化，从而自动接通负载；当人离开后，自动延时关闭负载。人体传感器常应用于智能照明和智能安防系统中。

图 13-53 人体传感器

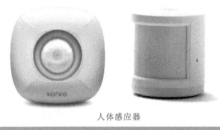

人体感应器

13.7.2 智能主机的安装

智能主机是整个智能家居系统的控制核心。其内部集成有智能网关及相关控制电路，可实现对智能家居系统内各设备信息的采集处理、集中控制、远程控制及联动控制等功能。

图 13-54 为小米公司出品的米家多功能智能网关。该设备是一个家庭的小型智能处理中心，可以联动多种智能或自动产品，实现感应、定时开关、异常情况报警等功能。

图 13-54　米家多功能智能网关

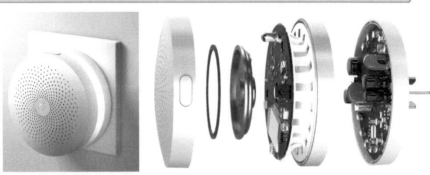

该设备的使用非常简单，只需将设备插入电源插口，然后启动手机智能家居管理 APP，单击右上角 "＋" 添加米家多功能智能网关。添加成功后，即可通过 APP 提示绑定并管理相关的智能设备。

13.7.3　智能开关的安装

单联智能开关只有一路（L1）输出，双联智能开关有两路（L1、L2）输出，而三联智能开关有三路（L1、L2、L3）输出。图 13-55 为智能开关的接线方式。

图 13-55　智能开关的接线方式

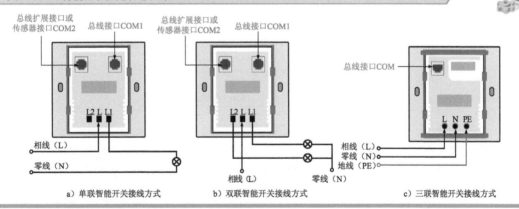

a）单联智能开关接线方式　　　b）双联智能开关接线方式　　　c）三联智能开关接线方式

> **｜提示说明｜**
>
> 接线时，通信总线水晶头连接在 COM1 端口。当临近安装有其他智能产品时，可通过总线扩展接口 COM2 连接到相邻智能产品的 COM1 端口。

如果被控制设备为大功率设备（额定功率大于 1000W 且小于 2000W）时，可选用智能插座进行控制。

如果被控制设备为大于 2000W 的超大功率设备时，需要选用继电器型智能开关驱动一个中间交流接触器，然后在由交流接触器转接驱动超大功率设备。

图 13-56 为智能开关与超大功率设备的接线方式。

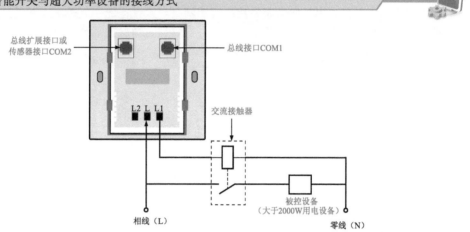

图 13-56 智能开关与超大功率设备的接线方式

13.7.4 智能插座的安装

智能插座常用于对家电电源的智能控制。智能插座面板提供一个"开/关按钮"，方便手动操作。

如图 13-57 所示，智能插座接线端口的上方为通信总线接口，用以连接通信总线插头，而强电接线与传统插座的接线方式类似。

图 13-57 智能插座接线示意图

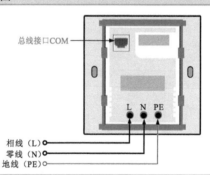

智能插座种类多样，图 13-58 为典型无线智能插座。该类型插座使用方便，无须电路改造即可实现智能控制功能。

图 13-58 典型无线智能插座

图 13-59 为无线智能插座的使用方法。使用时将无线智能插座直接插接到电源插座面板的相应供电接口，并与智能终端设备的管理软件进行配置连接后，便可以通过智能手机管理终端实现对无线智能插座的设置与使用管理。

图 13-59 无线智能插座的使用方法

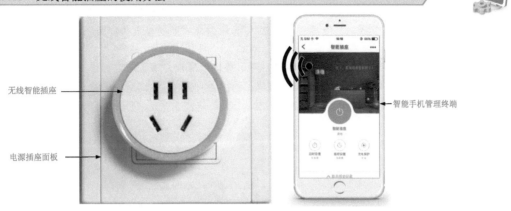

无线智能插座

智能手机管理终端

电源插座面板

以 MINI K 无线智能插座为例。首先，将无线智能插座插入到电源供电插座面板的供电端口。如图 13-60 所示，此时无线智能插座尚未与智能终端管理软件匹配连接，所以无线智能插座上方的"开关/复位键"处的指示灯显示为红色。

图 13-60 插入无线智能插座

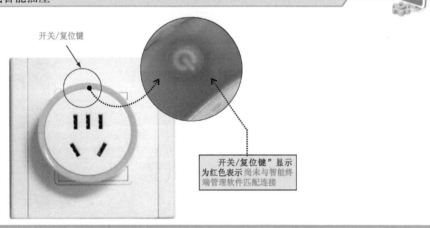

开关/复位键

"开关/复位键"显示为红色表示尚未与智能终端管理软件匹配连接

此时，使用智能手机下载无线智能插座的终端管理软件（APP），启动管理软件后，如图 13-61 所示，在管理软件中的"添加设备"界面找到需要匹配连接的无线智能插座。然后，根据提示完成设备的匹配连接。

图 13-61 匹配连接无线智能插座

| 提示说明 |

通常，管理软件提供直连和 AP 配置两种连接方式。直连即是无线智能插座作为一个 WIFI 热点，由智能手机与热点连接的方式实现对智能插座的控制。AP 配置模式则是将设备作为一个接入点添加到设备管理中。

无线智能插座匹配连接完成，即可通过智能手机终端管理软件实现对电源插座的定时开启/关闭的设置，延时开启/关闭的设置及充电保护等管理功能。

第14章 配电及照明线路的检修调试

14.1 高压配电线路的检修调试

14.1.1 高压供配电线路的检修调试

如图 14-1 所示，当高压供配电线路出现故障时，需要通过故障现象，分析整个高压供配电线路，缩小故障范围，锁定故障器件。

图 14-1 典型高压供配电线路的检修调试

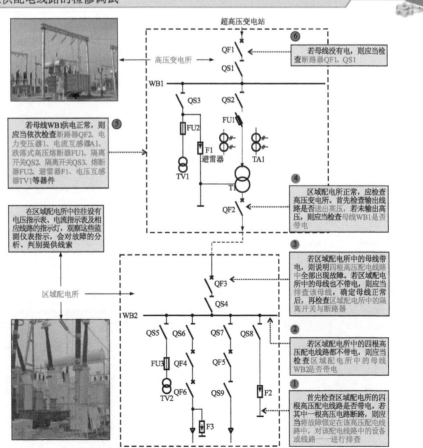

14.1.2　小区配电线路的检修调试

图 14-2 为典型小区供配电系统的结构。了解系统的控制功能，理清各环节的控制关系，为调整和检修做好准备。

图 14-2　典型小区供配电系统的结构

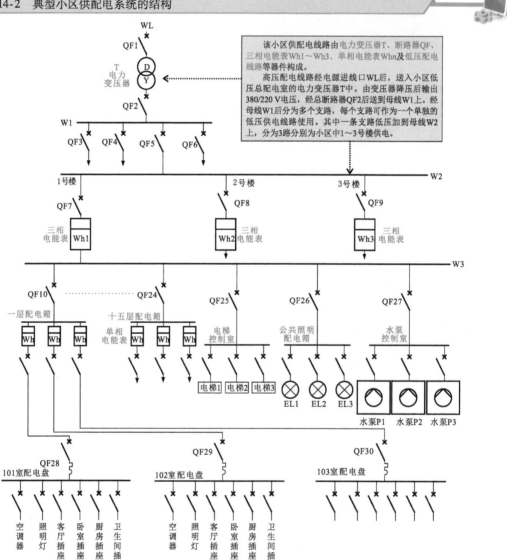

该小区供配电线路由电力变压器T、断路器QF、三相电能表Wh1～Wh3、单相电能表Whn及低压配电线路等器件构成。

高压配电线路经电源进线口 WL 后，送入小区低压总配电室的电力变压器T中。由变压器降压后输出 380/220 V电压，经总断路器QF2后送到母线W1上。经母线W1后分为多个支路，每个支路可作为一个单独的低压供电线路使用。其中一条支路低压加到母线 W2 上，分为3路分别为小区中1～3号楼供电。

在图 14-2 中，高压电源经电源进线口 WL 输入后，送入小区低压配电室的电力变压器 T 中。由 T 降压后输出 380/220V 电压，经小区内总断路器 QF2 后送到母线 W1 上。经母线 W1 后分为多条支路，每条支路可作为一个单独的低压供电电路使用。其中一条支路低压加到母线 W2 上，分为 3 路分别为小区中 1～3 号楼供电。每一路上安装有一只三相电能表，用于计量每栋楼的用电总量。

由于每栋楼有 15 层，除住户用电外，还包括电梯用电、公共照明等用电及供水系统的水泵用电等。小区中的配电柜将电源电压送到楼内配电间后分为 18 条支路。15 条支路分别为 15 层住户供电，另外 3 条支路分别为电梯控制室、公共照明配电箱和水泵控制室供电。每条支路首先经一条支路总断路器后再分配。

系统安装完成后，首先根据电路图、接线图逐级检查电路的连接情况，有无错接、漏接；其次根据小区供配电线路的功能逐一检查总配电室、低压配电柜、楼内配电箱内部件的连接关系是否正常、控制及执行部件的动作是否灵活等，对出现异常部位进行调整，使其达到最佳工作状态，如图 14-3 所示。

图 14-3 小区低压供配电系统的调试

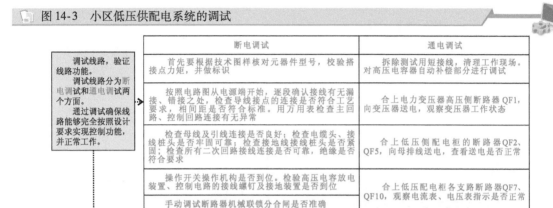

调试线路，验证线路功能。调试线路分为断电调试和通电调试两个方面。通过调试确保线路能够完全按照设计要求实现控制功能，并正常工作。	断电调试	通电调试
	首先要根据技术图样核对元器件型号，校验搭接点力矩，并做标识	拆除测试用短接线，清理工作现场。对高压电容器自动补偿部分进行调试
	按照电路图从电源端开始，逐段确认接线有无漏接、错接之处，检查导线接点的连接是否符合工艺要求，相间距是否符合标准。用万用表检查主回路、控制回路连接有无异常	合上电力变压器高压侧断路器 QF1，向变压器送电，观察变压器工作状态
	检查母线及引线连接是否良好；检查电缆头、接线桩头是否牢固可靠；检查接地线接线桩头是否紧固；检查所有二次回路接线连接是否可靠，绝缘是否符合要求	合上低压侧配电柜的断路器 QF2、QF5，向母排送电，查看送电是否正常
	操作开关操作机构是否到位。校验高压电容放电装置、控制电路的接线螺钉及接地装置是否到位	合上低压配电柜各支路断路器 QF7、QF10，观察电流表、电压表指示是否正常
	手动调试断路器机械联锁分合闸是否准确	

紧固接线桩头

观察电能表及连接

调整断路器接线

检验仪表指示状态

若小区供配电线路中无电压送出，则怀疑总配电室内电气设备异常。断开高压侧总断路器，打开配电室门进行检修，如图 14-4 所示。

图 14-4 小区低压供配电系统的检修

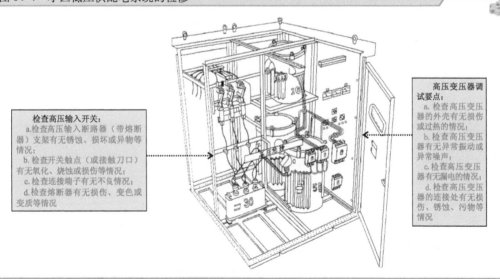

检查高压输入开关：
a.检查高压输入断路器（带熔断器）支架有无锈蚀、损坏或异物等情况；
b.检查开关触点（或接触刀口）有无氧化、烧蚀或损伤等情况；
c.检查连接端子有无不良情况；
d.检查熔断器有无损伤、变色或变质等情况

高压变压器调试要点：
a.检查高压变压器的外壳有无损伤或过热的情况；
b.检查高压变压器有无异常振动或异常噪声；
c.检查高压变压器有无漏电的情况；
d.检查高压变压器的连接处有无损伤、锈蚀、污物等情况

14.2 低压配电线路的检修调试

14.2.1 低压配电线路的短路检查

线路的短路检查是指检查供电线路中有无因接错等情况引起相线和零线短路的情况。检查前，

需要确保供配电线路的总开关或总断路器处于断开状态。

检测时，可借助万用表，先将万用表置于"×10k"欧姆档，分别检查线路中相线与零线、相线与地线、零线与地线之间的阻值，如图 14-5 所示。

图 14-5 低压供配电线路的短路检查

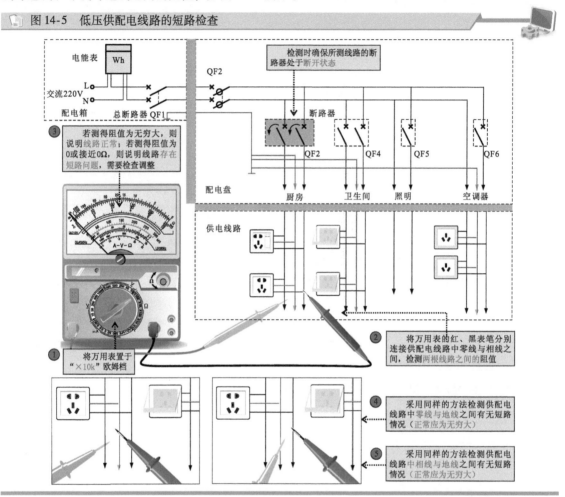

14.2.2 低压配电线路的绝缘性能检查

低压供配电线路的绝缘性能也是低压供电线路调试中的重要检测环节。检查低压供配电线路的绝缘性能应借助专用的兆欧表（标准术语为绝缘电阻表）。在测试过程中，兆欧表能够向线路施加几百伏的电压，在高压作用下，如果供电线路有绝缘性能下降的情况，则会显示比较小的绝缘电阻值，此时通电会发生漏电故障，如图 14-6 所示。

14.2.3 低压配电线路的验电检测

验电是指检验电气线路和设备是否带电。在装修电工操作中，常用的验电方式主要有验电器（试电笔）验电和钳形表验电两种。

1 验电器验电

验电器俗称试电笔，是电工验电操作中最常用的一种工具，操作简单，能够快速检验出所测线路或设备是否带电，如图 14-7 所示。

图 14-6　低压供配电线路的绝缘性能检查

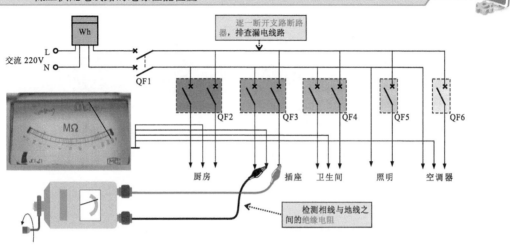

图 14-7　低压供配电线路的验电检查

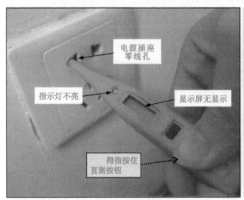

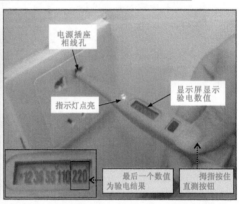

2　钳形表验电

　　使用钳形表验电能够检测线路或设备是否有电，同时还能够直观显示出所测带电体的电流大小，如图 14-8 所示。

图 14-8　使用钳形表进行验电操作

① 估测测量结果，以此确定功能旋钮的位置。室内供电线路电流一般为几安或几十安，这里选择"200"交流电流档。

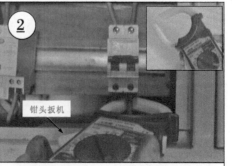

② 按下钳形表的钳头扳机，打开钳形表钳头，为检测电流做好准备，同时确认锁定开关处于解锁位置。

📖 图 14-8　使用钳形表进行验电操作（续）

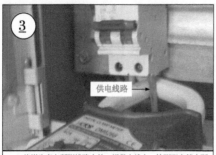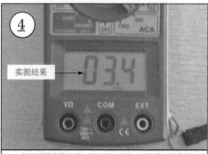

将钳头套在所测线路中的一根供电线上，检测配电箱中断路器输出侧送往室内供电线路中的电流。

待检测数值稳定后，按下锁定开关，读取供电线路的电流数值为 3.4A。

| 提示说明 |

　　使用钳形表进行验电，即使用钳形表的电流档检测待测线路或设备的电流时，把待测线缆或设备的供电线路"穿入"钳形表的钳口中即可，无须直接接触带电体，具有安全、可靠的特点。

　　钳形表检测交流电流的原理建立在电流互感器工作原理基础上，如图 14-9 所示。测量时，钳头内只能有一根导线，如果钳头中同时有多条导线，将无法得到准确的结果。

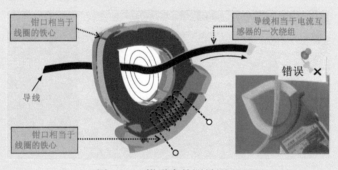

图 14-9　钳形表的测量原理

14.2.4　低压配电线路的漏电检测

　　漏电是指供电线路的电流回路出现异常，导致电流泄漏的一种情况。漏电危害较大，除导致漏电保护器频繁掉闸、影响线路工作外，严重时还可能引起触电事故。

　　使用钳形漏电电流表是目前在低压线路中检测漏电的有效方法，如图 14-10 所示。

📖 图 14-10　使用钳形漏电电流表检测漏电情况

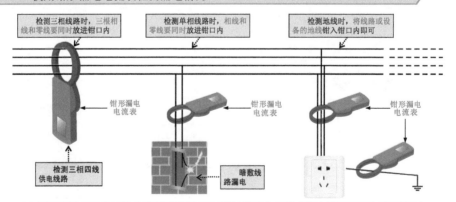

| 提示说明 |

　　钳形漏电电流表是利用供电回路中相线与零线负荷电流磁通的向量和为零的原理实现测量的。在无漏电的情况下，使用钳形漏电电流表同时钳住相线和零线时，由于电流磁通正、负抵消，此时电流应为 0。若实测有数值，则表明线路中有漏电情况，如图 14-11 所示。

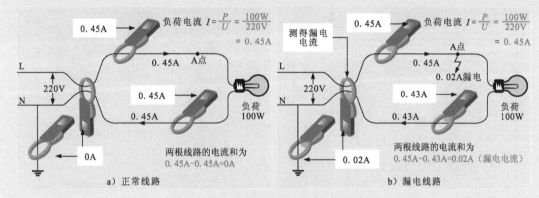

图 14-11　使用钳形漏电电流表检测漏电电流的原理

　　供电线路有无漏电也可采用排查法来判断，即根据供配电线路中漏电保护器的动作状态判断漏电情况。

　　若闭合线路，漏电保护器立刻掉闸，说明相线中存在漏电情况。怀疑相线漏电时，可将线路的支路断路器全部断开，然后逐一闭合，若某支路闭合，漏电保护器掉闸，则说明该线路存在漏电情况。

　　若闭合线路，漏电保护器不立刻掉闸，用一段时间后才会掉闸，则多为零线中存在漏电情况。将怀疑漏电支路中用电设备的插头全部拔下，然后逐一插上插头，插到某设备引起掉闸时，则说明该设备存在漏电情况。若照明支路异常，则将全部灯具关闭，然后逐一开灯，哪盏灯打开后掉闸，则说明该灯具或线路存在漏电情况。

14.3　照明线路的检修调试

14.3.1　室内照明线路的检修调试

　　当室内照明控制电路出现故障时，可以通过故障现象，分析整个照明控制电路，缩小故障范围，锁定故障器件，如图 14-12 所示。

　　图 14-12　室内照明控制电路的故障分析

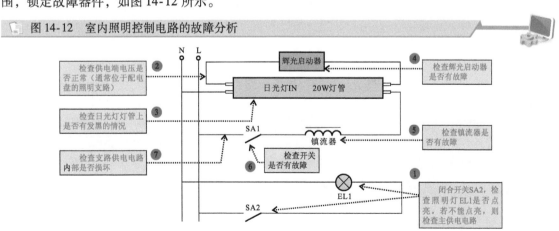

如图 14-13 所示，当室内照明控制电路出现故障时，应先了解该照明控制电路的控制方式，然后按照检修流程进行检修。

图 14-13　室内照明控制电路的检修方法

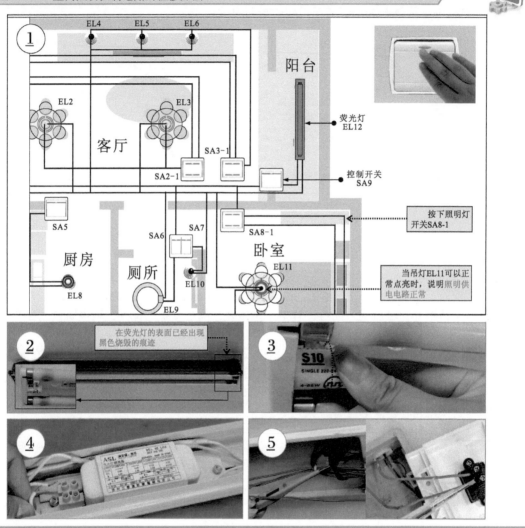

❶ 当荧光灯 EL12 不亮时，首先应当检查与荧光灯 EL12 使用同一供电线缆的其他照明灯是否可以正常点亮。按下照明灯开关 SA8-1，检查吊灯 EL11 是否可以正常点亮。当吊灯 EL11 可以正常点亮时，说明照明供电电路正常。

❷ 检查照明灯外观有无明显损坏迹象。

❸ 当荧光灯正常时，可检查辉光启动器，更换性能良好的辉光启动器，若荧光灯同样无法点亮，则说明辉光启动器正常。

❹ 检查镇流器，若发现损坏，则可用新的镇流器代换；若荧光灯正常点亮，说明故障被排除；否则说明故障不是由镇流器引起的。

❺ 检查线路连接情况、控制开关接线和控制开关的功能状态，找到故障部位，排除故障。

14.3.2　公共照明线路的检修调试

当公共照明控制线路出现故障时，可以通过故障现象，分析整个照明控制电路，缩小故障范围，锁定故障器件，如图 14-14 所示。

图 14-14　公共照明控制电路的故障分析

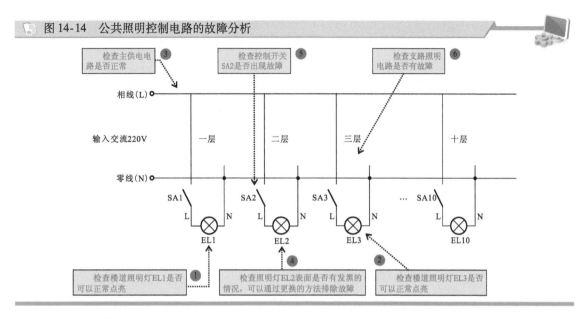

当公共照明控制线路出现故障时，应当查看公共照明控制线路的控制方式。以楼道照明为例，由楼道配电箱中引出的相线连接触摸延时开关，经触摸延时开关连接至节能灯的灯口上，零线由楼道配电箱送出后连接至节能灯灯口。当楼道照明电路中某一层的节能灯不亮时，应根据检修流程进行检查。图 14-15 为楼道照明控制线路的检修方法。

图 14-15　楼道照明控制线路的检修方法

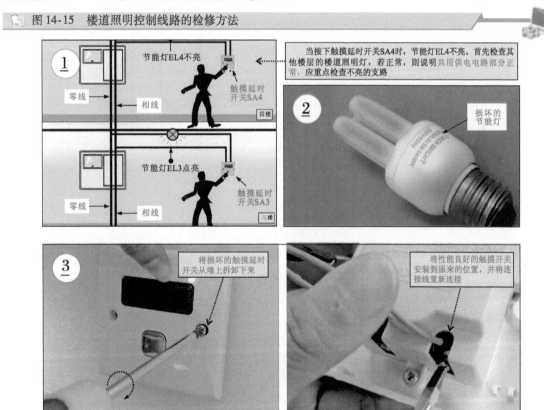

❶ 当按下触摸延时开关 SA4 时，节能灯 EL4 不亮。首先检查其他楼层的楼道照明灯，若正常，说明本层线路异常。

② 检查节能灯本身，若发现外观明显变黑，说明节能灯损坏，应更换。

③ 当灯座正常时，检查控制开关，楼道照明控制电路中使用的控制开关多为触摸延时开关、声光控延时开关等，可以采用替换的方法排除故障。

┃提示说明┃

触摸延时开关的内部由多个电子元器件和集成电路构成，不能使用单控开关的检测方法进行检测。检测时，将触摸延时开关连接到 220V 供电电路中，再连接一盏照明灯，在确定供电电路和照明灯都正常的情况下触摸开关，若可以控制照明灯点亮，则正常；若仍无法控制照明灯点亮，则说明已经损坏。

需要注意的是，灯座的检查也不可忽略，若节能灯、控制开关均正常，则应查看灯座中的金属导体是否锈蚀。可使用万用表检查供电电压，将表笔分别搭在灯座金属导体的相线和零线上，若无法检测到交流 220V 左右的供电电压，说明灯座异常。

14.3.3　小区路灯照明线路的检修调试

当小区路灯照明控制线路出现故障时，可以通过故障现象，分析整个照明线路，缩小故障范围，锁定故障器件，如图 14-16 所示。

图 14-16　小区路灯照明控制线路的故障分析

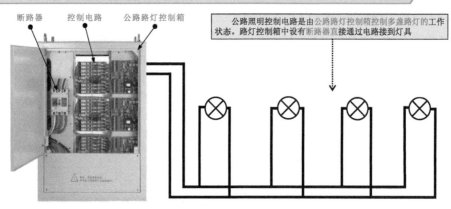

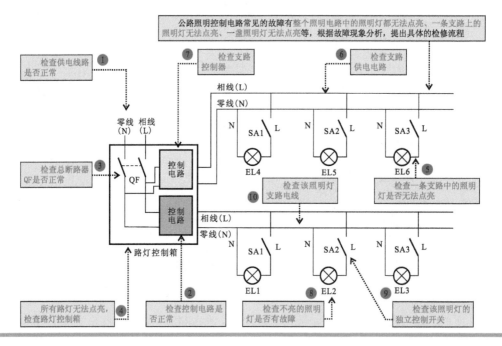

公共照明控制电路多用一个控制器控制多盏照明路灯，可分为供电电路、触发及控制电路和照明路灯三个部分。图 14-17 为典型公共照明控制电路的检修调试。

图 14-17 典型公共照明控制电路的检修调试

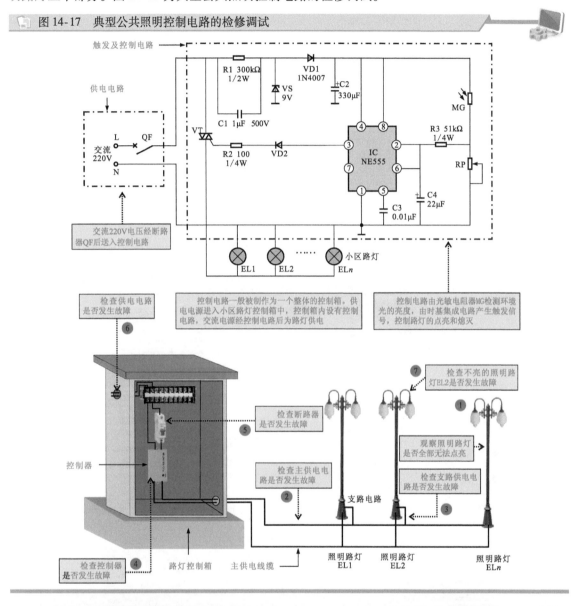

首先检查照明路灯是否全部无法点亮，若全部无法点亮，则应当检查主供电电路是否存在故障；当主供电电路正常时，应当查看路灯控制器是否存在故障；若路灯控制器正常，则应当检查断路器是否正常；当路灯控制器和断路器都正常时，应检查供电电路是否存在故障；若照明支路中的一盏照明路灯无法点亮，则应当查看该照明路灯是否存在故障；若照明路灯正常，则检查支路供电电路是否正常；若支路供电电路存在故障，则应更换故障部件。

图 14-18 为小区路灯照明控制线路的布线连接。

当照明路灯 EL1、EL2、EL3 不能正常点亮时，应当检查路灯控制箱输出的供电线缆是否有供电电压，如图 14-19 所示。

当输出电压正常时，应当检查主供电电路，使用万用表在照明路灯 EL1 处检查线路中的电压，如图 14-20 所示。若无电压，则说明支路供电电路有故障。

📁 图14-18　小区路灯照明控制线路的布线连接

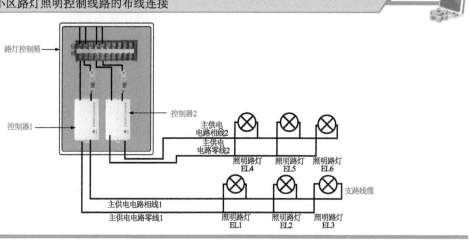

📁 图14-19　检查路灯控制箱输出电压

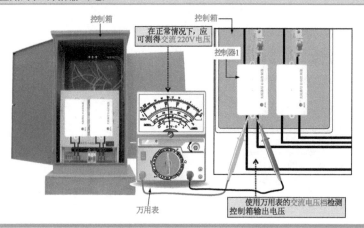

📁 图14-20　检查供电电路中的电压

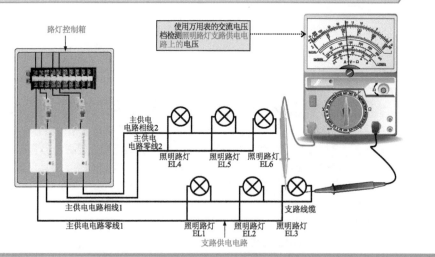

　　当小区供电电路正常或一条照明电路中仅个别路灯不亮时，应当检查照明路灯，可以更换相同型号的照明路灯，若照明路灯可以点亮，则说明原照明路灯有故障。

15.1 变频空调器电路维修

15.1.1 变频空调器整机电路

图 15-1 和图 15-2 分别为典型变频空调器室内机电气接线图和室外机电气接线图。通过接线图可以清晰地了解空调器电路及各主要功能部件之间的连接关系。

图 15-1 典型变频空调器室内机电气接线图

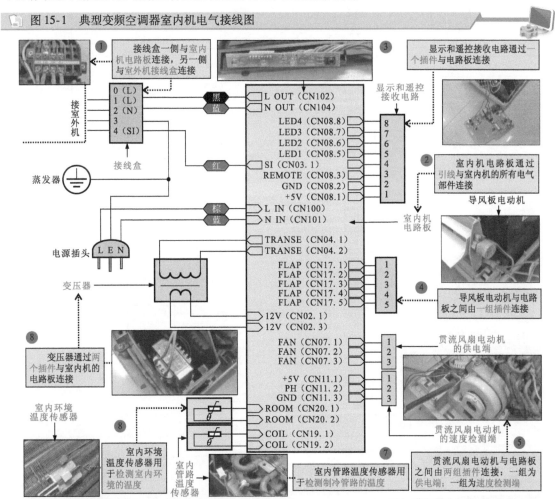

15.1.2 变频空调器电源电路

变频空调器中的电源电路可分为室内机电源电路和室外机电源电路两部分。图 15-3 为典型变频空调器室内机电源电路。室内机电源电路与交流 220V 输入电压连接，为室内机控制电路和室外机电路供电。

图 15-2　典型变频空调器室外机电气接线图

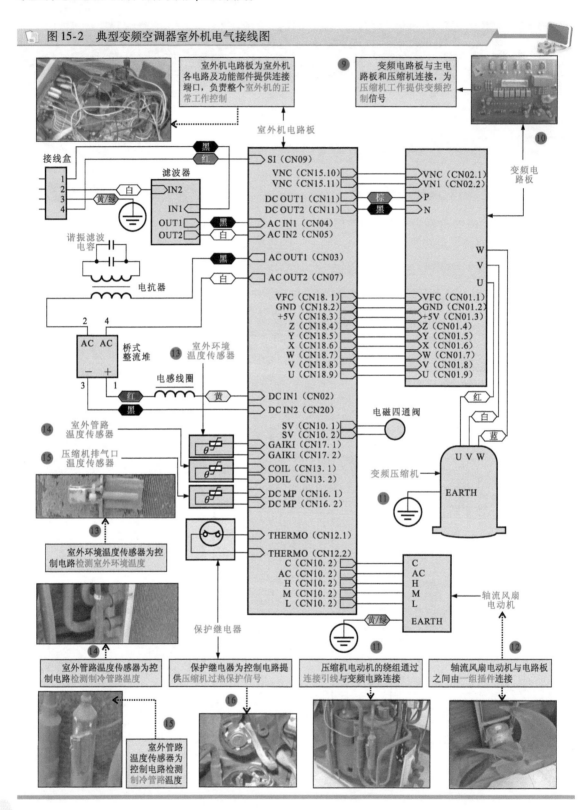

室外机电路板为室外机各电路及功能部件提供连接端口，负责整个室外机的正常工作控制

⑨ 变频电路板与主电路板和压缩机连接，为压缩机工作提供变频控制信号

室外机电路板

⑩ 变频电路板

接线盒

滤波器

谐振滤波电容

电抗器

桥式整流堆

电感线圈

室外环境温度传感器 ⑬

室外管路温度传感器 ⑭

压缩机排气口温度传感器 ⑮

⑬ 室外环境温度传感器为控制电路检测室外环境温度

⑭ 室外管路温度传感器为控制电路检测制冷管路温度

⑮ 室外管路温度传感器为控制电路检测制冷管路温度

保护继电器

⑯ 保护继电器为控制电路提供压缩机过热保护信号

电磁四通阀

变频压缩机

U V W
EARTH

⑪ 压缩机电动机的绕组通过连接引线与变频电路连接

轴流风扇电动机

⑫ 轴流风扇电动机与电路板之间由一组插件连接

SI（CN09）
VNC（CN15.10）
VNC（CN15.11）
DC OUT1（CN11）
DC OUT2（CN11）
AC IN1（CN04）
AC IN2（CN05）
AC OUT1（CN03）
AC OUT2（CN07）
VFC（CN18.1）
GND（CN18.2）
+5V（CN18.3）
Z（CN18.4）
Y（CN18.5）
X（CN18.6）
W（CN18.7）
V（CN18.8）
U（CN18.9）
DC IN1（CN02）
DC IN2（CN20）
SV（CN10.1）
SV（CN10.2）
GAIKI（CN17.1）
GAIKI（CN17.2）
COIL（CN13.1）
DOIL（CN13.2）
DC MP（CN16.1）
DC MP（CN16.2）
THERMO（CN12.1）
THERMO（CN12.2）
C（CN10.2）
AC（CN10.2）
H（CN10.2）
M（CN10.2）
L（CN10.2）

VNC（CN02.1）
VN1（CN02.2）
P
N
W
V
U
VFC（CN01.1）
GND（CN01.2）
+5V（CN01.3）
Z（CN01.4）
Y（CN01.5）
X（CN01.6）
W（CN01.7）
V（CN01.8）
U（CN01.9）

C
AC
H
M
L
EARTH

图 15-4 为典型变频空调器室外机电源电路。室外机电源电路主要为室外机控制电路部分提供工作电压。

图 15-3 典型变频空调器室内机电源电路

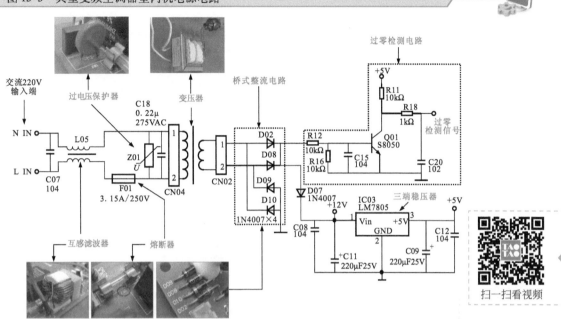

图 15-4 典型变频空调器室外机电源电路

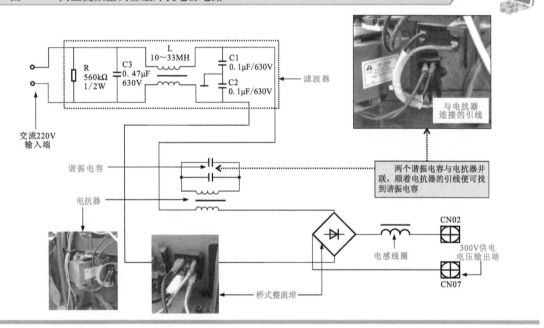

15.1.3 变频空调器控制电路

空调器控制电路主要是以微处理器为核心的自动检测与自动控制电路，用于控制空调器中各部件的协调运行。

图 15-5 为变频空调器控制电路的原理框图。变频空调器控制电路是控制变频压缩机、电磁四通阀、风扇电动机等电气部件协调运行的电路，是以微处理器为核心的自动检测、自动控制电路。

图 15-5　变频空调器控制电路的原理框图

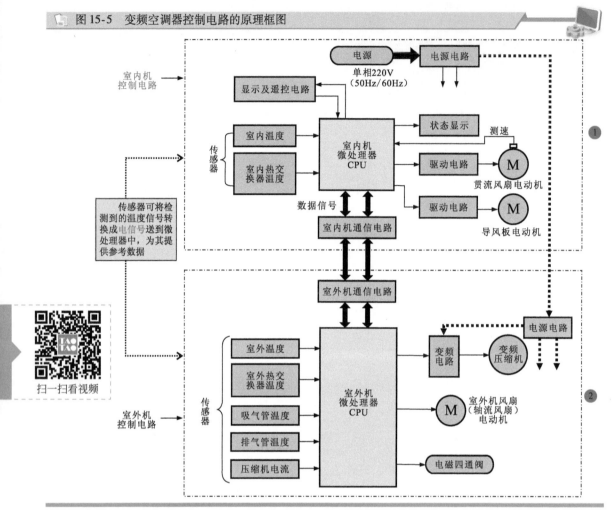

❶ 空调器工作时，室内机微处理器接收各路传感器送来的检测信号包括遥控器指定运转状态的控制信号、室内环境温度信号、室内管路温度信号（蒸发器管路温度信号）、室内机风扇电动机转速的反馈信号等。室内机微处理器接收到上述信号后便发出控制指令，如室内机风扇电动机转速控制信号、变频压缩机运转频率控制信号、显示部分的控制信号（主要用于故障诊断）和室外机传送信息用的串行数据信号等。

❷ 室外机微处理器从室外机传感器得到检测信号包括来自室内机的串行数据信号、电流传感信号、吸气管温度信号、排气管温度信号、室外机温度信号、室外机管路（冷凝器管路）温度信号等。室外机微处理器接收到上述信号经运算后发出控制指令，包括室外机风扇电动机的转速控制信号、变频压缩机运转的控制信号、电磁四通阀的切换信号、各种安全保护监控信号、用于故障诊断的显示信号及控制室内机除霜的串行信号等。

图 15-6 为典型变频空调器控制电路的电路关系。

15.1.4　变频空调器显示及遥控电路

空调器显示及遥控电路主要用于为空调器输入人工指令，接收电路收到指令后，送往控制电路的微处理器中，同时由接收电路中的显示部件显示空调器的当前工作状态。

如图 15-7 所示，遥控器是指一个发送遥控指令的独立电路单元，用户通过遥控器将人工指令信号以红外光的形式发送给变频空调器的接收电路板中。

图 15-6 典型变频空调器控制电路的电路关系

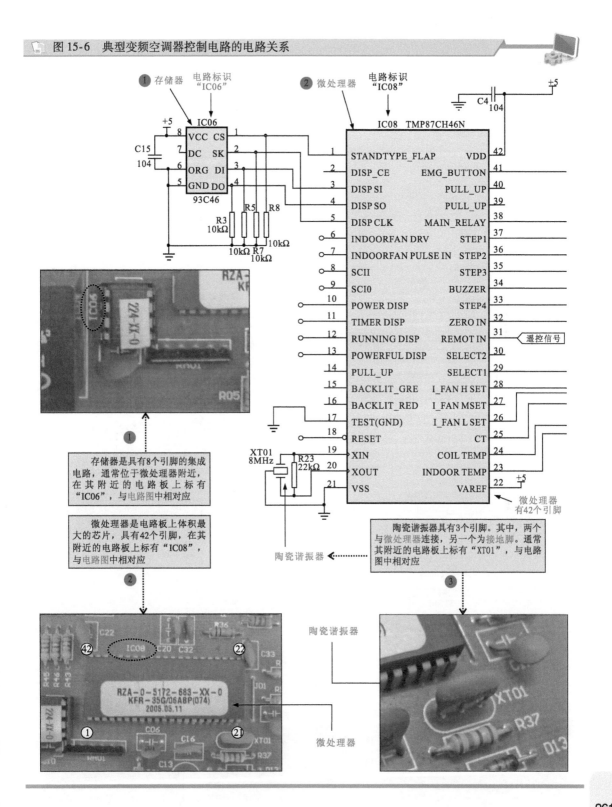

图 15-6　典型变频空调器控制电路的电路关系（续）

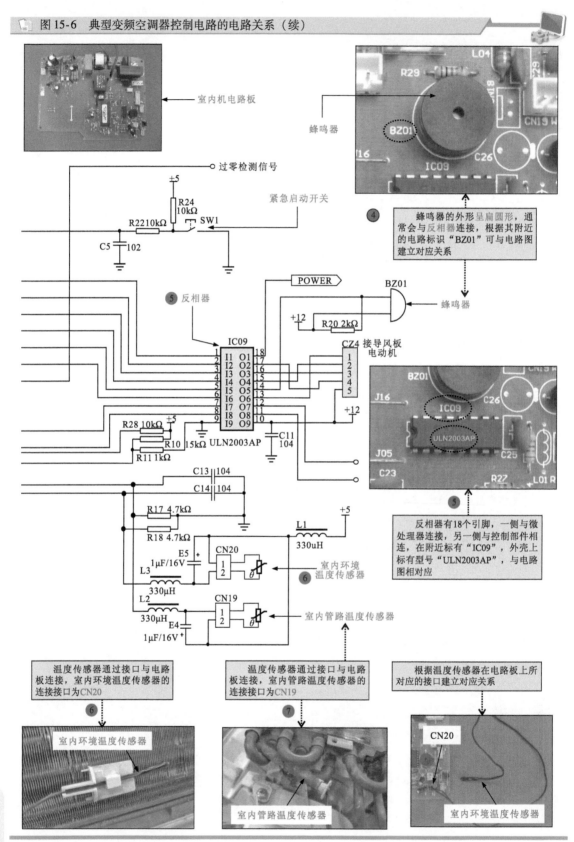

室内机电路板

过零检测信号

紧急启动开关

R24 10kΩ

R22 10kΩ

SW1

C5 102

POWER

BZ01

蜂鸣器

+12　R20 2kΩ

⑤ 反相器

IC09

CZ4 接导风板电动机

R28 10kΩ

R10 15kΩ ULN2003AP

R11 1kΩ

C11 104

+12

C13 104

C14 104

R17 4.7kΩ

R18 4.7kΩ

L1 330uH　+5

E5 1μF/16V

CN20

L3 330μH

室内环境温度传感器

⑥

L2 330μH

CN19

E4 1μF/16V

室内管路温度传感器

蜂鸣器

④ 蜂鸣器的外形呈扁圆形，通常会与反相器连接，根据其附近的电路标识"BZ01"可与电路图建立对应关系

⑤ 反相器有18个引脚，一侧与微处理器连接，另一侧与控制部件相连，在附近标有"IC09"，外壳上标有型号"ULN2003AP"，与电路图相对应

温度传感器通过接口与电路板连接，室内环境温度传感器的连接接口为CN20

温度传感器通过接口与电路板连接，室内管路温度传感器的连接接口为CN19

根据温度传感器在电路板上所对应的接口建立对应关系

⑥ 室内环境温度传感器

⑦ 室内管路温度传感器

CN20　室内环境温度传感器

图 15-7　变频空调器遥控器

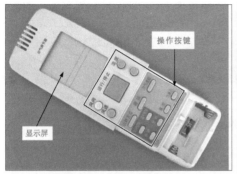
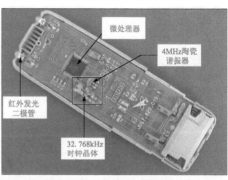

（显示屏、操作按键、微处理器、4MHz陶瓷谐振器、红外发光二极管、32.768kHz时钟晶体）

| 提示说明 |

　　4MHz 的陶瓷谐振器与微处理器内部的振荡电路产生高频时钟振荡信号，该信号经 8 次分频后产生 38kHz 的载波脉冲，遥控器发射的信号调制在 38kHz 载波频率上向外发射。

　　32.768kHz 的晶体与微处理器内部的振荡电路构成副晶体振荡器，产生 32.768kHz 的低频时钟振荡信号，为微处理器的显示驱动电路提供待机时钟信号。

　　图 15-8 为典型变频空调器显示及遥控接收电路。接收电路安装在空调器室内机前面板内，用于将接收到的红外光信号转换成电信号，经放大、滤波和整形处理后变成控制脉冲，送给室内机微处理器，同时将空调器状态信息通过发光二极管或显示屏显示出来。

图 15-8　典型变频空调器显示及遥控接收电路

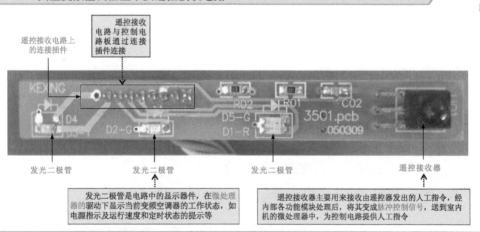

（遥控接收电路上的连接插件、遥控接收电路与控制电路板通过连接插件连接、发光二极管、发光二极管、发光二极管、遥控接收器）

发光二极管是电路中的显示器件，在微处理器的驱动下显示当前变频空调器的工作状态，如电源指示及运行速度和定时状态的提示等

遥控接收器主要用来接收由遥控器发出的人工指令，经内部各功能模块处理后，将其变成脉冲控制信号，送到室内机的微处理器中，为控制电路提供人工指令

　　如图 15-9 所示，空调器显示及遥控接收电路用来接收遥控器送来的人工指令，并将接收到的红外光信号转换成电信号，送入空调器室内机控制电路执行相应指令。空调器室内机的控制电路将处理后的显示信号送往显示电路中，由电路中的显示部件显示空调器的当前工作状态。

　　图 15-10 为典型变频空调器的遥控器电路。

　　1）遥控器内部的微处理器芯片用于控制整个遥控器工作，正常工作需要满足基本的供电和时钟信号。供电电压由电池提供；时钟信号由晶体 Z1、Z2 提供。

　　2）遥控器通电后，其内部电路开始工作，用户通过操作按键（SW1～SW19）输入人工指令。

　　3）人工指令信号经微处理器处理后形成控制指令，经数字编码和调制后由 18 脚输出。

　　4）再经晶体管 V1、V2 放大后，驱动红外发光二极管 LED1 和 LED2 通过辐射窗口将控制信号发射出去，由遥控接收器接收。

图 15-9　显示及遥控接收电路的原理框图

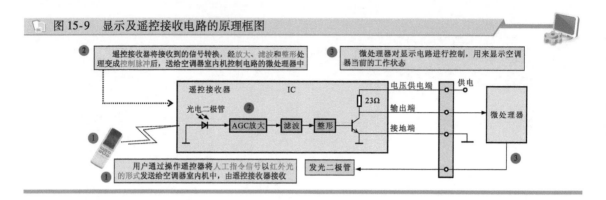

图 15-10　典型变频空调器的遥控器电路

扫一扫看视频

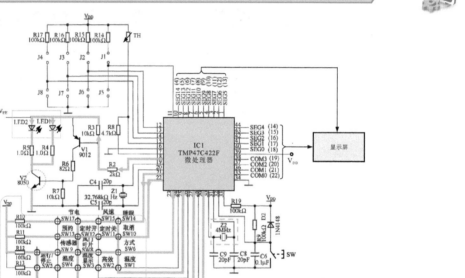

5）遥控器显示屏显示当前遥控器设定的状态和温度、风向等参数信息。

图 15-11 为典型变频空调器显示及遥控接收电路。

图 15-11　典型变频空调器显示及遥控接收电路

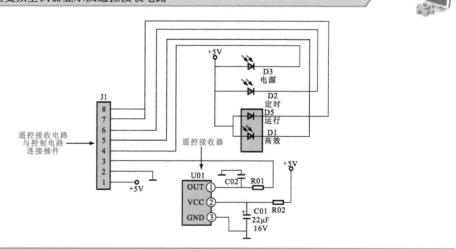

1）将制电路输出的显示驱动信号送往发光二极管（D1～D3）中，显示空调器的工作状态。其中，发光二极管 D3 用来显示空调器的电源状态；D2 用来显示空调器的定时状态；D5 和 D1 分别用来显示空调器的正常运行和高效运行状态。

2）遥控接收器的 2 脚为 5V 工作电压，1 脚输出遥控信号并送往微处理器中，为控制电路输入人工指令信号，使空调器执行人工指令。

3）空调器控制电路送来的状态显示信号经插件 J1 送到遥控接收电路，经发光二极管显示出来；同时遥控信号经接收电路处理后也经插件 J1 送入控制电路中。

15.1.5 变频空调器通信电路

如图 15-12 所示，变频空调器室内机与室外机之间的控制由通信电路实现，通过通信电路可以使空调器内的各部件协调工作。其中，室外机控制电路要按照室内机控制电路发送的指令工作，而室内机控制电路也会收到室外机控制电路发送的反馈数据。

图 15-12 变频空调器通信电路的功能

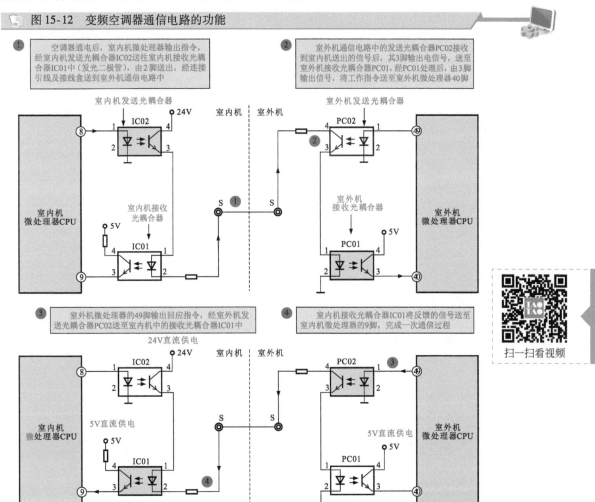

图 15-13 为典型变频空调器通信电路的电路关系。通信电路的工作过程为室内机与室外机数据的传输过程。室内机的控制指令信号、室外机的状态反馈信号都是通过该通道进行传输的。

图 15-13　典型变频空调器通信电路的电路关系

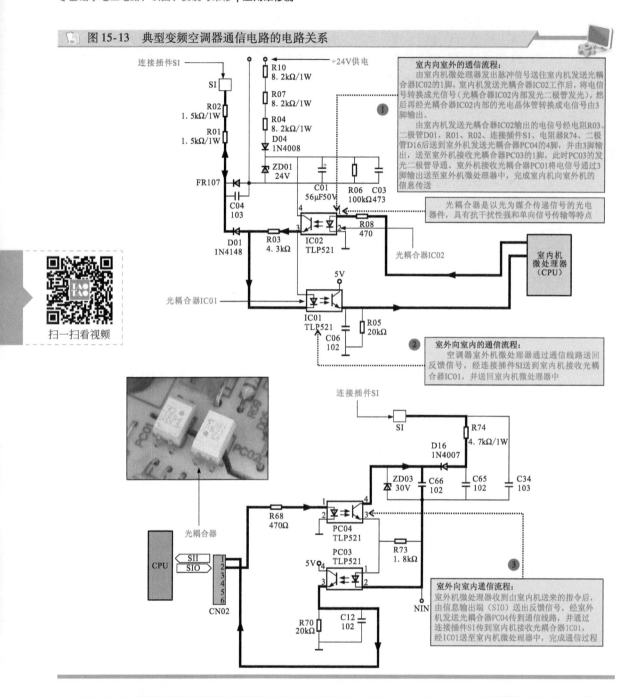

室内向室外的通信流程：
由室内机微处理器发出脉冲信号送往室内机发送光耦合器IC02的1脚，室内机发送光耦合器IC02工作后，将电信号转换成光信号（光耦合器IC02内部发光二极管发光），然后再经光耦合器IC02内部的光电晶体管转换成电信号由3脚输出。
由室内机发送光耦合器IC02输出的电信号经电阻R03、二极管D01、R01、R02、连接插件S1、电阻器R74、二极管D16后送到室外机发送光耦合器PC04的4脚，并由3脚输出，送至室外机接收光耦合器PC03的1脚，此时PC03的发光二极管导通。室外机接收光耦合器PC01将电信号通过3脚输出送至室外机微处理器中，完成室内机向室外机的信息传送

光耦合器是以光为媒介传送信号的光电器件，具有抗干扰性强和单向信号传输等特点

室外向室内的通信流程：
空调器室外机微处理器通过通信线路送回反馈信号，经连接插件SI到室内机接收光耦合器IC01，并送回室内机微处理器中

室外向室内通信流程：
室外机微处理器收到由室内机送来的指令后，由信息输出端（SIO）送出反馈信号，经室外机发送光耦合器PC04传到通信线路，并通过连接插件SI传到室内机接收光耦合器IC01，经IC01送至室内机微处理器中，完成通信过程

扫一扫看视频

15.1.6　变频空调器的电路检修方法

1　电源电路的检修

空调器的电源电路为整机提供工作电压。该电路出现故障通常会引起空调器不开机、整机不工作或部分功能失常等。电源电路的组成元器件有很多，检测时，需要根据一定的顺序，逐步对重要检测点进行测试，查找故障。

图 15-14 为变频空调器电源电路的检修分析。通常，以电路输出端电压参数作为检测入手点是快速判断电源电路故障的有效方法。

图 15-14 变频空调器电源电路的检修分析

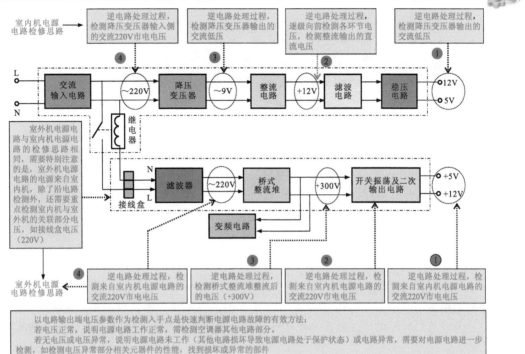

（1）电源电路输出端直流电压的检测

图 15-15 为电源电路输出端直流电压的检测。若检测电源电路输出的各路直流电压均正常，则说明电源电路正常；若检测无直流低压输出，则说明该电路前级电路可能出现故障。可根据检修分析，逆电路处理过程向前级检测。

图 15-15 电源电路输出端直流电压的检测

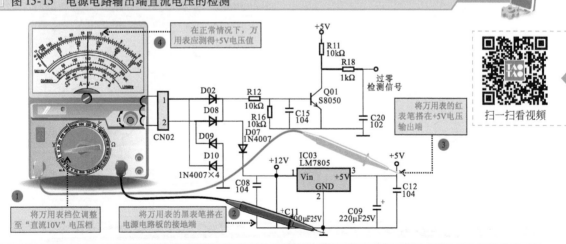

（2）三端稳压器输入和输出电压的检测

如图 15-16 所示，若检测室内机、室外机电源电路中 +5V 低压直流电压无输出，则需要对前级电路中的三端稳压器进行检测。在正常情况下，三端稳压器输入 +12V 电压，输出 +5V 电压。

图 15-16　三端稳压器输出端直流电压的检测

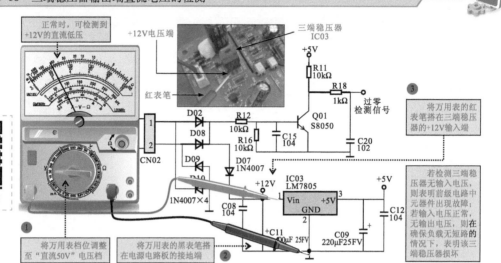

（3）+300V 输出电压的检测

在室外机电源电路中，+300V 输出电压也是一个十分关键的检测点，若无该电压，则室外机不能进入工作状态，因此需重点检测整流滤波电路中输出的 +300V。图 15-17 为 +300V 输出电压的检测方法。

图 15-17　+300V 输出电压的检测方法

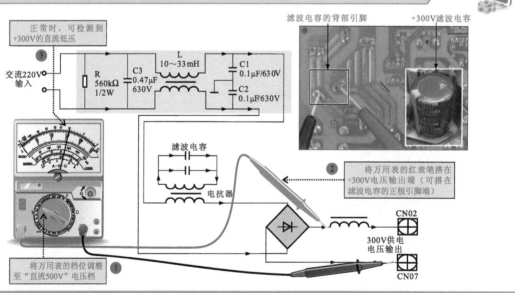

| 提示说明 |

若检测电源电路输出的 +300V 电压正常，则说明交流输入和桥式整流电路正常；若检测不到 +300V 输出电压，则说明桥式整流堆或滤波电容等不良，需要进行下一步的检修。

直流 300V 电压是电源电路中关键的工作电压之一，若该电压不正常，则会造成空调器变频电路不工作、室外机无法正常运行等故障，可重点对桥式整流堆、滤波电容及变压器进行检测。

（4）降压变压器的检测

如图 15-18 所示，降压变压器是室内机中主要的器件之一，若室内机中桥式整流电路输入侧无电压，则需要检测前一级的降压变压器，判断降压变压器是否正常。

图 15-18　降压变压器的检测

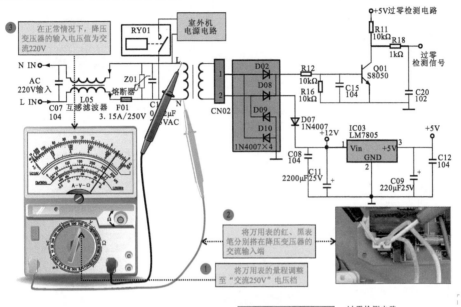

扫一扫看视频

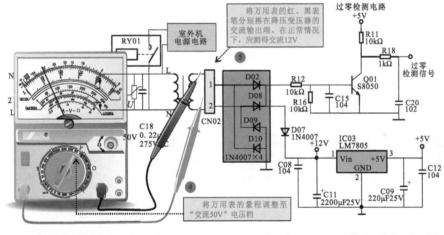

| 提示说明 |

在正常情况下，降压变压器的输入电压为 220V，输出电压为 12V。

若输入正常，输出不正常时，则多为降压变压器本身损坏。

若无输入，则应继续检测前一级交流输入、滤波电路中的主要元器件。

2　控制电路的检测

检修控制电路时，若空调器仍能通电，可通过检测电路基本的供电、复位、时钟三大条件要素及输入和输出控制信号判断好坏，并结合检测结果检测怀疑元器件的性能；若空调器无法通电，则可直接在断电状态下检测怀疑元器件的性能，由此找出故障点，排除故障。

（1）微处理器的检测

如图 15-19 所示，供电、复位和时钟信号是微处理器正常工作的三个基本要素，缺一不可，因此判断控制电路是否正常，需要先判断三要素是否满足。

269

📖 图 15-19　微处理器工作条件的检测

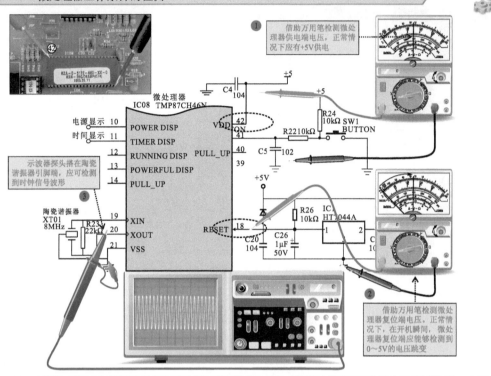

若时钟信号异常，可能为陶瓷谐振器损坏，也可能为微处理器内部振荡电路部分损坏，可进一步用万用表检测陶瓷谐振器引脚阻值的方法判断其好坏。正常情况下，陶瓷谐振器两端之间的电阻应为无穷大，若阻值为零或出现一定数值（需要排除外围元件影响），则多为陶瓷谐振器损坏。

| 提示说明 |

　　需要注意的是，当实际检测陶瓷谐振器两引脚之间的阻值为无穷大时，不能由此确定其本身正常，因为当其内部发生开路故障时，实测阻值也会是无穷大。因此，使用万用表检测引脚阻值只能是粗略判断其当前状态，若要明确好坏，一般采用替换法进行。

　　如图 15-20 所示，检测控制电路时，若检查微处理器的工作条件正常，接下来可检测其输出的控制信号，以判断控制电路当前的工作状态。

📖 图 15-20　微处理器输出信号的检测

扫一扫看视频

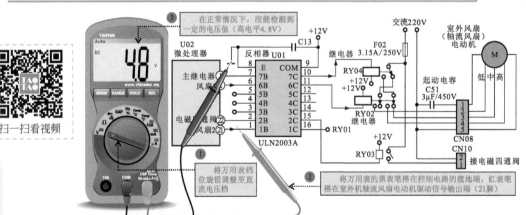

如图 15-21 所示，使空调器控制电路正常工作需要向控制电路输入相应的控制信号，其中包括遥控指令信号和温度检测信号，通过检测这些信号可判断控制电路输入侧是否正常。

图 15-21　微处理器输入信号的检测

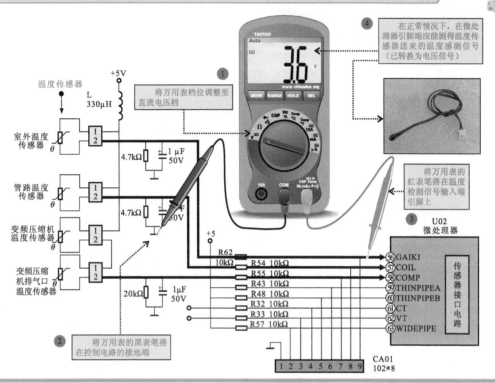

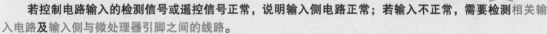

| 提示说明 |

若控制电路输入的检测信号或遥控信号正常，说明输入侧电路正常；若输入不正常，需要检测相关输入电路及输入侧与微处理器引脚之间的线路。

若微处理器输入信号正常，且工作条件也正常，而无任何输出，则说明微处理器本身损坏，需要进行更换；若输入控制信号正常，而某一项控制功能失常，即某一路控制信号输出异常，则多为微处理器相关引脚外围元件（如继电器、反相器等）失常，找到并更换损坏元件即可排除故障。

（2）反相器的检测

反相器是空调器中各种功能部件的驱动电路部分，若该器件损坏将直接导致变频空调器相关的功能部件失常，如常见的有室内、室外风扇电动机不运行，电磁四通阀不换向引起的变频空调器不制热等。

如图 15-22 所示，反相器是否正常，可使用万用表检测其各引脚的对地阻值的方法进行判断。

（3）温度传感器的检测

在空调器中，温度传感器是不可缺少的控制器件，如果温度传感器损坏或异常，会引起空调器不工作、室外机不运行等故障。如图 15-23 所示，可通过检测温度传感器的电压变化判断其好坏。

| 提示说明 |

若温度传感器的供电电压正常，插座处的电压为 0V，则多为外接传感器损坏，应更换。一般来说，若微处理器的传感器信号输入引脚处电压高于 4.2V 或低于 0.55V，都可以判断为温度传感器损坏。

📖 图 15-22 反相器的检测

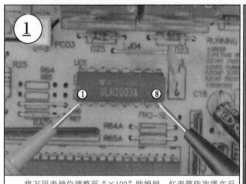

将万用表档位调整至"×100"欧姆档，红表笔依次搭在反相器的各引脚上，测其各引脚的正向阻值，黑表笔搭在反相器的接地引脚端（⑧脚）

在正常情况下，反相器各引脚的正向对地阻值应为一个固定值。

📖 图 15-23 温度传感器的检测

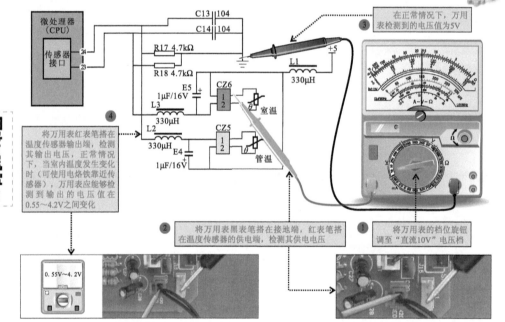

扫一扫看视频

④ 将万用表红表笔搭在温度传感器输出端，检测其输出电压，正常情况下，当室内温度发生变化时（可使用电烙铁靠近传感器），万用表应能够检测到输出的电压值在0.55~4.2V之间变化

② 将万用表黑表笔搭在接地端，红表笔搭在温度传感器的供电端，检测其供电电压

① 将万用表的档位旋钮调至"直流10V"电压档

③ 在正常情况下，万用表检测到的电压值为5V

3 显示及遥控电路的检测

显示及遥控电路是空调器实现人机交互的部分。若该电路出现故障，经常会引起控制失灵、显示异常等故障。检修时，可依据故障现象分析出产生故障的原因，并根据遥控电路的信号流程对可能产生故障的部件逐一进行排查。

如图 15-24 所示，典型空调器显示和遥控接收电路检修分析。

对于遥控器的检测，应重点检测遥控器的供电及红外发光二极管。若遥控器正常，则需对遥控接收器进行检查。遥控接收器是用来接收控制信号的主要器件，若该器件损坏，则会造成使用遥控器操作时，室内机无反应的故障，如无法正常开机、无法调整温度等。

如图 15-25 所示，检测遥控接收器时，可通过检测供电、输出信号来判断好坏。

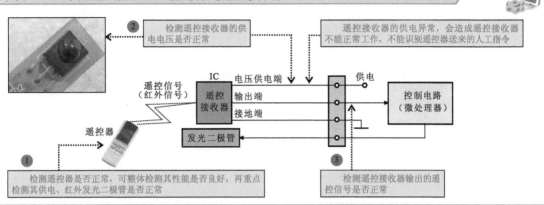

图 15-24 典型空调器显示和遥控接收电路检修分析

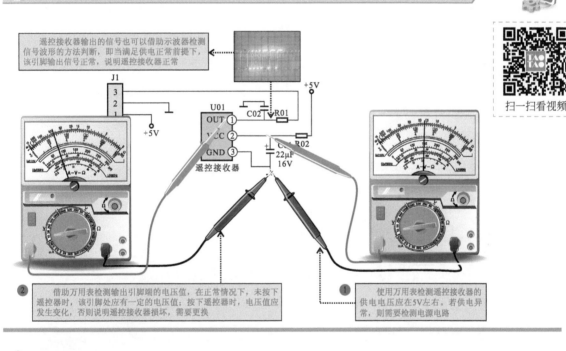

图 15-25 遥控接收器的检测

4 通信电路的检测

通信电路是空调器中重要的数据传输电路。若该电路出现故障，会引起空调器室外机不运行或运行一段时间后停机等现象。

怀疑是通信电路出现故障时，可先检测室内机与室外机的连接部分，判断通信电路的状态。若连接完好，则需要进一步使用万用表检测连接部分的电压值是否正常。

如图 15-26 所示，在正常情况下，在稳压二极管的两端应能检测到 24V 直流电压，若无电压，应进一步对该器件本身进行检测，排除击穿或是开路故障；若稳压二极管本身正常，仍无 24V 电压，需要对该电路中的其他主要元器件（大功率的电阻器、整流二极管等）进行检测。

通信光耦合器是通信电路中的主要通信器件，通过通信光耦合器可以完成信号的传递及反馈。该器件损坏后，会造成室外机压缩机不工作、风扇电动机不运转等故障。

如图 15-27 所示，检测通信光耦合器是否正常时，可先检测其工作条件是否正常。

273

📄 图15-26　空调器通信电路供电电压的检测

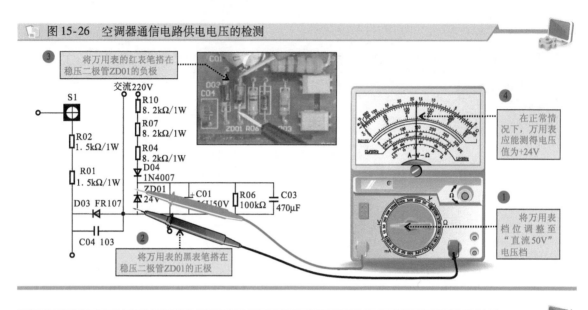

📄 图15-27　通信光耦合器工作电压的检测

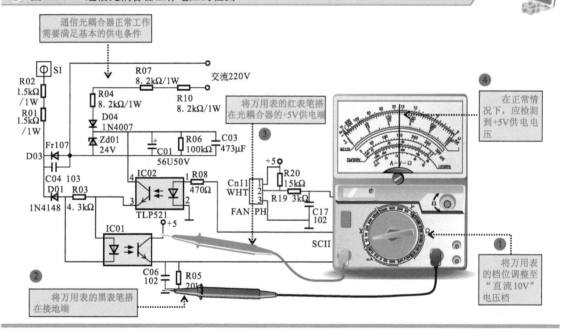

　　通信电路正常工作时，该电路中的发送光耦合器和接收光耦合器应有+5V的工作电压，若该电压不正常，则即使通信光耦合器本身正常也不能正常工作。

┃**提示说明**┃ 💡

　　若检测通信电路的供电电压及通信光耦合器的工作条件均正常，还应对通信电路中通信光耦合器的性能进行检测，即检测通信光耦合器引脚间阻值。通信光耦合器内部是由发光二极管和光电晶体管构成的，正常情况下，检测其内部发光二极管正、反向阻值时，正向有一定的阻值，反向为无穷大；检测其内部光电晶体管时，正、反向均有一定的阻值。若检测其阻值不正常，则需要及时更换。

　　若检测光耦合器正常，但通信电路仍无法正常通信，还需要检测微处理器输出端的脉冲信号。如图15-28所示，借助万用表检测微处理器通信引脚端的脉冲信号。

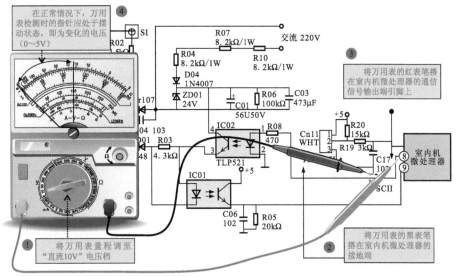

图 15-28 微处理器通信引脚端通信信号的检测

15.2 中央空调电路维修

15.2.1 风冷式中央空调电路

风冷式中央空调的电路系统主要包括室外机电控箱及相关电气部件和室内机控制及遥控、远程控制系统等部分。图 15-29 为风冷式中央空调机组的电路。

15.2.2 水冷式中央空调电路

水冷式中央空调电路系统主要包括电路控制柜、传感器、检测开关等电气部件，压缩机、水泵等电气设备，室内线控器或遥控器及相关电路部分。图 15-30 为典型水冷式中央空调的电路系统。该电路采用 3 台西门子通用型变频器分别控制中央空调系统中的回风机电动机 M1 和送风机电动机 M2、M3。

如图 15-31 所示，在该中央空调变频电路中，回风机电动机 M1、送风机电动机 M2 和 M3 的电路结构的变频控制关系均相同，下面以回风机电动机 M1 为例具体介绍电路的控制过程。

① 合上总断路器 QF，接通中央空调三相电源。

② 合上断路器 QF1，1 号变频器得电。

③ 按下启动按钮 SB2，中间继电器 KA1 线圈得电。

3-1 KA1 常开触头 KA1-1 闭合，实现自锁功能。同时运行指示灯 HL1 点亮，指示回风机电动机 M1 起动工作。

3-2 KA1 常开触头 KA1-2 闭合，变频器接收到变频启动指令。

3-3 KA1 常开触头 KA1-3 闭合，接通变频柜散热风扇 FM1、FM2 的供电电源，散热风扇 FM1、FM2 开始工作。

④ 变频器内部主电路开始工作，U、V、W 端输出变频驱动信号，信号频率按预置的升速时间上升至与频率给定电位器设定的数值，回风机电动机 M1 按照给定的频率运转。

⑤ 按下停止按钮 SB1，运行指示灯 HL1 熄灭。

⑥ 中间继电器 KA1 线圈失电，触点全部复位。

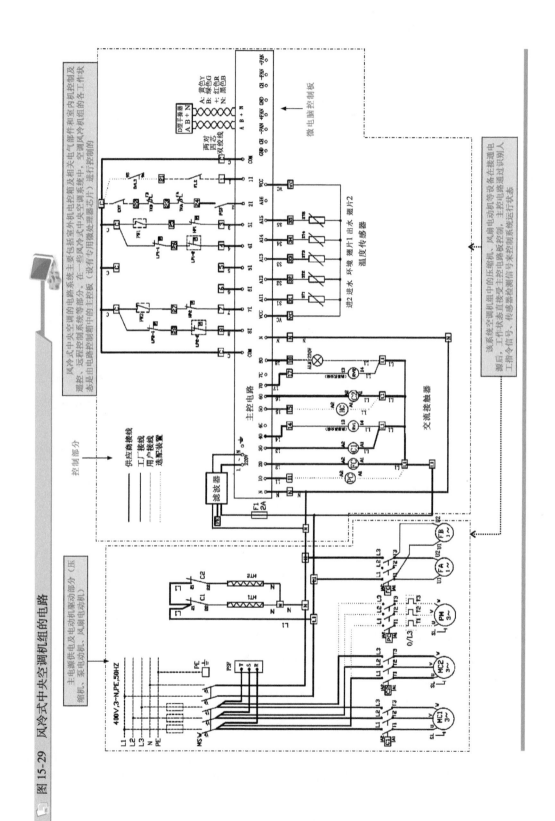

图 15-29 风冷式中央空调机组的电路

图 15-30 典型水冷式中央空调的电路系统

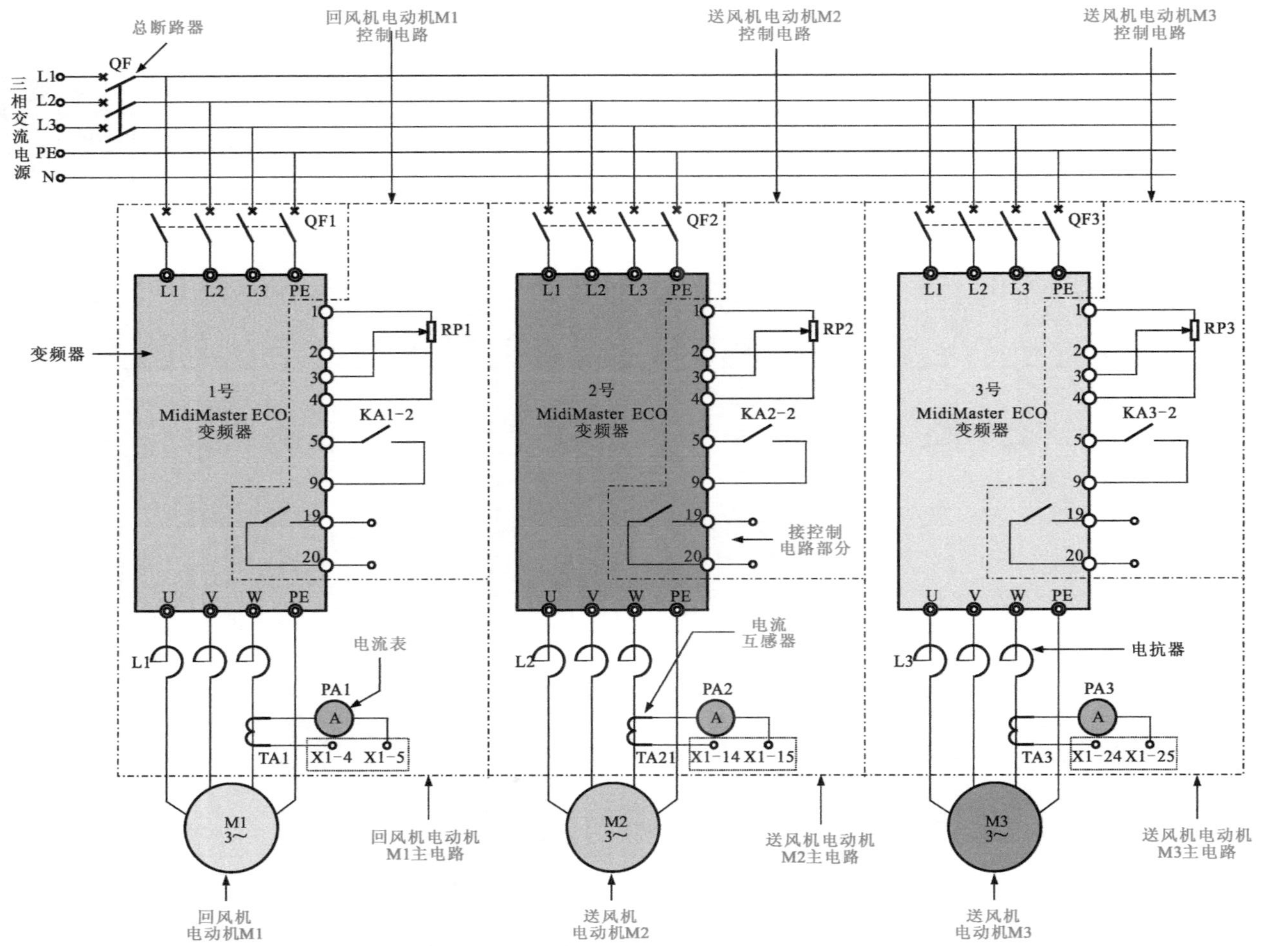

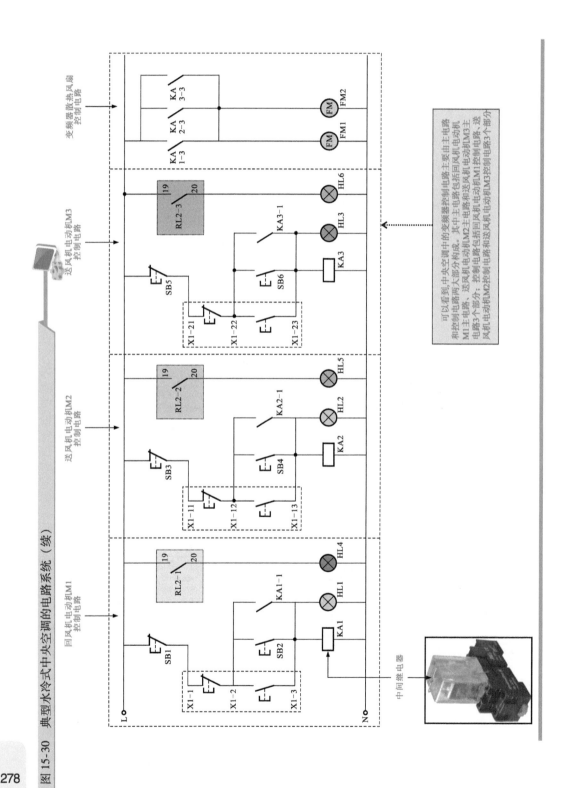

图 15-30 典型水冷式中央空调的电路系统（续）

可以看到，中央空调中的变频器控制电路主要由主电路和控制电路两大部分构成。其中主电路包括回风机、电动机LM1主电路，送风机电动机LM2主电路和送风机电动机LM3主电路3个部分；控制电路包括回风机电动机LM1控制电路、送风机电动机LM2控制电路和送风机电动机LM3控制电路3个部分

图 15-31　水冷式中央空调变频控制电路的控制过程

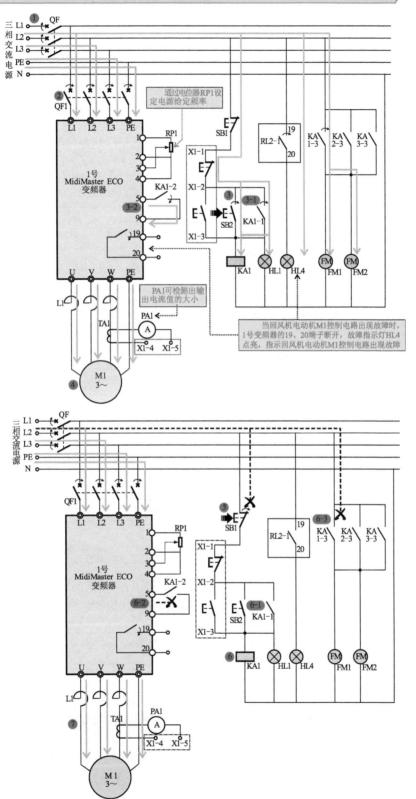

⑥-1 KA1 的常开触头 KA1-1 复位断开，解除自锁功能。

⑥-2 KA1 常开触头 KA1-2 复位断开，变频器接收到停机指令。

⑥-3 KA1 常开触头 KA1-3 复位断开，切断变频柜散热风扇 FM1、FM2 的供电电源，散热风扇停止工作。

⑦ 变频器内部电路处理由 U、V、W 端输出变频停机驱动信号，加到回风机电动机 M1 的三相绕组上，M1 转速降低，直至停机。

15.2.3　多联式中央空调电路

如图 15-32 所示，根据多联式中央空调的电路系统分为室外机和室内机两个部分。电路之间、电路与电气部件之间由接口及电缆实现连接和信号传输。

图 15-32　多联式中央空调的电路系统

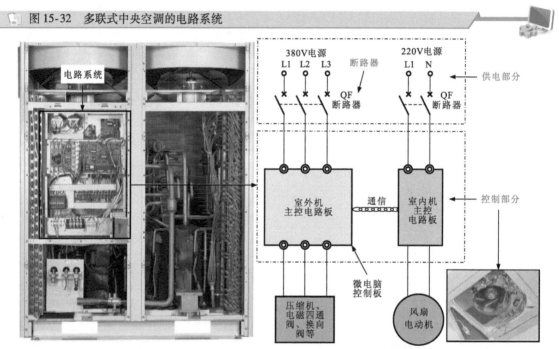

15.2.4　中央空调电路检修方法

中央空调电路系统是一个具有自动控制、自动检测和自动故障诊断的智能控制系统，若该系统出现故障常会引起中央空调控制失常、整个系统不能启动、部分功能失常、制冷/制热异常以及启动断电等现象。

如图 15-33 所示，从电路角度，当中央空调出现异常故障时，主要先从系统的电源部分入手，排除电源故障后，再针对控制电路、负载等进行检修。

1　断路器的检修

如图 15-34 所示，检测中央空调中断路器，可以在断电的情况下，利用其通断状态特点，借助万用表检测断路器输入端子和输出端子之间的阻值判断好坏。

在正常情况下，当断路器处于断开状态时，其输入和输出端子之间的阻值应为无穷大；处于接通状态时，其输入和输出端子之间的阻值应为零；若不符合则说明断路器损坏，应用同规格断路器进行更换。

图 15-33　中央空调电路系统的基本检修流程

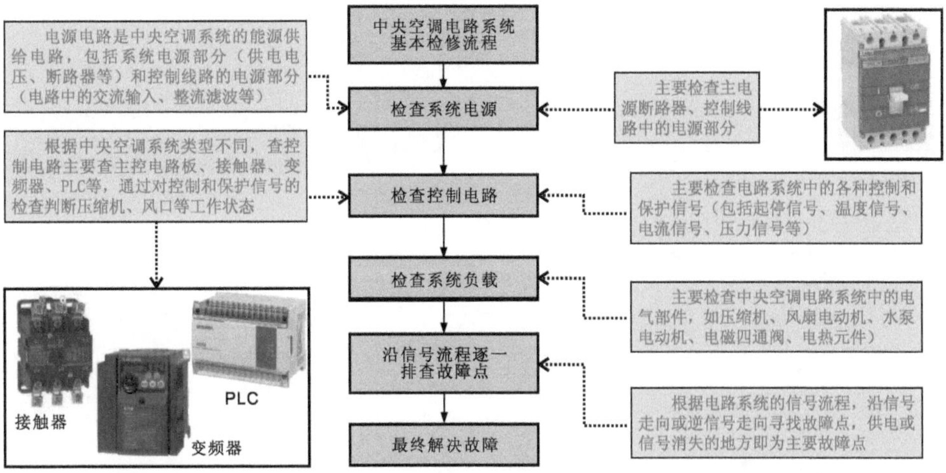

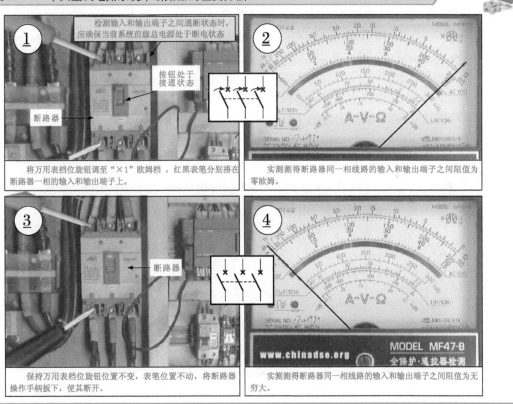

电源电路是中央空调系统的能源供给电路，包括系统电源部分（供电电压、断路器等）和控制线路的电源部分（电路中的交流输入、整流滤波等）

根据中央空调系统类型不同，查控制电路主要查主控电路板、接触器、变频器、PLC等，通过对控制和保护信号的检查判断压缩机、风口等工作状态

接触器　PLC　变频器

中央空调电路系统基本检修流程

检查系统电源

检查控制电路

检查系统负载

沿信号流程逐一排查故障点

最终解决故障

主要检查主电源断路器、控制线路中的电源部分

主要检查电路系统中的各种控制和保护信号（包括起停信号、温度信号、电流信号、压力信号等）

主要检查中央空调电路系统中的电气部件，如压缩机、风扇电动机、水泵电动机、电磁四通阀、电热元件）

根据电路系统的信号流程，沿信号走向或逆信号走向寻找故障点，供电或信号消失的地方即为主要故障点

图 15-34　中央空调电路系统中断路器的检测方法

① 检测输入和输出端子之间通断状态时，应确保当前系统前级总电源处于断电状态

按钮处于接通状态

断路器

将万用表档位旋钮调至"×1"欧姆档，红黑表笔分别搭在断路器一相的输入和输出端子上。

② 实测测得断路器同一相线路的输入和输出端子之间阻值为零欧姆。

③ 断路器

保持万用表档位旋钮位置不变，表笔位置不动，将断路器操作手柄扳下，使其断开。

④ MODEL MF47-8
www.chinadse.org
全保护·遥控器检测

实测测得断路器同一相线路的输入和输出端子之间阻值为无穷大。

2　交流接触器的检修

如图 15-35 所示，在实际控制线路中，接触器一般利用主触点来接通和分断主电路及其连接负载，用辅助触点来执行控制指令。例如，在中央空调水系统中水泵的起停控制线路中，交流接触器 KM 主要由线圈、一组常开主触点 KM-1、两组常开辅助触点和一组常闭辅助触点构成。

图 15-35 交流接触器的特点

扫一扫看视频

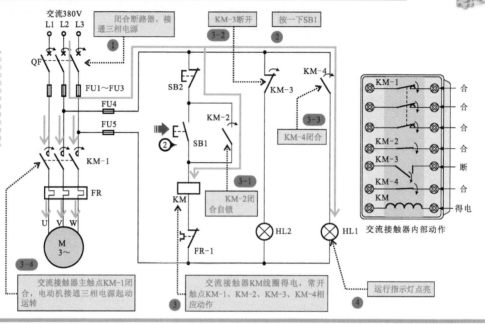

交流接触器是中央空调电路系统中的重要元件，利用其内部主触点来控制中央空调负载的通断电状态，用辅助触点来执行控制的指令。

若交流接触器损坏，则会造成中央空调不能起动或不能正常运行。判断其性能的好坏主要是使用万用表判断交流接触器在断电的状态下，线圈及各对应引脚间的阻值是否正常。图 15-36 为交流接触器的检测方法。

图 15-36 交流接触器的检测方法

扫一扫看视频

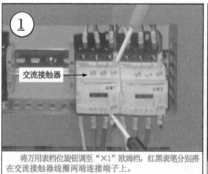
将万用表档位旋钮调至"×1"欧姆档，红黑表笔分别搭在交流接触器线圈两端连接端子上。

交流接触器内的线圈，正常情况下应有一定的阻值。

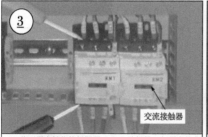
将万用表档位旋钮调至"×1"欧姆档，红黑表笔分别搭在交流接触器的常开主触点上。

交流接触器常开触点在初始状态时的阻值应为无穷大；常闭触点在初始状态时的阻值应为零。

当交流接触器内部线圈得电时,会使其内部触点做与初始状态相反的动作,即常开触点闭合,常闭触点断开;当内部线圈失电时,其内部触点复位,恢复初始状态。

因此,对该接触器进行检测时,需依次对其内部线圈阻值及内部触点在开启与闭合状态时的阻值进行检测。由于是断电检测接触器的好坏,因此,检测常开触点的阻值应为无穷大,当按动交流接触器上端的开关按键,强制接通后,常开触点闭合,其阻值正常应为零。

3 变频器的检修

在中央空调电路系统中,采用变频器进行控制的电路系统安装于控制箱中,变频器作为核心的控制部件,主要用于控制冷却水循环系统(冷却水塔、冷却水泵、冷冻水泵等)以及压缩机的运转状态。

由此可知,当变频器异常往往会导致整个变频控制系统失常。要判断变频器的性能是否正常,可检测变频器供电电压和输出控制信号是正常。

如图 15-37 所示,检测变频器供电电压和输出控制信号,若输入电压正常,无变频驱动信号输出,则说明变频器本身异常。

图 15-37 变频器检测

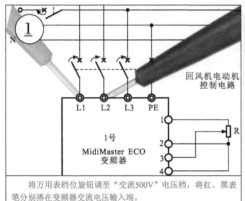

将万用表档位旋钮调至"交流500V"电压档,将红、黑表笔分别搭在变频器交流电压输入端。

正常情况下变频器输入端电压约为380V。

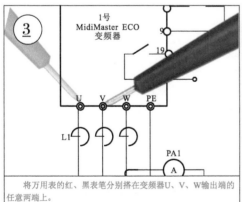

将万用表的红、黑表笔分别搭在变频器U、V、W输出端的任意两端上。

实测变频器输出变频电压为120V。正常情况下变频器输出端输出的变频电压应为几十伏至200V左右,所测电压正常。

4 PLC 检修

在中央空调控制系统中,很多控制电路采用了 PLC 进行控制,不仅提高了控制电路的自动化性能,也使得电路结构得以简化,后期对系统的调试、维护也十分方便。

如图 15-38 所示，判断中央空调系统中 PLC 本身的性能是否正常，应检测其供电电压是否正常，若供电电压正常的情况下，无输出则说明 PLC 异常，则需要对其进行检修或更换。

图 15-38　PLC 检测

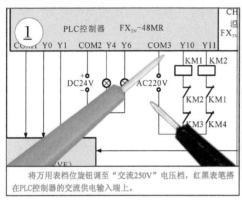

将万用表档位旋钮调至"交流250V"电压档，红黑表笔搭在PLC控制器的交流供电输入端上。

实际检测输入电压值为交流220V。

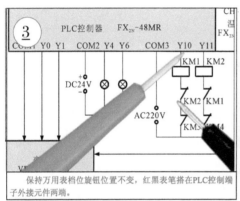

保持万用表档位旋钮位置不变，红黑表笔搭在PLC控制端子外接元件两端。

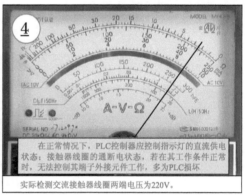

在正常情况下，PLC控制器应控制指示灯的直流供电状态；接触器线圈的通断电状态，若在其工作条件正常时，无法控制其端子外接元件工作，多为PLC损坏

实际检测交流接触器线圈两端电压为220V。

16.1 电动自行车电控电路维修

16.1.1 有刷电动机控制电路

有刷电动机控制器简称有刷控制器。它是与有刷电动机配合使用的控制器。图 16-1 为有刷电动机控制器的电路结构。

图 16-1 有刷电动机控制器的电路结构

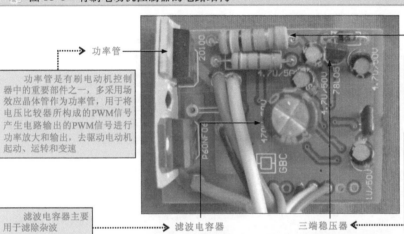

功率管

功率管是有刷电动机控制器中的重要部件之一，多采用场效应晶体管作为功率管，用于将电压比较器所构成的PWM信号产生电路输出的PWM信号进行功率放大和输出，去驱动电动机起动、运转和变速

限流电阻器

限流电阻器主要是限制电流量的大小，防止电流过大导致电动自行车有刷直流电动机控制器中的其他电路发生损坏

控制器电路板上各元器件所需要的工作电压，均低于电池提供的电压，通常将电池电压先进行限流和稳压后，再为控制器电路板各元器件供电，此时常用稳压元器件与限流电阻器构成稳压电路实现此功能

滤波电容器主要用于滤除杂波

滤波电容器

三端稳压器

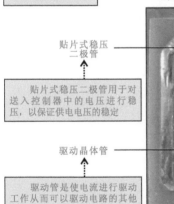

贴片式稳压二极管

贴片式稳压二极管用于对送入控制器中的电压进行稳压，以保证供电电压的稳定

驱动晶体管

驱动管是使电流进行驱动工作从而可以驱动电路的其他部分

扫一扫看视频

电压比较器LM339

电压比较器（LM339）内部由四个独立的电压比较器构成，在控制器电路中用于组成锯齿波脉冲产生电路和PWM调制电路等，在该电路中称为PWM信号产生电路

图 16-2 为有刷电动机控制器的连接关系。有刷电动机控制器通过连接引线与电动自行车其他功能部件连接，从而实现控制。

图 16-3 为采用 MC33035 芯片的有刷控制器电路。

欠电压保护电路由欠电压检测 U2B 和单端触发器 U3 组成。其输出经 Q4 倒相送 U1 的 7 脚，关断 U1 的输出。转把电压检测电路 U2C 的输出，送往单端触发器 U3 的强制复位端 1 脚进行调速工作。

图 16-2　有刷电动机控制器的连接关系

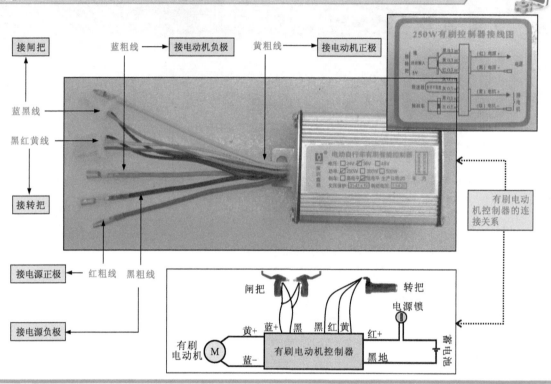

① 打开电源锁，接通 36V 蓄电池电压。

② 电池的 36V 电压经三端稳压器 LM317T 稳压后，由其 3 脚输出 +24V 电压。

③ +24V 电压经滤波电容器 C8、C9 滤波后送入三端稳压器 LM7815 的 1 脚，经稳压后输出 +15V 直流电压。

④ 电动自行车接通电源时，+24V 电压为 Q3 提供基极电流，为 U1 提供供电电压。

⑤ Q3 导通，继电器 J 得电吸合。

⑥ 蓄电池 36V 电压经继电器触点 J-1 加到电动机的上端。

⑦ 旋转转把加速，霍尔组件输出电压由低到高，该信号送到 U1 的 11 脚。

⑧ 调速信号在 U1 中经处理后由 19 脚输出 PWM 信号。

⑨ PWM 信号加到 Q1、Q2 的栅极，Q1、Q2 工作在开关状态。

⑩ 电动机起动并根据转把送来信号的大小调整其旋转转速。

⑪ 当捏下闸把时，左、右刹车开关闭合。

⑫ +15V 通过 R25、R21 为 Q6 提供基极电流，Q6 导通。

⑬ Q6 集电极电位降低，D4 导通，D8 截止，Q3 失去基极电流而截止。

⑭ 继电器 J 失电，触点断开，切断电动机电源，电动机停止转动。

16.1.2　无刷电动机控制电路

图 16-4 为无刷电动机控制器的电路结构。无刷电动机控制器简称无刷控制器，它是与无刷电动机配合使用的控制器。

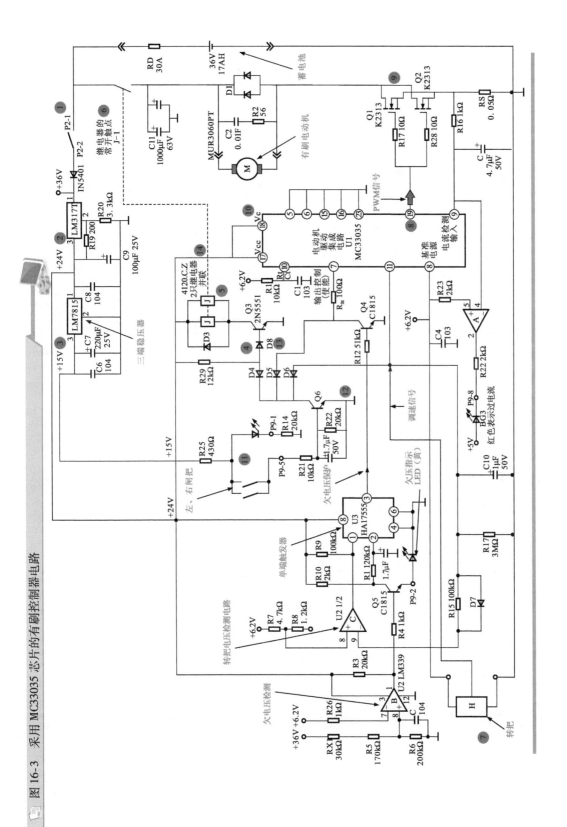

图 16-3 采用 MC33035 芯片的有刷控制器电路

图 16-4　无刷电动机控制器的电路结构

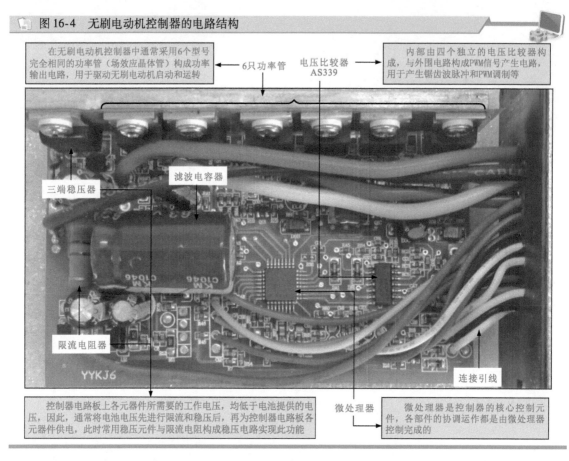

在无刷电动机控制器中通常采用6个型号完全相同的功率管（场效应晶体管）构成功率输出电路，用于驱动无刷电动机启动和运转

6只功率管

电压比较器 AS339

内部由四个独立的电压比较器构成，与外围电路构成PWM信号产生电路，用于产生锯齿波脉冲和PWM调制等

三端稳压器

滤波电容器

限流电阻器

YYKJ6

连接引线

控制器电路板上各元器件所需要的工作电压，均低于电池提供的电压，因此，通常将电池电压先进行限流和稳压后，再为控制器电路板各元器件供电，此时常用稳压元件与限流电阻构成稳压电路实现此功能

微处理器

微处理器是控制器的核心控制元件，各部件的协调运作都是由微处理器控制完成的

图 16-5 为无刷电动机控制器的连接关系。无刷电动机控制器通过连接引线与电动自行车电动机、转把、闸把、蓄电池、车灯等功能部件连接，从而实现控制。

图 16-5　无刷电动机控制器的连接关系

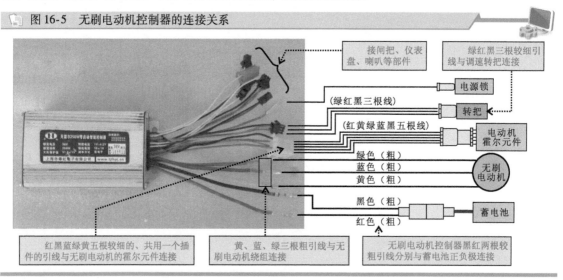

接闸把、仪表盘、喇叭等部件

绿红黑三根较细引线与调速转把连接

电源锁

（绿红黑三根线）

转把

（红黄绿蓝黑五根线）

电动机霍尔元件

绿色（粗）

蓝色（粗）

黄色（粗）

无刷电动机

黑色（粗）

红色（粗）

蓄电池

红黑蓝绿黄五根较细的、共用一个插件的引线与无刷电动机的霍尔元件连接

黄、蓝、绿三根粗引线与无刷电动机绕组连接

无刷电动机控制器黑红两根较粗引线分别与蓄电池正负极连接

图 16-6 为无刷电动机控制器的电路控制关系。

图 16-6 无刷电动机控制器的电路控制关系

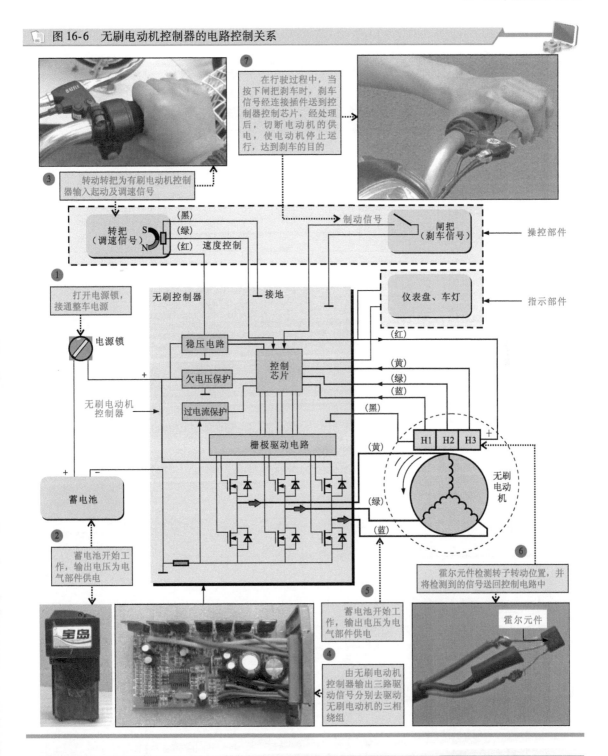

⑦ 在行驶过程中，当按下闸把刹车时，刹车信号经连接插件送到控制器控制芯片，经处理后，切断电动机的供电，使电动机停止运行，达到刹车的目的

③ 转动转把为有刷电动机控制器输入起动及调速信号

转把（调速信号） S N （黑）（绿）（红） 速度控制

制动信号

闸把（刹车信号）

操控部件

① 打开电源锁，接通整车电源

接地

仪表盘、车灯

指示部件

电源锁

无刷控制器

无刷电动机控制器

稳压电路

欠电压保护

过电流保护

控制芯片

栅极驱动电路

（红）（黄）（绿）（蓝）（黑）

H1 H2 H3 ＋

无刷电动机

（黄）（绿）（蓝）

蓄电池

② 蓄电池开始工作，输出电压为电气部件供电

⑤ 蓄电池开始工作，输出电压为电气部件供电

⑥ 霍尔元件检测转子转动位置，并将检测到的信号送回控制电路中

霍尔元件

④ 由无刷电动机控制器输出三路驱动信号分别去驱动无刷电动机的三相绕组

16.1.3 电动自行车电控电路检修方法

控制器作为电动自行车的控制核心，方法可根据输入的信号对电动机的运转进行控制。该部分出现故障主要表现为接通电源后电动机便高速运转（飞车故障）、电动机转速不稳（控制电路输出电压不稳定）、电动机不起动（控制电路无输出或输出电压不正常、通电烧控制器）、电动机抖动（控制电路断相）等。

| 提示说明 |

　　如图 16-7 所示，无刷电动机控制器中由 6 个功率管构成驱动电路，在微处理器芯片（或 PWM 信号产生电路）控制下实现交替循环导通和截止控制，从而不断改变电流的方向。

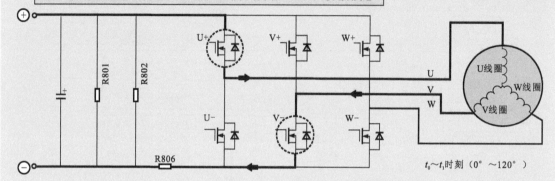

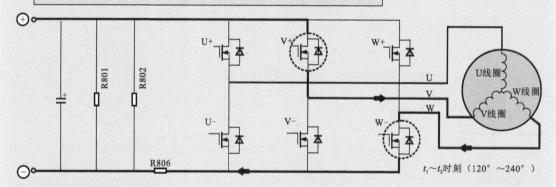

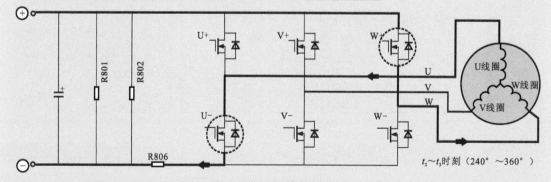

图 16-7　无刷控制器中驱动电路的工作过程

　　图 16-8 为采用 MC33035 + IR2103 芯片组合的无刷控制器电路。

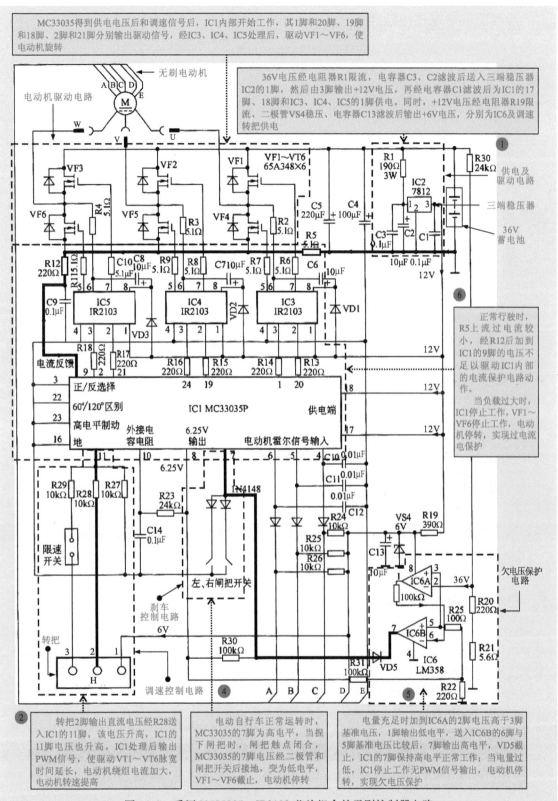

MC33035得到供电电压和调速信号后，IC1内部开始工作，其1脚和20脚、19脚和18脚、2脚和21脚分别输出驱动信号，经IC3、IC4、IC5处理后，驱动VF1～VF6，使电动机旋转

36V电压经电阻器R1限流，电容器C3、C2滤波后送入三端稳压器IC2的1脚，然后由3脚输出+12V电压，再经电容器C1滤波后为IC1的17脚、18脚和IC3、IC4、IC5的1脚供电。同时，+12V电压经电阻器R19限流、二极管VS4稳压、电容器C13滤波后输出+6V电压，分别为IC6及调速转把供电

正常行驶时，R5上流过电流较小，经R12后加到IC1的9脚的电压不足以驱动IC1内部的电流保护电路动作。
当负载过大时，IC1停止工作，VF1～VF6停止工作，电动机停转，实现过流电保护

转把2脚输出直流电压经R28送入IC1的11脚，该电压升高，IC1的11脚电压也升高。IC1处理后输出PWM信号，使驱动VT1～VT6脉宽时间延长，电动机绕组电流加大，电动机转速提高

电动自行车正常运转时，MC33035的7脚为高电平，当捏下闸把时，闸把触点闭合，MC33035的7脚电压经二极管和闸把开关后接地，变为低电平，VF1～VF6截止，电动机停转

电量充足时加到IC6A的2脚电压高于3脚基准电压，1脚输出低电平，送入IC6B的6脚与5脚基准电压比较后，7脚输出高电平，VD5截止，IC1的7脚保持高电平正常工作，当电量过低，IC1停止工作无PWM信号输出，电动机停转，实现欠电压保护

图 16-8 采用 MC33035 + IR2103 芯片组合的无刷控制器电路

1 控制器供电电压的检测

对控制器进行检修，首先检测控制器的供电条件，然后对控制器与各控制部件之间的控制信号进行检测，根据测量结果和故障表现查找故障原因。若确定故障源于内部电路板，再检测控制器内的电子元器件，一旦发现故障元件应及时代换。

如图 16-9 所示，可使用万用表在控制器与蓄电池连接引线插件处检测供电电压。

图 16-9　控制器供电电压的检测

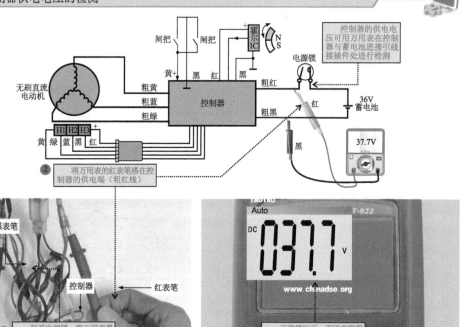

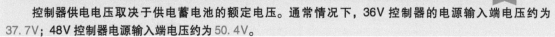

| 提示说明 |

控制器供电电压取决于供电蓄电池的额定电压。通常情况下，36V 控制器的电源输入端电压约为 37.7V；48V 控制器电源输入端电压约为 50.4V。

2 控制器控制信号的检测

骑行电动自行车时，转把会向控制器输送调速信号，闸把会向控制器输送制动信号。控制器会根据接收到的信号，向电动机发送驱动控制信号，同时霍尔元件也会向控制器随时输送位置信号，以确保电动自行车正常的工作。因此，在对控制器进行检测时，首先要对这些控制信号进行检测。

（1）控制器与转把之间调速信号的检测

图 16-10 为控制器与转把之间调速信号的检测方法。控制器只有接收到调速信号，才能输出相应驱动信号控制电动机状态。若调速信号异常，则应先排查转把故障。

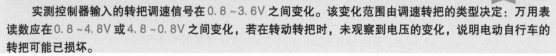

| 提示说明 |

实测控制器输入的转把调速信号在 0.8 ~ 3.6V 之间变化。该变化范围由调速转把的类型决定：万用表读数应在 0.8 ~ 4.8V 或 4.8 ~ 0.8V 之间变化，若在转动转把时，未观察到电压的变化，说明电动自行车的转把可能已损坏。

（2）控制器与闸把之间制动信号的检测

图 16-11 为控制器与闸把之间制动信号的检测方法。闸把为控制器送入刹车信号，控制器接收

到该信号，会控制切断电动机的供电。操作闸把时刹车信号应有高低电平的变化，该变化可用万用表检测。

图 16-10　控制器与转把之间调速信号的检测方法

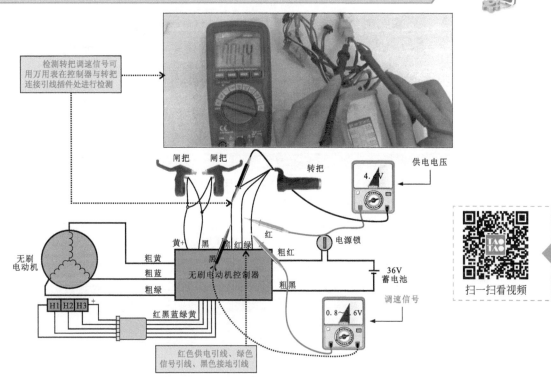

检测转把调速信号可用万用表在控制器与转把连接引线插件处进行检测

闸把　　闸把　　　　转把　　　　供电电压

4.8V

黄+　黑　蓝　红绿　　红　　电源锁　　　　扫一扫看视频

无刷电动机

粗黄　　　　黑　　　　　粗红

粗蓝　　无刷电动机控制器

粗绿　　　　　　　　　粗黑　　36V蓄电池

H1 H2 H3 +　红黑蓝绿黄　　　调速信号

0.8~4.6V

红色供电引线、绿色信号引线、黑色接地引线

图 16-11　控制器与闸把之间制动信号的检测方法

检测闸把刹车信号可用万用表在控制器与闸把连接引线插件处进行检测

闸把　　闸把　　　　转把

电源锁

白　黑　黑　红绿　　粗红

无刷电动机

粗黄　　红　　黑

粗蓝　　无刷控制器　　　粗黑　　4.8~0V

粗绿

H1 H2 H3 +　红黑蓝绿黄　　　48V蓄电池

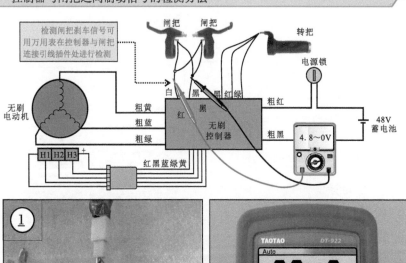

红表笔　　　黑表笔

万用表黑表笔搭在闸把连接插件的接地端上（细黑线），红表笔搭在刹车信号端上（细白线）。

正常情况下，未捏紧闸把时，万用表测得的电压为4.8V。

图 16-11　控制器与闸把之间制动信号的检测方法（续）

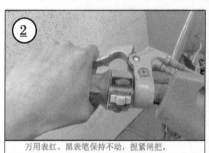 

万用表红、黑表笔保持不动，捏紧闸把。

正常情况下，捏紧闸把时，电压值变为零。

| 提示说明 |

通常，未操作闸把时，控制器与闸把之间的高电平信号应不小于 4V；当捏下闸把时，闸把刹车信号端的电压应变为低电平（接近 0V）。

（3）控制器与电动机之间驱动信号的检测

图 16-12 为控制器与电动机之间驱动信号的检测方法。

图 16-12　控制器与电动机之间驱动信号的检测方法

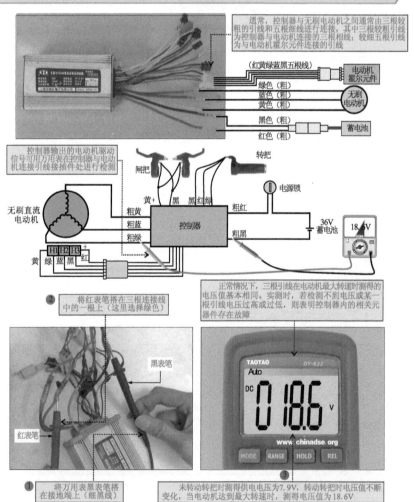

通常，控制器与无刷电动机之间通常由三根较粗的引线和五根细引线进行连接，其中三根较粗引线为控制器与电动机连接的三根相线；较细五根引线为与电动机霍尔元件连接的引线

（红黄绿蓝黑五根线）　电动机霍尔元件

绿色（粗）
蓝色（粗）　无刷电动机
黄色（粗）

黑色（粗）　蓄电池
红色（粗）

控制器输出的电动机驱动信号可用万用表在控制器与电动机连接引线接插件处进行检测

转把

无刷直流电动机

黄+　黑　黑红绿　　电源锁

粗黄　　　　　　　　粗红　　36V蓄电池　18.6V
粗蓝　　控制器
粗绿　　　　　　　　粗黑

H1 H2 H3 + -
黄 绿 蓝 黑 红

将红表笔搭在三根连接线中的一根上（这里选择绿色）

黑表笔

红表笔

正常情况下，三根引线在电动机最大转速时测得的电压值基本相同。实测时，若检测不到电压或某一根引线电压过高或过低，则表明控制器内的相关元器件存在故障

❶ 将万用表黑表笔搭在接地端上（细黑线）

❸ 未转动转把时测得供电电压为7.9V，转动转把时电压值不断变化，当电动机达到最大转速时，测得电压值为18.6V

（4）控制器与霍尔元件之间位置信号的检测

图 16-13 为控制器与霍尔元件之间位置信号的检测方法。

图 16-13 控制器与霍尔元件之间位置信号的检测方法

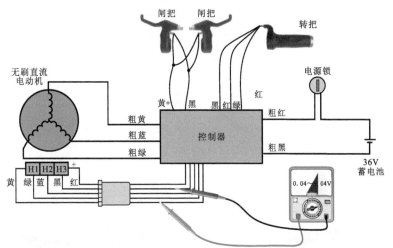

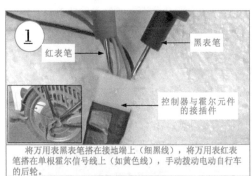

① 将万用表黑表笔搭在接地端上（细黑线），将万用表红表笔搭在单根霍尔信号线上（如黄色线），手动拨动电动自行车的后轮。

② 未转动转把时，手动拨动电动自行车的后轮，测得电压在0.04～5.04V之间变化。

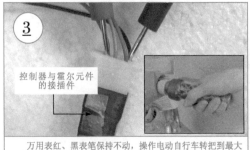

③ 万用表红、黑表笔保持不动，操作电动自行车转把到最大速度，并使无刷电动机匀速运转。

④ 转动转把到最大速度，电动机匀速运转时，测得电压值为2.53V。

16.2 电动自行车充电器电路维修

16.2.1 充电器的电路结构

图 16-14 为电动自行车充电器的电路结构。充电器电路板主要由熔断器、滤波电容、互感滤波器、桥式整流电路、开关晶体管、开关振荡集成电路、光耦合器、开关变压器、运算放大器等元器件构成。

📖 **图 16-14** 电动自行车充电器的电路结构

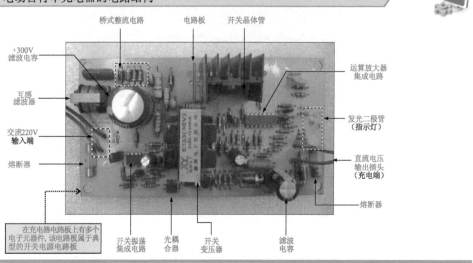

┃ **提示说明** ┃

　　如图 16-15 所示，开关振荡集成电路是产生开关脉冲的电路，开关振荡和控制电路集成在其中，工作时为开关晶体管提供驱动脉冲信号。

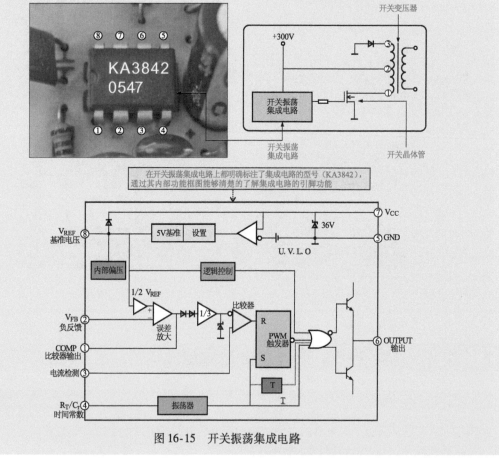

图 16-15　开关振荡集成电路

　　图 16-16 为典型 48V 充电器的电路结构。充电器电路根据功能特点可划分成开关振荡电路、直流输出电路、状态指示电路以及脉宽调制信号产生电路 4 个单元电路模块。

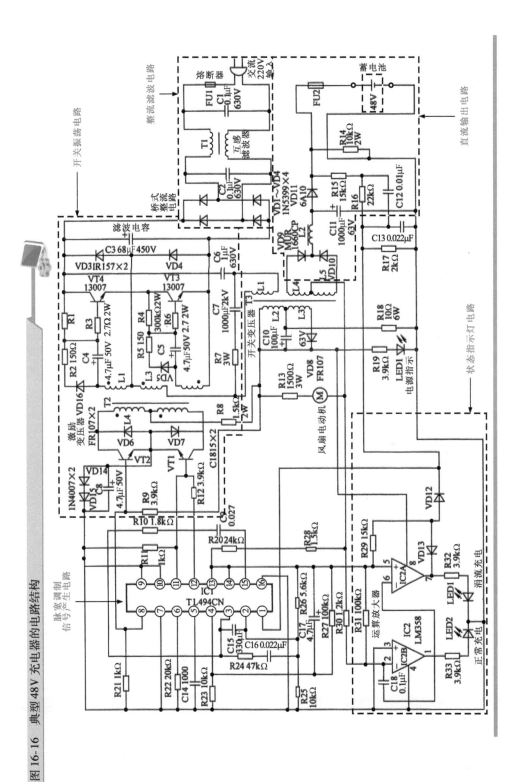

图 16-16 典型 48V 充电器的电路结构

图 16-17 为典型 48V 充电器电路中开关振荡单元电路的工作过程。

图 16-17　典型 48V 充电器电路中开关振荡单元电路的工作过程

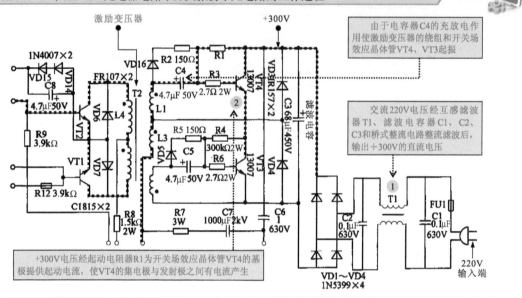

图 16-18 为典型 48V 充电器电路中直流输出单元电路的工作过程。

图 16-18　典型 48V 充电器电路中直流输出单元电路的工作过程

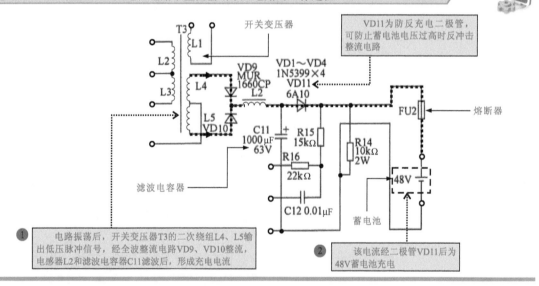

图 16-19 为典型 48V 充电器电路中状态指示单元电路的工作过程。

图 16-20 为典型 48V 充电器电路中脉宽调制信号产生单元电路的工作过程。

16.2.2　充电器的电路检修方法

图 16-21 为充电器的检修分析。在对充电器电路进行故障检修时，可重点对熔断器、桥式整流电路、滤波电容、开关振荡集成电路、开关晶体管、开关变压器、运算放大器及光耦合器进行检测。

图 16-19 典型 48V 充电器电路中状态指示单元电路的工作过程

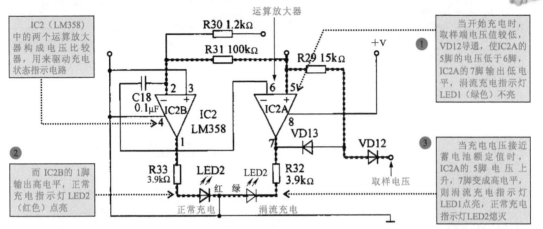

IC2（LM358）中的两个运算放大器构成电压比较器，用来驱动充电状态指示电路

运算放大器

① 当开始充电时，取样端电压值较低，VD12导通，使IC2A的5脚的电压低于6脚，IC2A的7脚输出低电平，涓流充电指示灯LED1（绿色）不亮

② 而 IC2B的 1脚输出高电平，正常充电指示灯LED2（红色）点亮

③ 当充电电压接近蓄电池额定值时，IC2A的 5脚电压上升，7脚变成高电平，则涓流充电指示灯LED1点亮，正常充电指示灯LED2熄灭

图 16-20 典型 48V 充电器电路中脉宽调制信号产生单元电路的工作过程

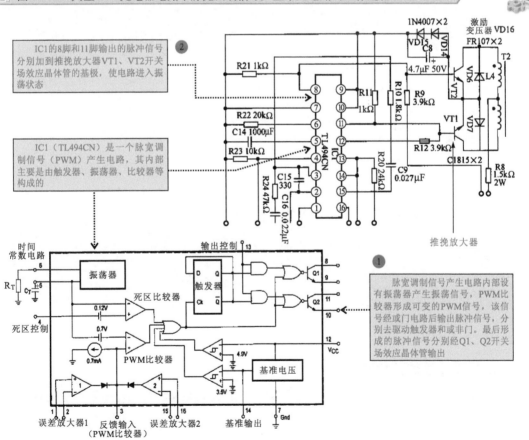

② IC1的8脚和11脚输出的脉冲信号分别加到推挽放大器VT1、VT2开关场效应晶体管的基极，使电路进入振荡状态

IC1（TL494CN）是一个脉宽调制信号（PWM）产生电路，其内部主要是由触发器、振荡器、比较器等构成的

① 脉宽调制信号产生电路内部设有振荡器产生振荡信号，PWM比较器形成可变的PWM信号，该信号经或门电路后输出脉冲信号，分别去驱动触发器和或非门。最后形成的脉冲信号分别经Q1、Q2开关场效应晶体管输出

图 16-21 充电器的检修分析

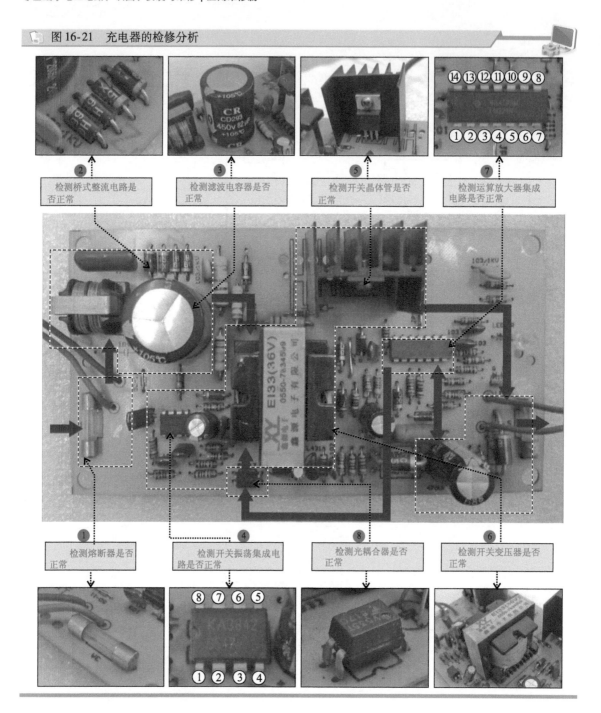

② 检测桥式整流电路是否正常

③ 检测滤波电容器是否正常

⑤ 检测开关晶体管是否正常

⑦ 检测运算放大器集成电路是否正常

① 检测熔断器是否正常

④ 检测开关振荡集成电路是否正常

⑧ 检测光耦合器是否正常

⑥ 检测开关变压器是否正常

1 充电器整体性能的检测

如图 16-22 所示，首先要对充电器的输入和输出电压进行检测，以确定充电器是否自身存在故障。

图 16-22 充电器整体性能的检测方法

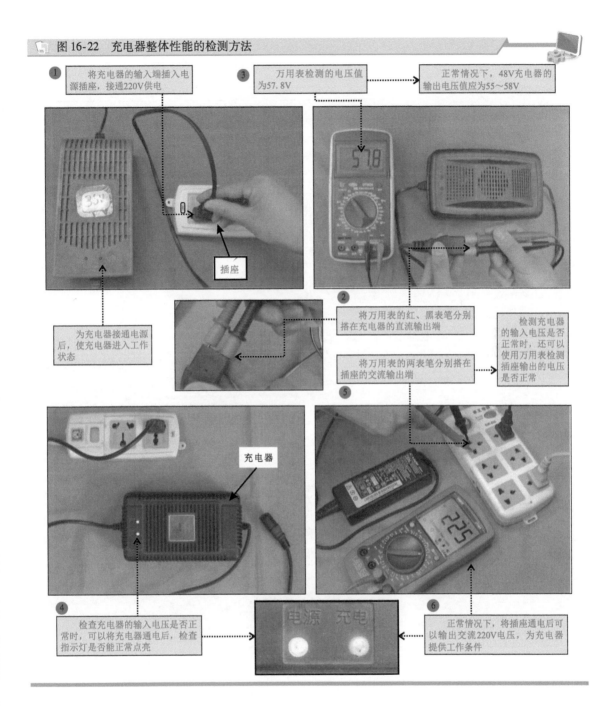

① 将充电器的输入端插入电源插座，接通220V供电

③ 万用表检测的电压值为57.8V

正常情况下，48V充电器的输出电压值应为55～58V

插座

为充电器接通电源后，使充电器进入工作状态

② 将万用表的红、黑表笔分别搭在充电器的直流输出端

⑤ 将万用表的两表笔分别搭在插座的交流输出端

检测充电器的输入电压是否正常时，还可以使用万用表检测插座输出的电压是否正常

充电器

④ 检查充电器的输入电压是否正常时，可以将充电器通电后，检查指示灯是否能正常点亮

电源 充电

⑥ 正常情况下，将插座通电后可以输出交流220V电压，为充电器提供工作条件

2 开关振荡集成电路的检测

图 16-23 为充电器中开关振荡集成电路的检测方法。若怀疑开关振荡集成电路损坏，可在断电状态下对其各引脚的对地阻值进行检测，然后将测量值与正常开关振荡集成电路各引脚的阻值进行对比，即可判断开关振荡集成电路是否正常。

🖥 **图 16-23　充电器中开关振荡集成电路的检测方法**

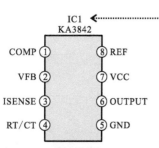

在检测开关振荡集成电路时，可检测各引脚的正反向对地阻值与性能良好的开关振荡集成电路各引脚正反向对地阻值进行对比，若测量的结果偏差较大，说明该当前检测的开关振荡集成电路已损坏

IC1
KA3842

COMP ① ⑧ REF
VFB ② ⑦ VCC
ISENSE ③ ⑥ OUTPUT
RT/CT ④ ⑤ GND

引脚	黑表笔接地/kΩ	红表笔接地/kΩ	引脚	黑表笔接地/kΩ	红表笔接地/kΩ
1	6.6	8	5	0	0
2	0	0	6	6.4	7.5
3	0.3	0.3	7	5	∞（外接电容器）
4	7.4	12	8	3.7	3.8

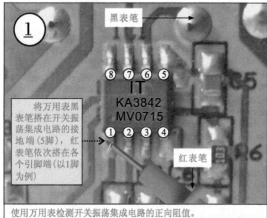

① 黑表笔

将万用表黑表笔搭在开关振荡集成电路的接地端（5脚），红表笔依次搭在各个引脚端（以1脚为例）

红表笔

使用万用表检测开关振荡集成电路的正向阻值。

将万用表量程调至"×1k"欧姆档，测得正向阻值为6.6kΩ。

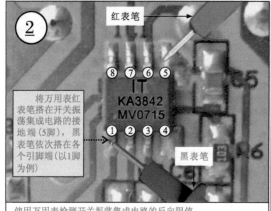

② 红表笔

将万用表红表笔搭在开关振荡集成电路的接地端（5脚），黑表笔依次搭在各个引脚端（以1脚为例）

黑表笔

使用万用表检测开关振荡集成电路的反向阻值。

将万用表量程调至"×1k"欧姆档，测得反向阻值为8kΩ。

扫一扫看视频

3　开关晶体管的检测

　　图 16-24 为充电器中开关晶体管的检测方法。若怀疑是开关晶体管损坏时，可在断电状态下，使用万用表检测开关晶体管引脚间的阻值是否正常。

图 16-24 充电器中开关晶体管的检测方法

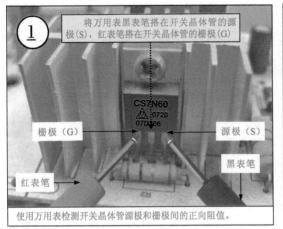

① 将万用表黑表笔搭在开关晶体管的源极(S)，红表笔搭在开关晶体管的栅极(G)

栅极（G）

源极（S）

红表笔

黑表笔

CS7N60

使用万用表检测开关晶体管源极和栅极间的正向阻值。

将万用表量程调至"×1k"欧姆档，测得正向阻值为5.2kΩ。

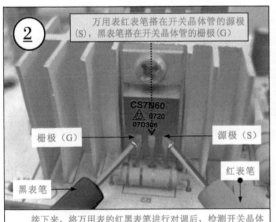

② 万用表红表笔搭在开关晶体管的源极(S)，黑表笔搭在开关晶体管的栅极(G)

栅极（G）

源极（S）

黑表笔

红表笔

CS7N60

接下来，将万用表的红黑表笔进行对调后，检测开关晶体管源极和栅极的反向阻值。

将万用表量程调至"×1k"欧姆档，测得开关晶体管源极和栅极间的反向阻值为7.3kΩ。

实测的阻值可与实际标称值进行对比，若偏差过大说明开关晶体管存在异常

红表笔	黑表笔	阻值/Ω	红表笔	黑表笔	阻值/Ω
栅极（G）	漏极（D）	∞（外接电容）	源极（S）	栅极（G）	7.3
漏极（D）	栅极（G）	15.8	漏极（D）	源极（S）	4.3
栅极（G）	源极（S）	5.2	源极（S）	漏极（D）	∞（外接电容）

| 提示说明 |

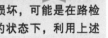

　　如果检测开关晶体管漏极和源极之间的正反向阻值偏差较大，不能直接判断该管损坏，可能是在路检测时由外围元器件引起的偏差，此时应将该开关晶体管引脚焊点断开或焊下，在开路的状态下，利用上述方法再次检测。若测量结果仍不正常或与标称值偏差较大，则可判断该管可能击穿损坏。

4　开关变压器的检测

　　图 16-25 为充电器中开关变压器的检测方法。检测时可使用示波器感应检测工作状态下开关变压器的信号波形。

图 16-25　充电器中开关变压器的检测方法

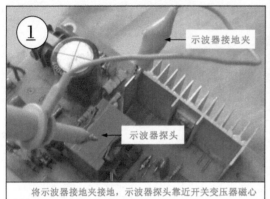

示波器接地夹

示波器探头

将示波器接地夹接地，示波器探头靠近开关变压器磁心部分。

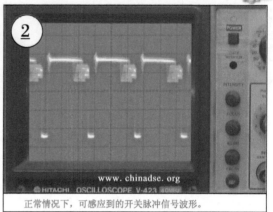

正常情况下，可感应到的开关脉冲信号波形。

5　光耦合器的检测

图 16-26 为充电器中光耦合器的检测方法。使用万用表分别检测内部发光二极管和光电晶体管的正、反向阻值是否正常。

图 16-26　充电器中光耦合器的检测方法

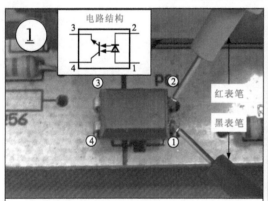

电路结构

红表笔

黑表笔

将万用表量程调至"×1k"欧姆档，黑表笔搭在光耦合器的1脚，即发光二极管的正极，红表笔搭在光耦合器的2脚，即发光二极管的负极。

正常情况下，测得内部发光二极管的正向阻值为6.5kΩ。将万用表红黑表笔位置对调，检测发光二极管反向阻值，正常情况下，测得内部发光二极管的反向阻值为8kΩ

────────────────

│提示说明│

　　在路检测光耦合器引脚阻值，1 脚与 2 脚的正向阻值应为 6.5kΩ 左右，反向阻值为 8kΩ 左右；3 脚与 4 脚的正反向应有一定值的阻值，若测得其正反向阻值相同时，应查看电路板中光耦合器外围是否安装有其他元器件，可将光耦合器取下后再进行检测。

6　运算放大器的检测

图 16-27 为充电器中运算放大器的检测方法。可在断电状态下，使用万用表对其各引脚的正反向阻值进行检测。

图 16-27　充电器中运算放大器的检测方法

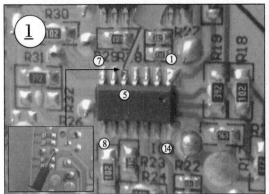

将万用表量程调至"×1"欧姆档，将万用表黑表笔搭在接地端(滤波电容器的负极)，红表笔依次搭在运算放大器集成电路各引脚(以5脚为例)。

正常情况下，测得5脚的正向阻值为8.8kΩ，将万用表红黑表笔位置对调，检测5脚的对地阻值，正常情况下，测得5脚的反向阻值为17kΩ。

由于运算放大器共14个引脚，且每一引脚都有其规定的常规阻值，上图所述为以脚为例，对其进行正反向阻值的测量，正常情况下测量其正向阻值为8.8kΩ，反向阻值为17kΩ，若测得引脚的正反向阻值与其对应的常规阻值相差很大，很大可能是该运算放大器已损坏，需对其进行更换处理

引脚	黑表笔接地/kΩ	红表笔接地/kΩ	引脚	黑表笔接地/kΩ	红表笔接地/kΩ
1	9.4	37.5	8	9	56
2	0.7	0.7	9	0.5	0.5
3	0.7	0.7	10	0.7	0.7
4	5	13.7	11	0	0
5	8.8	17	12	1.7	1.5
6	9	56	13	0.7	0.7
7	9.4	56	14	9.3	55

17.1 工业电气设备维修

17.1.1 货物升降机维修

货物升降机控制电路主要用于控制升降机自动在两个高度升降作业（如两层楼房），即将货物提升到固定高度，等待一段时间后，升降机会自动下降到规定高度，以便进行下一次提升搬运。图 17-1 为货物升降机的控制电路。

图 17-1 货物升降机的控制电路

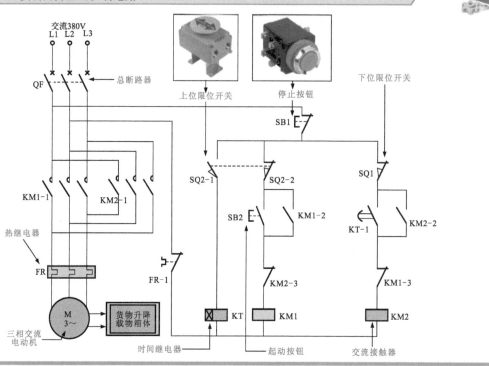

图 17-2 为货物升降机控制电路的控制过程。根据电路中各部件的功能特点和连接关系，可分析和理清电气部件之间的控制关系和过程。

❶ 合上总断路器 QF，接通三相电源。

❷ 按下起动按钮 SB2，其常开触点闭合。

❷→❸ 交流接触器 KM1 线圈得电。

　❸-1 常开主触点 KM1-1 闭合，电动机接通三相电源，开始正向运转，货物升降机上升。

　❸-2 常开辅助触点 KM1-2 闭合自锁，使 KM1 线圈保持得电。

　❸-3 常闭辅助触点 KM1-3 断开，防止交流接触器 KM2 线圈得电。

❸-1→❹ 当货物升降机上升到规定高度时，上位限位开关 SQ2 动作。

　❹-1 常开触点 SQ2-1 闭合。

图 17-2 货物升降机控制电路的控制过程

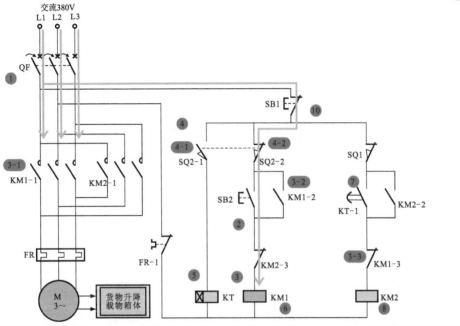

4-2 常闭触点 SQ2-2 断开。

4-1→⑤ 时间继电器 KT 线圈得电，进入定时计时状态。

4-2→⑥ 交流接触器 KM1 线圈失电，触点全部复位。常开主触点 KM1-1 复位断开，切断电动机供电电源，停止运转。

⑦ 时间继电器 KT 线圈得电后，经过定时时间，其触点动作，即常开触点 KT-1 闭合。

⑦→⑧ 交流接触器 KM2 线圈得电。

8-1 常开主触点 KM2-1 闭合，三相电源反相接通，电动机反向旋转，货物升降机下降。

8-2 常开辅助触点 KM2-2 闭合自锁。

8-3 常闭辅助触点 KM2-3 断开，防止交流接触器 KM1 线圈得电。

⑨ 货物升降机下降到规定高度，下位限位开关 SQ1 动作，常闭触点断开。交流接触器 KM2 线圈失电，触点全部复位。常开主触点 KM2-1 复位断开，切断电动机供电电源，电动机停止运转。

⑩ 若需停机时，按下停止按钮 SB1。交流接触器 KM1 或 KM2 线圈失电，对应触点均复位。

常开主触点 KM1-1 或 KM2-1 复位断开，切断电动机的供电电源，停止运转。

常开辅助触点 KM1-2 或 KM2-2 复位断开，解除自锁功能。

常闭辅助触点 KM1-3 或 KM2-3 复位闭合，为下一次动作做准备。

检测货物升降机控制电路，可根据电路的控制关系，借助万用表测量电路的起停功能、控制功能和整机供电性能，进而完成对电路的检验、调试或故障判别。

由于货物升降机控制电路采用三相交流供电，属于强电范围，因此为确保人身及设备安全，在电路检测环节，应先在断电状态下，通过手动操作控制部件动作，初步检验电路的基本功能后，再通电测试电路的性能参数，完成电路的检测。

1 起停操作控制时，电路起动功能的检测

在货物升降机控制电路中，通过控制按钮、交流接触器实现对电动机的起动和停止控制。当按下启动按钮时，交流接触器 KM1 供电线路处于通路状态，可用万用表在电路端测试，如图 17-3

所示。

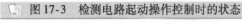

图 17-3　检测电路起动操作控制时的状态

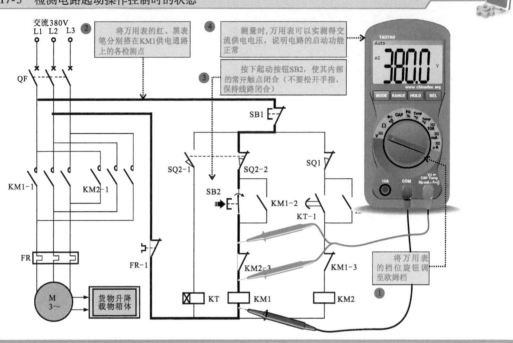

2　限位控制时，电路控制功能的检测

　　在货物升降机控制电路中，通过限位开关与时间继电器实现对货物升降机位置的自动控制。当限位开关 SQ2 动作时，时间继电器 KT 线圈的供电线路处于通路状态，可用万用表在电路端测试，如图 17-4 所示。

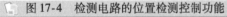

图 17-4　检测电路的位置检测控制功能

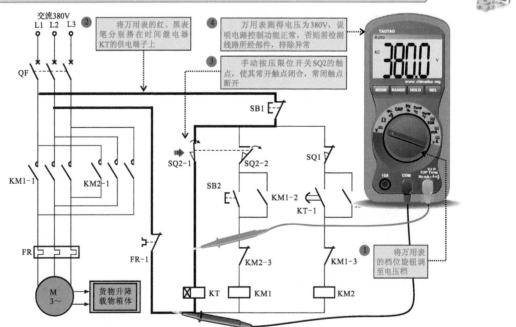

| 提示说明 |

检测货物升降机控制电路的起停或控制功能时，若依据控制关系分析，应闭合或断开的通路出现不闭合或不切断的情况，可根据电气部件的连接关系，逐一检测电路回路中所连接电气部件的性能参数，找到不符合电路控制状态的器件即可，如图 17-5 所示。

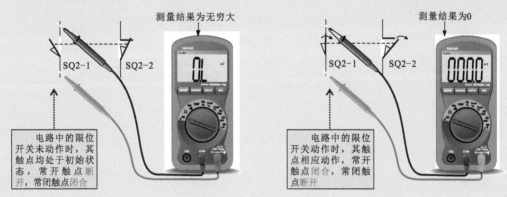

图 17-5　检测电路中电气部件（限位开关）的性能参数

若初步检测电路控制关系基本正常，接下来进行通电检测。在确保人身和设备安全的前提下，闭合电路中的总电源开关 QF，接通三相电源。按下起动按钮 SB2，此时电路进入起动，电动机正转（货物上升）→停转（卸载货物）→反转（货物下降）状态中，可借助万用表测量电路中的电压值，如图 17-6 所示。

图 17-6　检测电路的整体性能

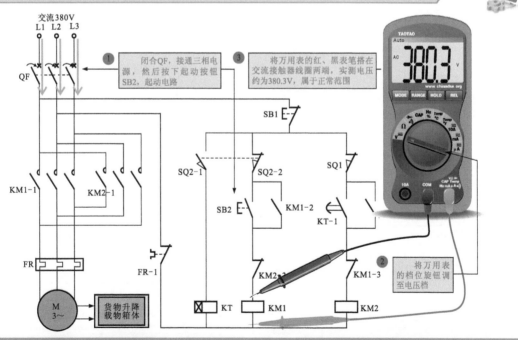

| 提示说明 |

货物升降机控制电路的整体性能体现在电路中各电气部件之间的配合工作。当交流接触器线圈得电时，使其触点部分联动动作，从而接通三相交流电动机，完成电路功能。因此，要测量电路的整体性能可检测三相交流电动机的供电电压，如图 17-7 所示。

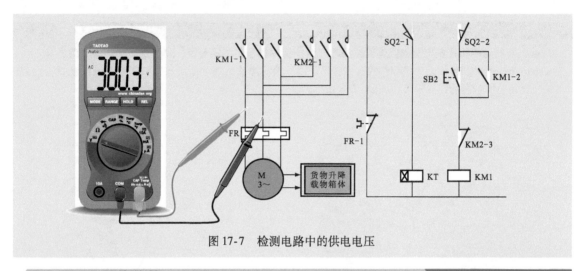

图 17-7　检测电路中的供电电压

17.1.2　钻床维修

图 17-8 为典型钻床的控制电路。钻床主要用于对工件进行钻孔、扩孔、铰孔、镗孔等。该钻床共配置了两台电动机，分别为主轴电动机 M1 和冷却泵电动机 M2。其中，冷却泵电动机 M2 只有在机床需要冷却液时才起动工作。

图 17-8　典型钻床的控制电路

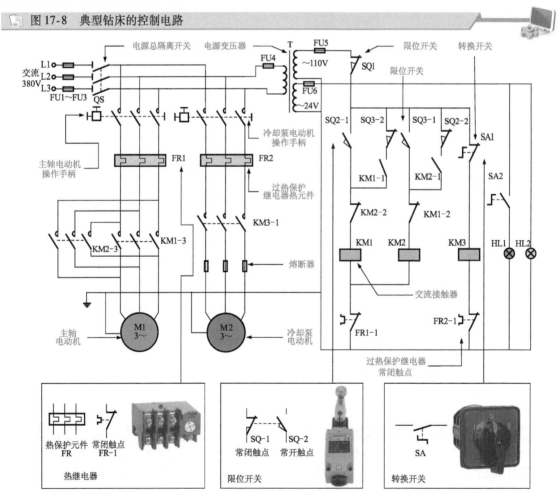

图 17-9 为典型钻床控制电路的控制过程。

图 17-9 典型钻床控制电路的控制过程

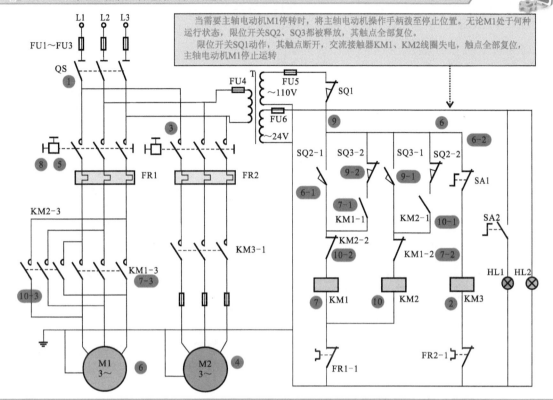

① 合上电源总开关 QS。

② 交流接触器 KM3 的线圈得电，常开主触点 KM3-1 闭合，接通 M2 的供电。

③ 当钻床需要冷却液时，操作冷却泵电动机手柄至冷却位置。

②+③→④ 冷却泵电动机 M2 起动运转。

⑤ 将主轴电动机操作手柄拨至正转位置。

⑤→⑥ 限位开关 SQ2 动作。

6-1 常开触点 SQ2-1 闭合，接通该控制线路电源。

6-2 常闭触点 SQ2-2 断开，防止 KM2 得电，起联锁控制作用。

⑥→⑦ 交流接触器 KM1 的线圈得电，相应触点动作。

7-1 常开辅助触点 KM1-1 闭合自锁。

7-2 常闭触点 KM1-2 断开，防止 KM2 得电，起联锁保护作用。

7-3 常开主触点 KM1-3 闭合，接通主轴电动机 M1 电源，开始正向运转。

⑧ 将主轴电动机操作手柄拨至反转位置。

⑧→⑨ 限位开关 SQ3 动作。

9-1 常开触点 SQ3-1 闭合。

9-2 常闭触点 SQ3-2 断开，防止 KM1 的线圈得电。

⑨→⑩ 交流接触器 KM2 的线圈得电。

10-1 常开辅助触点 KM2-1 闭合自锁。

10-2 常闭辅助触点 KM2-2 断开，防止 KM1 的线圈得电。

10-3 常开主触点 KM2-3 闭合，接通主轴电动机 M1 反相序电源，开始反向运转。

检测典型钻床控制电路，可根据电路的控制关系，借助万用表测量电路的控制功能和整机供电性能，进而完成对电路的检验、调试或故障判别。

在钻床控制电路中，控制部分的供电电压来自电源变压器 T 的二次侧。若电路控制功能失常，需要首先检测电路控制部分的供电电压是否正常，如图 17-10 所示。

图 17-10 典型钻床控制电路中控制部件供电电压的检测方法

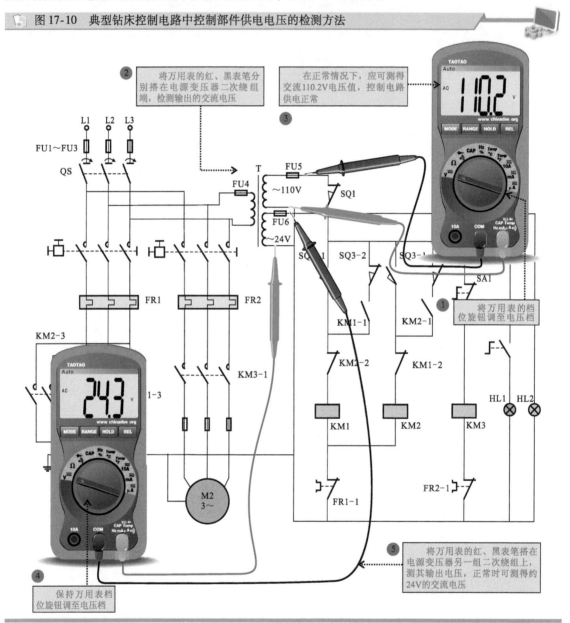

当电路满足基本供电条件时，闭合冷却泵电动机 M2 控制开关，电动机 M2 即可得电工作。在正常情况下，交流电动机 M2 绕组端应有三相电压，否则说明电路控制功能失常，如图 17-11 所示。

在该典型钻床控制电路中，照明电路部分相对独立，两个照明灯通过转换开关 SA2 连接在电源变压器 T 的交流 24V 输出端上。若电路照明功能失常，需要根据此电路关系，检测照明灯两端的供电电压或 SA2 本身在电路中的性能，如图 17-12 所示。

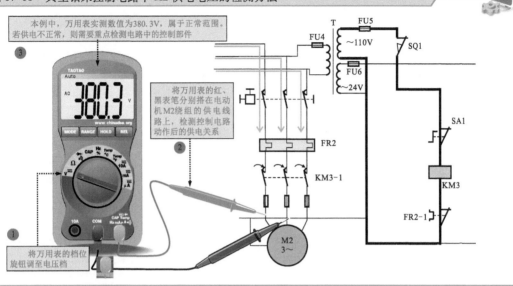

图 17-11　典型钻床控制电路中 M2 供电电压的检测方法

本例中，万用表实测数值为380.3V，属于正常范围。若供电不正常，则需要重点检测电路中的控制部件

将万用表的红、黑表笔分别搭在电动机M2绕组的供电线路上，检测控制电路动作后的供电关系

将万用表的档位旋钮调至电压档

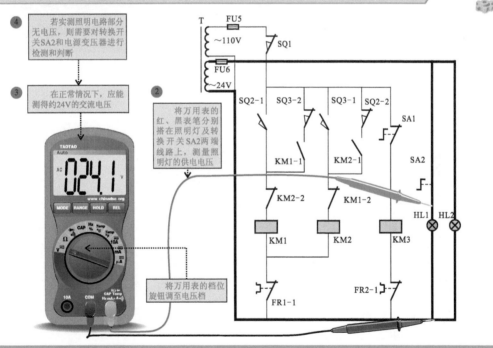

图 17-12　典型钻床控制电路中照明电路部分的检测方法

若实测照明电路部分无电压，则需要对转换开关SA2和电源变压器进行检测和判断

在正常情况下，应能测得约24V的交流电压

将万用表的红、黑表笔分别搭在照明灯及转换开关SA2两端线路上，测量照明灯的供电电压

将万用表的档位旋钮调至电压档

17.1.3　铣床维修

铣床用于对工件进行铣削加工。图 17-13 为典型铣床的控制电路。该电路中共配置了两台电动机，分别为冷却泵电动机 M1 和铣头电动机 M2。其中，铣头电动机 M2 采用调速和正反转控制，可根据加工工件对其运转方向及旋转速度进行设置；冷却泵电动机则根据需要通过转换开关直接进行控制。

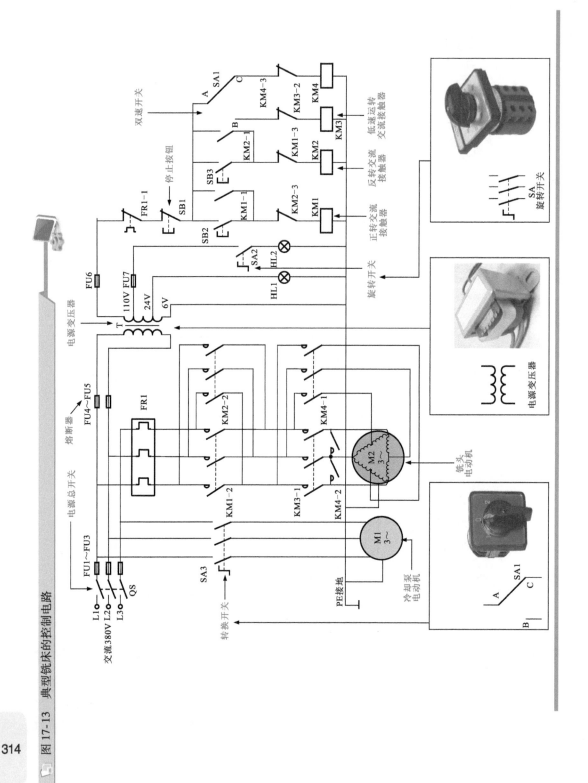

图 17-13 典型铣床的控制电路

图 17-14 为典型铣床控制电路的控制过程。

图 17-14　典型铣床控制电路的控制过程

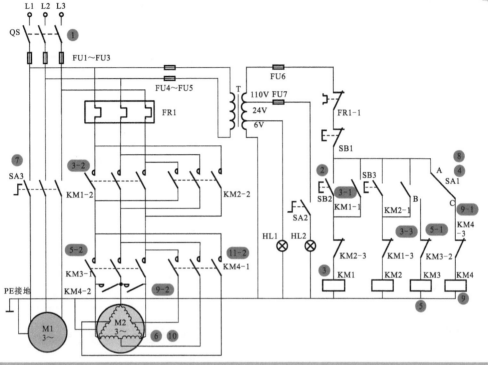

❶ 合上电源总开关 QS。

❷ 按下正转起动按钮 SB2，其触点闭合。

❷→❸ 交流接触器 KM1 的线圈得电，相应触点动作。

3-1 常开辅助触点 KM1-1 闭合，实现自锁功能。

3-2 常开主触点 KM1-2 闭合，为 M2 正转做好准备。

3-3 常闭辅助触点 KM1-3 断开，防止 KM2 的线圈得电。

❹ 转动双速开关 SA1，触点 A、B 接通。

❹→❺ 交流接触器 KM3 的线圈得电，相应触点动作。

5-1 常闭辅助触点 KM3-2 断开，防止 KM4 的线圈得电。

5-2 常开主触点 KM3-1 闭合，电源为 M2 供电。

3-3 + 5-2→❻ 铣头电动机 M2 绕组呈△联结接入电源，开始低速正向运转。

❼ 闭合旋转开关 SA3，冷却泵电动机 M1 起动运转。

❽ 转动双速开关 SA1，触点 A、C 接通。

❽→❾ 交流接触器 KM4 的线圈得电，相应触点动作。

9-1 常闭辅助触点 KM4-3 断开，防止 KM3 的线圈得电。

9-2 常开触点 KM4-1、KM4-2 闭合，电源为铣头电动机 M2 供电。

3-3 + 9-2→❿ 铣头电动机 M2 绕组呈Y联结接入电源，开始高速正向运转。

　　根据控制线路原理，铣床铣头的变速运行受控制线路中调速开关 SA1 的控制，若电动机调速控制失常，主要检查控制线路中的调速开关 SA1 及交流接触器 KM1～KM4 线圈和触点是否正常。

　　例如，在电路接通电源状态下，当调速开关 SA1 的 A、B 触点接通时，交流接触器 KM3 线圈上应有交流 110V 电压，否则说明调速开关 SA1 控制失常，如图 17-15 所示。

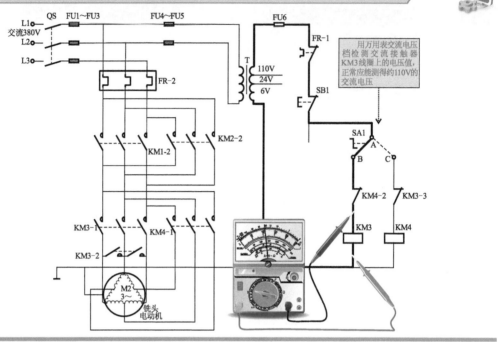

图 17-15　典型铣床调速控制功能的检测方法

│ 提示说明 │

在检测过程中，若铣头电动机 M2 无法起动，应对主电路及控制电路进行检测。

- 检查总电源开关 QS、熔断器 FU1 ～ FU3 是否存在接触不良或连线断路。
- 检查控制电路中热继电器是否有常闭触点不复位或接触不良，如有应手动复位或修复、更换。
- 检查控制电路中起动按钮 SB2、SB3 触点接触是否正常，连接是否存在断路，如有应修复或更换。
- 检查交流接触器线圈是否开路或连线断路，如有应更换同规格接触器或将连线接好。

17.1.4　车床维修

车床适用于车削精密零件。图 17-16 为典型车床的控制电路。该车床共配置了 3 台电动机，分别通过交流接触器进行控制。

根据电路中各部件的功能特点和连接关系，分析和理清电气部件之间的控制关系和动作过程。在识读过程中，应重点理清各类开关触点"闭合"和"断开"状态的变化，以及所引起电路"通、断"状态的变化。图 17-17 为典型车床控制电路的控制过程。

① 合上总电源开关 QS，接通三相电源。

② 电压经变压器 T 降压后，为电源指示灯 HL2 供电，HL2 点亮。

③ 按下起动按钮 SB3 或 SB4，其触点接通。

③→④ 交流接触器 KM1 的线圈得电，相应的触点动作。

④-1 常开触点 KM1-1 闭合，实现自锁功能。

④-2 常开主触点 KM1-3 闭合，电源为三相交流电动机 M1 供电，主轴电动机 M1 起动运转。

④-3 常开触点 KM1-2 闭合，指示灯 HL3 点亮。

⑤ 主轴电动机 M1 运行过程中，按下起动按钮 SB6，其触点接通。

⑥ 交流接触器 KM2 的线圈得电，相应触点动作。

⑥-1 KM2 常开触点 KM2-1 闭合自锁。

⑥-2 KM2 常开主触点 KM2-2 闭合，电源为三相交流电动机 M2 供电，切削电动机 M2 起动运转。

⑦ 按下起动按钮 SB7，其触点接通。

图 17-16　典型车床的控制电路

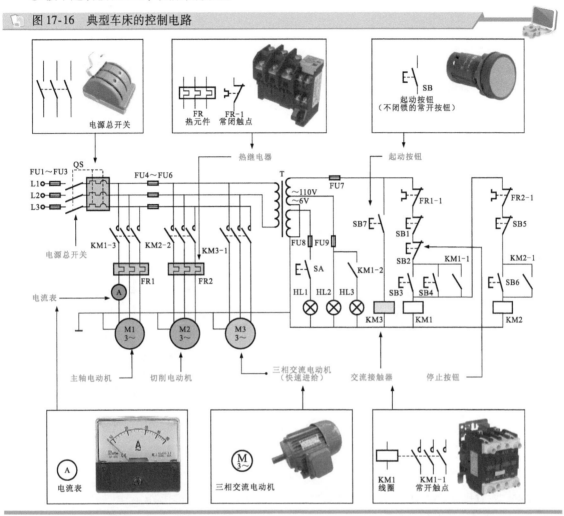

图 17-17　典型车床控制电路的控制过程

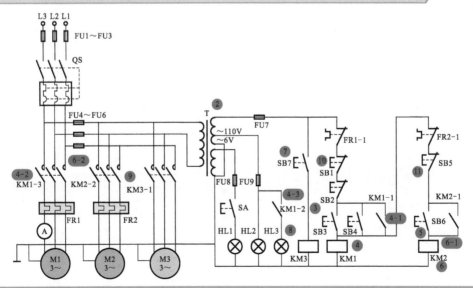

⑧ 交流接触器 KM3 的线圈得电，相应触点动作。

⑧→⑨ KM3 常开主触点 KM3-1 闭合，电源为三相交流电动机 M3 供电；快速进给电动机 M3 起动运转。

⑩ 当需要主轴电动机 M1 停机时，按下停止按钮 SB1 或 SB2，接触器 KM1 线圈失电，触点复位，电动机停止运转。

⑪ 当需要切削泵电动机 M2 停机时，按下停止按钮 SB5，接触器 KM2 线圈失电，触点复位，电动机停止运转。

检测典型车床控制电路，可根据电路的控制关系，借助万用表测量电路的起停功能、控制功能和整机供电性能，进而完成对电路的检验、调试或故障判别。

首先，在断电状态下，闭合电路中的 SB3 或 SB4、SB6 等起动按钮，借助万用表检测控制电路的接通状态，判断电路的起动功能是否正常，如图 17-18 所示。

图 17-18　车床控制电路在断电状态下的检测

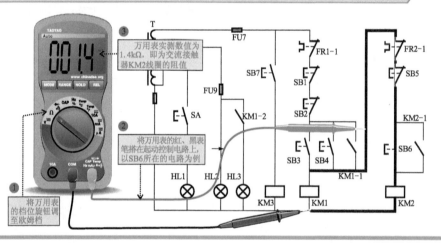

接着，闭合电路总开关，接通电路电源，在通电状态下，检测电路主要回路的电压值（见图 17-19），确定电路的控制功能是否正常。

图 17-19　车床控制电路中供电电压的检测方法

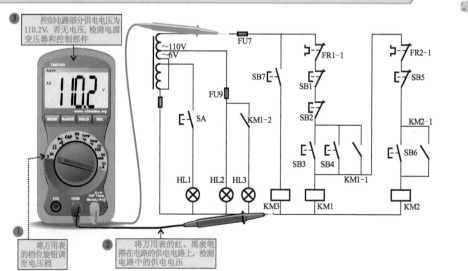

17.2 农业电气设备维修

17.2.1 稻谷加工机维修

在稻谷加工机控制电路中,通过起动按钮、停止按钮、接触器等控制部件控制各功能电动机的起动运转,来带动稻谷加工机的机械部件运作,从而完成稻谷加工作业。图 17-20 为稻谷加工机的控制电路。

图 17-20 稻谷加工机的控制电路

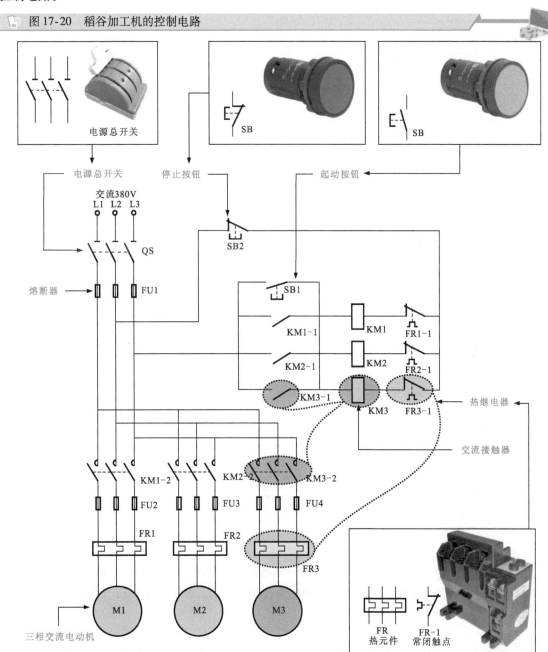

图 17-21 为稻谷加工机控制电路的控制过程。

图 17-21 稻谷加工机控制电路的控制过程

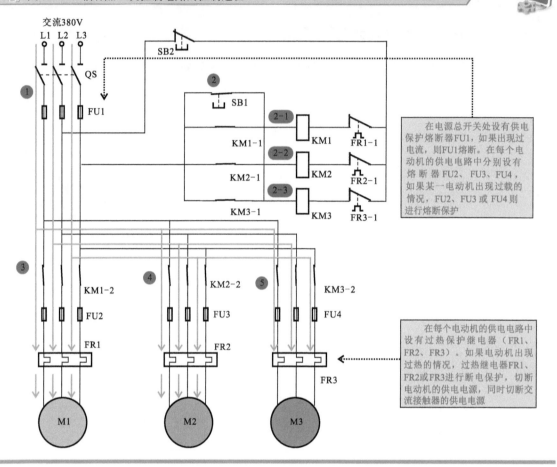

在电源总开关处设有供电保护熔断器 FU1，如果出现过电流，则 FU1 熔断。在每个电动机的供电电路中分别设有熔断器 FU2、FU3、FU4，如果某一电动机出现过载的情况，FU2、FU3 或 FU4 则进行熔断保护

在每个电动机的供电电路中设有过热保护继电器（FR1、FR2、FR3）。如果电动机出现过热的情况，过热继电器 FR1、FR2 或 FR3 进行断电保护，切断电动机的供电电源，同时切断交流接触器的供电电源

❶ 闭合电源总开关 QS。

❷ 按下起动按钮 SB1，其触点闭合。

2-1 交流接触器 KM1 的线圈得电，相应触点动作。

2-2 交流接触器 KM2 的线圈得电，相应触点动作。

2-3 交流接触器 KM3 的线圈得电，相应触点动作。

2-3→❸ 自锁常开触点 KM1-1 闭合，实现自锁，松开 SB1 后，交流接触器 KM1 仍保持得电状态；控制电动机 M1 的常开主触点 KM1-2 闭合，电动机 M1 得电起动运转。

2-2→❹ 自锁常开触点 KM2-1 闭合，实现自锁，松开 SB1 后，交流接触器 KM2 仍保持得电状态；控制电动机 M2 的常开主触点 KM2-2 闭合，电动机 M2 得电起动运转。

2-3→❺ 自锁常开触点 KM3-1 闭合，实现自锁，松开 SB1 后，交流接触器 KM3 仍保持得电状态；控制电动机 M3 的常开主触点 KM3-2 闭合，控制电动机 M3 的常开主触点 KM3-2 闭合。

根据电路的控制关系，可借助万用表检测电路的起停功能、保护功能和整个电路的供电性能，进而完成对电路的检验、调试或故障判别。

首先，在断开电源状态下，借助万用表检测电路的控制功能，通过手动操作控制部件动作，使控制部分形成通路，检测通路的阻值判断电路起停功能，再通电测试电路供电部分的整体性能，从而完成电路检测。

1 控制电路起停功能的检测

在稻谷加工机电气控制线路中，起动/停止按钮控制整个电路的起停状态。当按下起动按钮时，电路中控制部分的交流接触器线圈接通供电部分，处于通路状态，可用万用表在电路接线端处检测，如图 17-22 所示。

图 17-22 谷物加工设备控制电路起停功能的检测

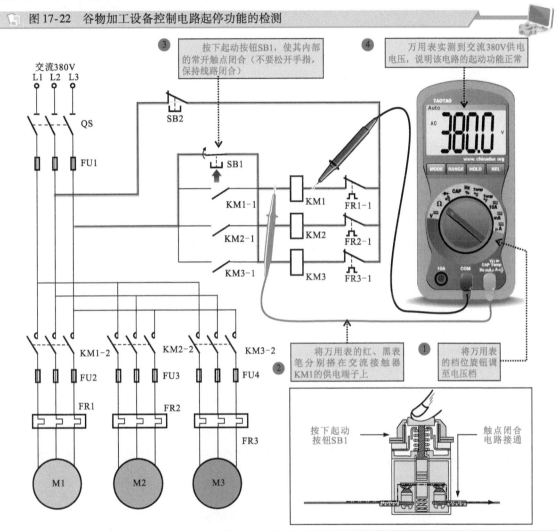

2 控制电路整体供电性能的检测

稻谷加工机控制电路中的工作电压为交流 380V。在初步判断电路起停功能正常后，可接通电源，检测电路的供电性能，如图 17-23 所示。

17.2.2 秸秆切碎机维修

秸秆切碎机控制电路是指利用两个电动机带动机器上的机械设备动作，完成送料和切碎工作的一类农机控制电路。该电路可有效节省人力，提高工作效率。图 17-25 为秸秆切碎机的控制电路。

图 17-23　稻谷加工机控制电路供电性能的检测

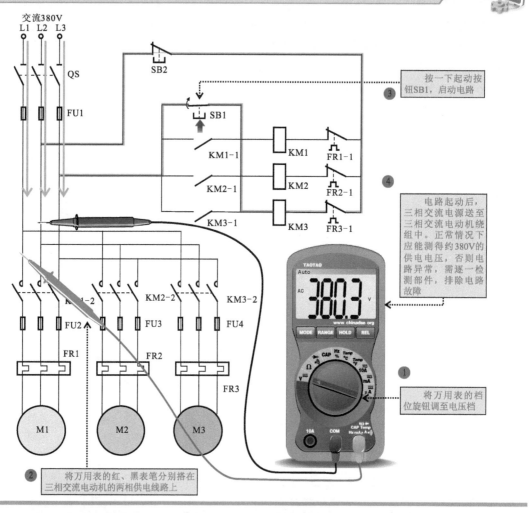

③ 按一下起动按钮SB1，启动电路

④ 电路起动后，三相交流电源送至三相交流电动机绕组中。正常情况下应能测得约380V的供电电压，否则电路异常，需逐一检测部件，排除电路故障

① 将万用表的档位旋钮调至电压档

② 将万用表的红、黑表笔分别搭在三相交流电动机的两相供电线路上

│提示说明│

　　热继电器是稻谷加工机控制电路中的过热保护器件。一旦电路出现过载情况，热继电器常闭触点 FR-1 断开，切断控制电路的供电通路，控制电路断电停机，实现过热保护功能。若稻谷加工机控制电路无法工作，对热继电器进行检测也是十分必要的。图 17-24 为热继电器的检测方法。

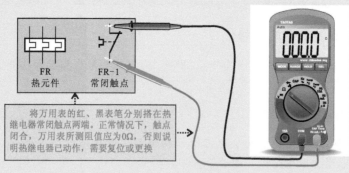

FR 热元件　FR-1 常闭触点

　　将万用表的红、黑表笔分别搭在热继电器常闭触点两端。正常情况下，触点闭合，万用表所测阻值应为0Ω，否则说明热继电器已动作，需要复位或更换

图 17-24　热继电器的检测方法

图 17-25 秸秆切碎机的控制电路

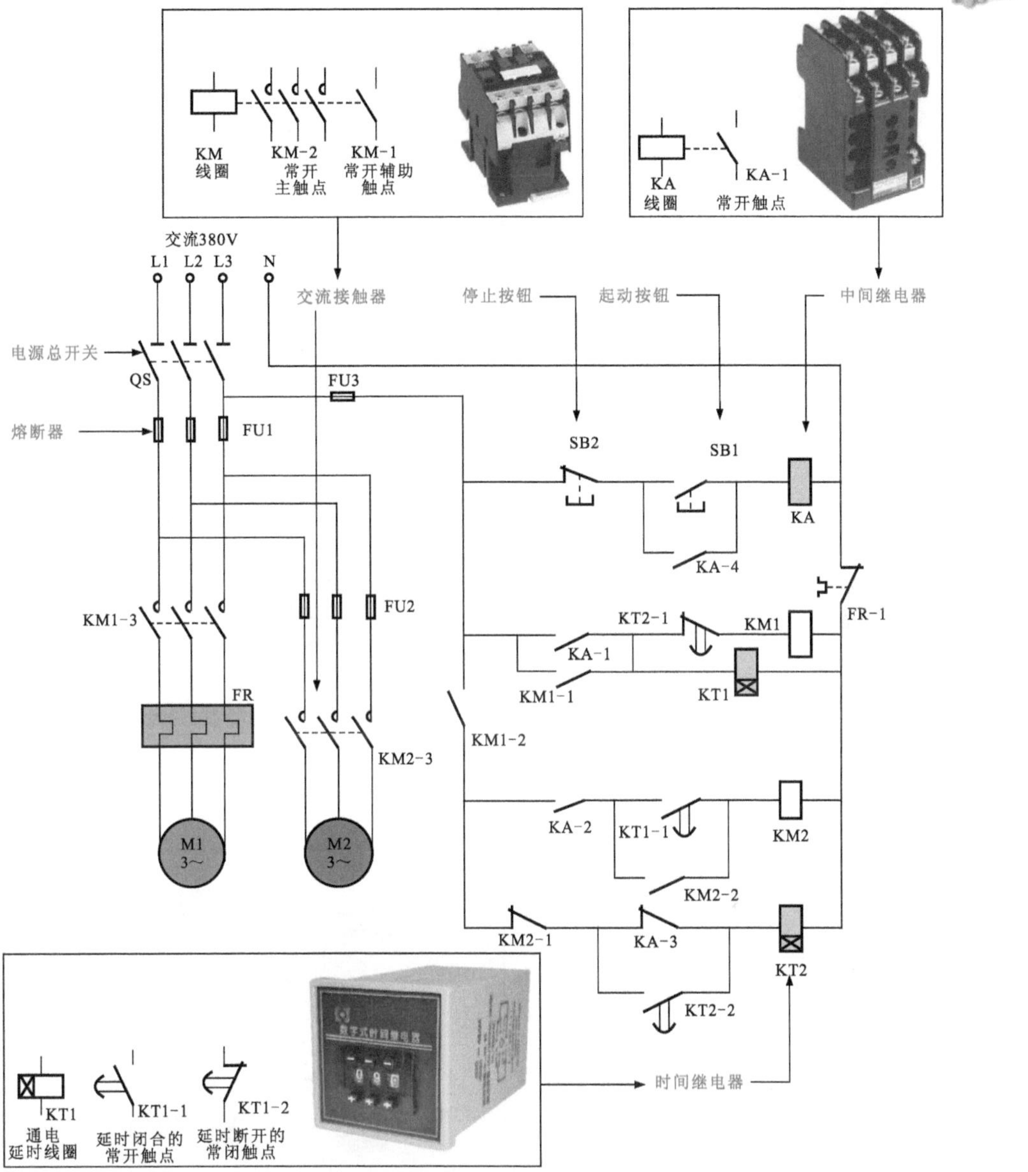

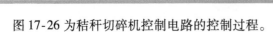

图 17-26 为秸秆切碎机控制电路的控制过程。

① 闭合电源总开关 QS。

② 按下起动按钮 SB1，其触点闭合。

②→③ 中间继电器 KA 的线圈得电，相应触点动作。

③-1 自锁常开触点 KA-4 闭合，实现自锁，松开 SB1 后，中间继电器 KA 仍保持得电状态。

③-2 控制时间继电器 KT2 的常闭触点 KA-3 断开，防止时间继电器 KT2 得电。

③-3 控制交流接触器 KM2 的常开触点 KA-2 闭合，为交流接触器 KM2 得电做好准备。

③-4 控制交流接触器 KM1 的常开触点 KA-1 闭合。

③-4→④ 交流接触器 KM1 的线圈得电，相应触点动作。

④-1 自锁常开触点 KM1-1 闭合，实现自锁，在 KA-1 断开后 KM1 仍保持得电状态。

④-2 辅助常开触点 KM1-2 闭合，为 KM2、KT2 得电做好准备。

323

图 17-26 秸秆切碎机控制电路的控制过程

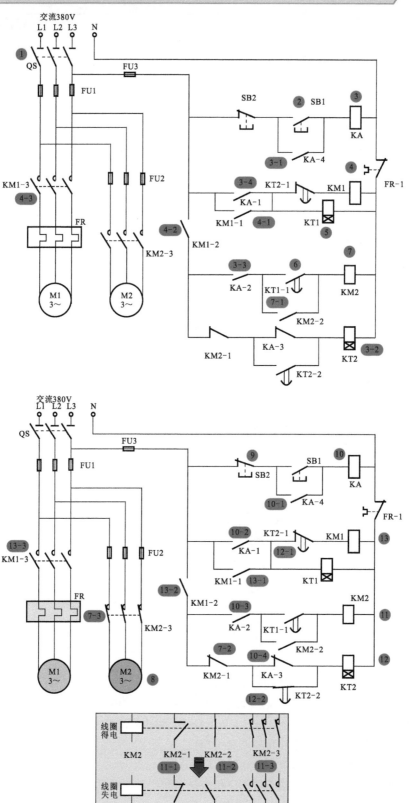

4-3 常开主触点 KM1-3 闭合，切料电动机 M1 起动运转。

3-4→⑤ 时间继电器 KT1 的线圈得电，时间继电器开始计时（30s），实现延时功能。

⑤→⑥ 30s 后，时间继电器中延时闭合的常开触点 KT1-1 闭合。

4-3 + ⑥→⑦ 交流接触器 KM2 的线圈得电。

7-1 自锁常开触点 KM2-2 闭合，实现自锁。

7-2 时间继电器 KT2 线路上的常闭触点 KM2-1 断开。

7-3 电路中 KM2 的常开主触点 KM2-3 闭合。

7-3→⑧ 接通送料电动机电源，电动机 M2 起动运转。

M2 在 M1 启动 30s 后才起动，可以防止因进料机中的进料过多而溢出。

⑨ 当需要系统停止工作时，按下停机按钮 SB2，其触点断开。

⑨→⑩ 中间继电器 KA 的线圈失电。

10-1 自锁常开触点 KA-4 复位断开，接触自锁。

10-2 控制交流接触器 KM1 的常开触点 KA1-1 断开，由于 KM1-1 有自锁功能，此时 KM1 线圈仍处于得电状态。

10-3 控制交流接触器 KM2 的常开触点 KA-2 断开。

10-4 控制时间继电器 KT2 的常开触点 KA-3 闭合。

10-3→⑪ 交流接触器 KM2 的线圈失电。

11-1 辅助常闭触点 KM2-1 复位闭合。

11-2 自锁常开触点 KM2-2 复位断开，解除自锁。

11-3 常开主触点 KM2-3 复位断开，送料电动机 M2 停止工作。

10-4 + 11-1 →⑫ 时间继电器 KT2 线圈得电，相应的触点开始动作。

12-1 延时断开的常闭触点 KT2-1 在 30s 后断开。

12-2 延时闭合的常开触点 KT2-2 在 30s 后闭合。

12-1 →⑬ 交流接触器 KM1 的线圈失电，触点复位。

13-1 自锁常开触点 KM1-1 复位断开，解除自锁，时间继电器 KT1 的线圈失电。

13-2 辅助常开触点 KM1-2 复位断开，时间继电器 KT2 的线圈失电。

13-3 常开主触点 KM1-3 复位断开，切料电动机 M1 停止工作，M1 在 M2 停转 30s 后停止。

可根据电路的控制关系，可借助万用表测量电路的起停功能、定时功能和整机供电性能，进而完成对电路的检验、调试或故障判别。

首先，在断电状态下，通过手动操作控制部件动作，初步检验电路的基本功能、主要电气部件的动作状态后，再通电测试整个电路的性能，完成电路检测。

1 控制电路起停功能的检测

在秸秆切碎机控制电路中，按下起动按钮后，首先接通中间继电器线圈的供电通路，此时可借助万用表检测供电通路的电压，如图 17-27 所示。

2 控制电路定时功能的检测

结合电路识读分析可知，该电路由时间继电器 KT1、KT2 实现电路定时控制。在交流接触器 KM1 得电，其常开点 KM1-2 闭合后，交流接触器 KM2 仍无法接通供电通路，只有在 KT1 定时时间到后，其触点 KT1-1 闭合，KM2 线圈才能得电工作，这一控制过程可借助万用表检测，如图 17-28 所示。

📋 **图 17-27　秸秆切碎机控制电路起停功能的检测**

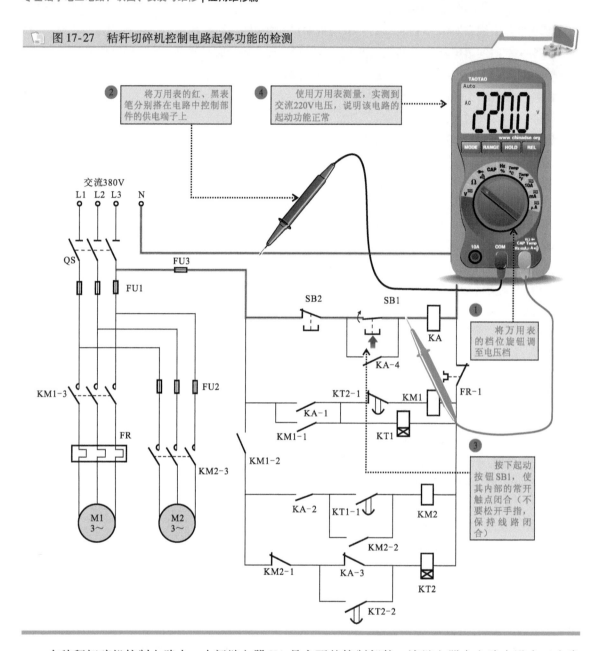

② 将万用表的红、黑表笔分别搭在电路中控制部件的供电端子上

④ 使用万用表测量，实测到交流220V电压，说明该电路的起动功能正常

① 将万用表的档位旋钮调至电压档

③ 按下起动按钮 SB1，使其内部的常开触点闭合（不要松开手指，保持线路闭合）

在秸秆切碎机控制电路中，中间继电器 KA 是主要的控制部件。该继电器在电路中设有三个常开触点 KA-1、KA-2、KA-4 及常闭触点 KA-3，分别用于控制交流接触器 KM1 和 KT1、KM2 和 KT2 线圈的供电。若该电路中上述接触器或时间继电器无法获得电源，则需要重点检测中间继电器 KA 相关触点的状态。

在正常情况下，当中间继电器 KA 线圈未得电时，KA-1、KA-2、KA-4 触点为断开状态，KA-3 为闭合状态；在接通电路电源后，这些触点同时动作，KA-1、KA-2、KA-4 由断开变为闭合，KA-3 由闭合变为断开，如图 17-29 所示。

在秸秆切碎机控制电路中，中间继电器、交流接触器和时间继电器都是电路中的主要电气部件。若电路异常，可先检测这些组成部件。

根据电路控制关系，找准各触点的动作关系和正确状态，检测电路在"通""断"状态下的阻值、电压值，即可判断出电路整体性能是否正常。

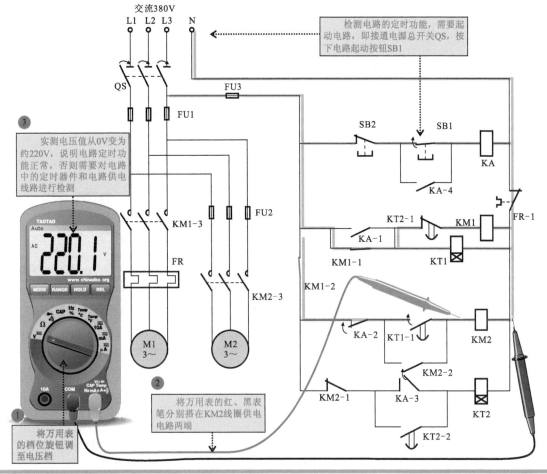

图 17-28 秸秆切碎机控制电路定时功能的检测

17.2.3 磨面机维修

磨面机驱动控制电路利用电气部件对电动机进行控制，进而由电动机带动磨面机工作，实现磨面功能。图 17-30 为典型磨面机的控制电路。该电路可以节约人力和能源消耗，提高工作效率。

图 17-31 为典型磨面机控制电路的控制过程。

❶ 当需要磨面机驱动控制电路工作时，首先接通电源总开关 QS。

❷ 按下起动按钮 ST 后，其触点闭合。ST 闭合后，交流 380V 电压经降压变压器 T 降压、VD5 ~ VD8 整流、C5 滤波后输出 +12V 电压为 KA 供电，继电器 KA 的线圈得电。

❷→❸ 交流接触器 KM 的线圈得电。

❸-1 KM 的主触点 KM-2 闭合，接通三相电源，磨面电动机 M 起动运转，带动负载工作。

❸-2 辅助常开触点 KM-1 闭合，实现自锁，锁定起动按钮 ST。

❷→❹ 继电器 KA 的线圈得电，常开触点 KA-1 闭合，KM-1、KA 串联后，锁定起动按钮 ST，即使松开 ST，KM 仍保持得电状态。

❺ 电动机起动后，三相供电线路中都有电流流过，电流互感器 TA1 ~ TA3 中感应出交流电压。

❺→❻ 交流电压经整流二极管 VD1 ~ VD3 输出直流电压，三路直流电压分别经滤波电容器 C1 ~ C3 滤波后，加到晶体管 V1 ~ V3 的基极上。

327

图 17-29　秸秆切碎机控制电路中间继电器的检测方法

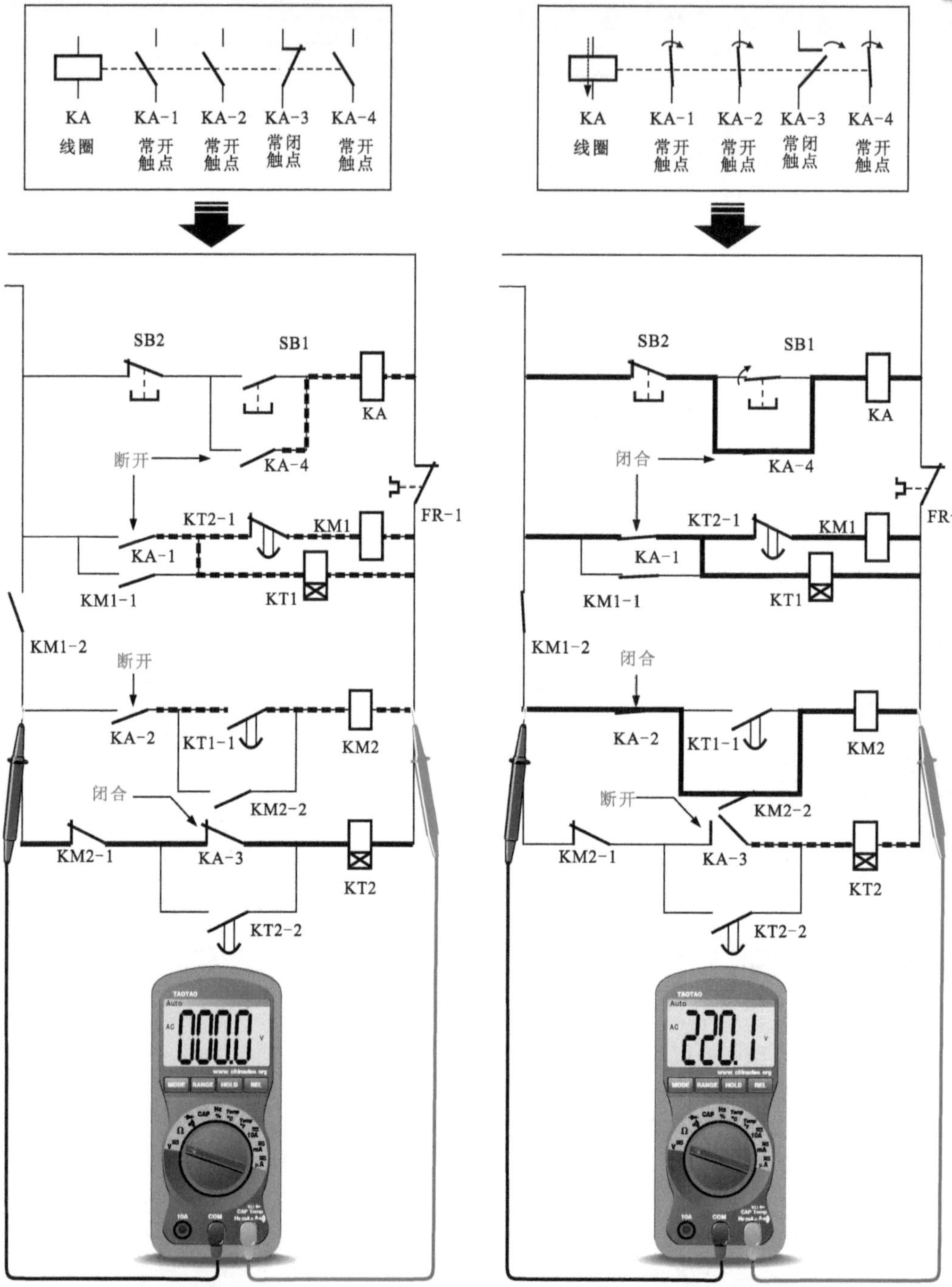

⑥→⑦ 晶体管 V1 ~ V3 均导通，此时继电器 KA 线圈得电。

⑧ 继电器 KA 的常开触点 KA-1 闭合，KA-1 与 KM-1 串联在为 KM 供电的电路中，维持交流接触器的吸合状态，电动机 M 正常工作。

⑨ 当三相供电电路中出现某一相有断相情况时，电流互感器 TA1 ~ TA3 中会有一个无信号输出。

图 17-30 典型磨面机的控制电路

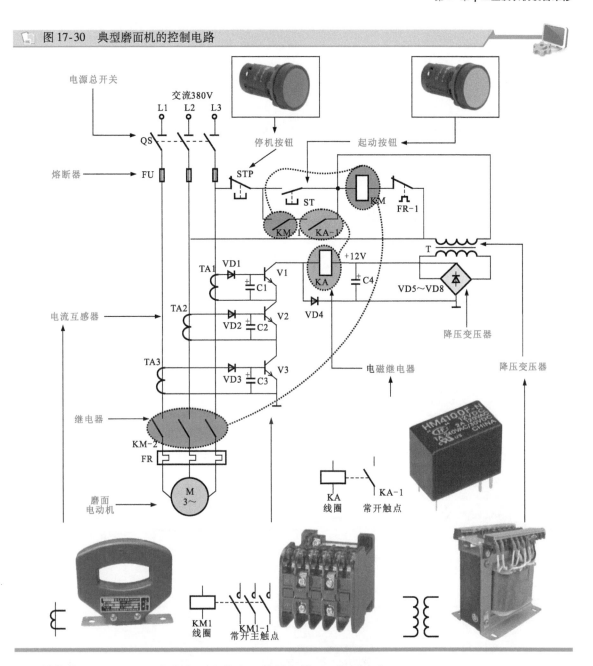

晶体管 V1、V2、V3 中会有一个截止，使继电器 KA 线圈失电。

⑨→⑩ 继电器 KA 常开触点 KA-1 复位断开，交流接触器 KM 的线圈失电。

KM 的自锁触点 KM-1 复位断开，解除自锁。

KM 的主触点 KM-2 复位断开，切断三相电源，电动机 M 停止工作，实现断相保护。

在磨面机控制电路中，由 380V 电源为该电路进行供电；由控制按钮、继电器及接触器等作为控制部件控制电路的正常运行；过热保护继电器、电流互感器作为保护器件，避免电动机出现过热、断相的情况。

磨面机的正常运行需要在供电正常的前提下进行。正常情况下，交流 380V 电压经变压、整流和滤波后变为 +12V 的直流电压为控制部件进行供电，可使用万用表检测该电压值是否正常，如图 17-32 所示。

图 17-31　典型磨面机控制电路的控制过程

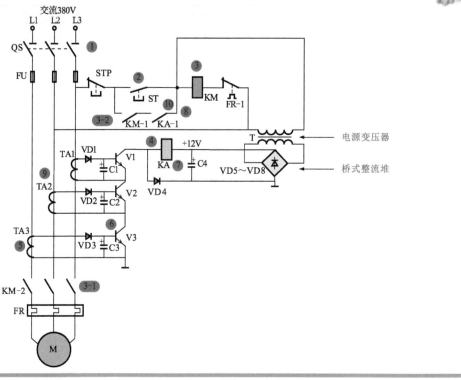

图 17-32　典型磨面机控制电路供电电压的检测方法

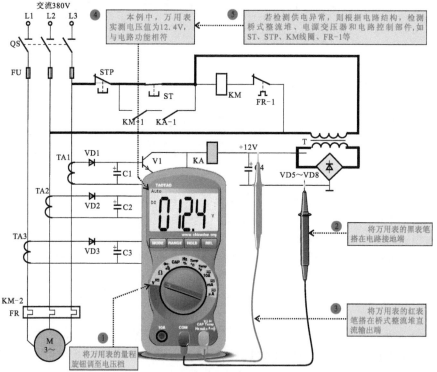

通过对磨面机控制电路的识读可知，该控制电路部分主要由起停控制按钮、电流互感器、热继电器等组成。因此，对该部分电路的检测，应重点检测这些组成部件性能。图 17-33 为磨面机电路中电流互感器的检测方法。

图 17-33　磨面机电路中电流互感器的检测方法

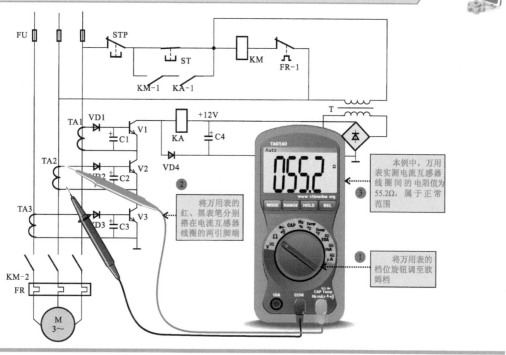

交流接触器是该电路中的重要控制部件，只有交流接触器线圈 KM 得电，其主触点 KM-2 闭合，电动机才可得电起动。因此，电路异常时，需要重点检测交流接触器线圈 KM 的供电是否正常，如图 17-34 所示。

图 17-34　磨面机控制电路中交流接触器的检测方法

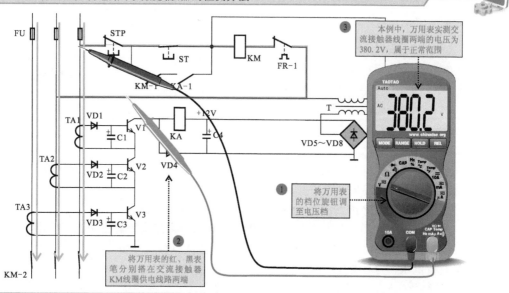

17.2.4　禽蛋恒温箱维修

　　禽蛋孵化恒温箱控制电路用来控制恒温箱内的温度保持恒定温度值。当恒温箱内的温度降低时，自动启动加热器进行加热；当恒温箱内的温度达到预定的温度时，自动停止加热器工作，从而保证恒温箱内温度的恒定。

　　图 17-35 为典型禽蛋孵化恒温箱的控制电路。

图 17-35　典型禽蛋孵化恒温箱的控制电路

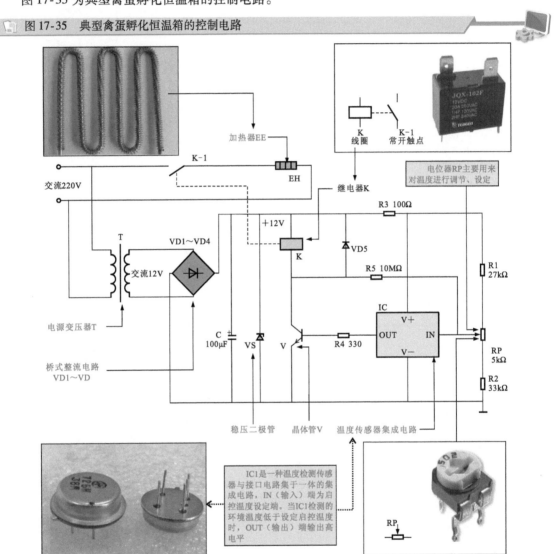

　　根据电路中各组成元件的功能特点和连接关系，分析和理清电路信号处理的流程和控制关系。图 17-36 为禽蛋孵化恒温箱控制电路的控制过程。

　　❶ 首先通过电位器 RP 预先调节好禽蛋孵化恒温箱内的温控值。

　　❷ 接通电源，交流 220V 电压经电源变压器 T 降压后，由二次侧输出交流 12V 电压。

　　❸ 交流 12V 电压经桥式整流堆 VD1 ~ VD4 整流、滤波电容器 C 滤波、稳压二极管 VS 稳压后，输出 +12V 直流电压，为温度控制电路供电。

　　❹ 当禽蛋孵化恒温箱内的温度低于电位器 RP 预先设定的温控值时，温度传感器集成电路 IC 的 OUT 端输出高电平。

图 17-36 禽蛋孵化恒温箱控制电路的控制过程

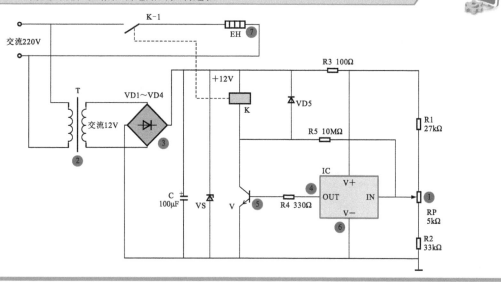

④→⑤ 晶体管 V 导通，继电器 K 线圈得电。常开触点 K-1 闭合，接通加热器 EH 的供电电源，加热器 EH 开始加热工作。

⑥ 当禽蛋孵化恒温箱内的温度上升至电位器 RP 预先设定的温控值时，温度传感器集成电路 IC 的 OUT 端输出低电平。

⑥→⑦ 晶体管 V 截止，继电器 K 线圈失电，常开触点 K-1 复位断开，切断加热器 EE 的供电电源，加热器 EH 停止加热工作。

根据禽蛋孵化恒温箱控制电路的识读分析可知，该电路正常工作需要电源部分提供 +12V 直流电压。在供电正常时，电路中的温度传感器集成电路将感测的温度信息转换成控制信号，控制晶体管 V 的导通和截止。

因此，检测禽蛋孵化恒温箱控制电路时，主要针对电路的供电电压、温度传感器集成电路的输出状态进行检测。

首先，借助万用表检测电路供电部分输出的直流电压值，如图 17-37 所示。

图 17-37 禽蛋孵化恒温箱控制电路供电电压的检测方法

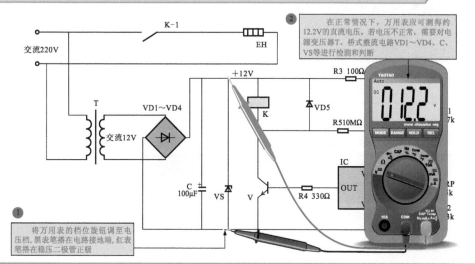

温度传感器集成电路集温度检测和控制输出于一体，该器件异常将导致电路温度检测功能和控制功能均失常。

可借助万用表检测其输出端的电压变化来判断其输出是否正常，如图 17-38 所示。

图 17-38　温度传感器集成电路的检测方法

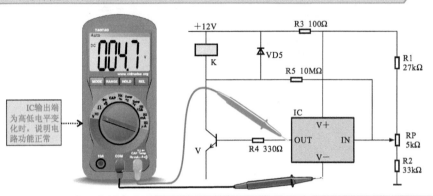

17.2.5　池塘排灌设备维修

池塘排灌控制电路用来检测池塘中的水位，根据池塘中的水位，利用电动机带动水泵工作，对水位进行调整，使水位保持在设定值。该电路节省了人力，提高了产业效率。

图 17-39 为典型池塘排灌的控制电路。

图 17-39　典型池塘排灌的控制电路

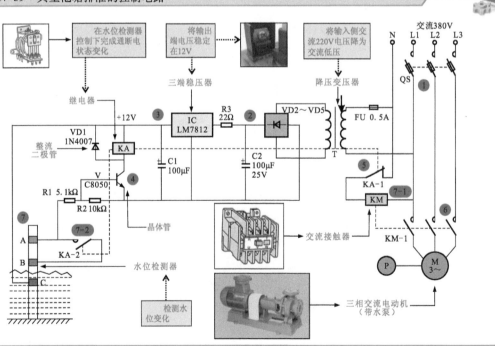

❶ 将带有熔断器的刀闸总开关 QS 闭合。

❷ 交流 220V 电压经变压器 T 进行降压，变为交流低压，该电压经桥式整流电路 VD1 ~ VD4 整流后输出直流电压。

❷→❸ 直流电压再经电容器滤波后，由三端稳压器将直流电压稳定为 12V，为检测电路供电。

④ 当水位监测器检测到农田中的水位低于 C 点时，晶体管 V 截止。

④→⑤ 继电器 KA 不动作，常闭触点 KA-1 保持闭合，交流接触器 KM 线圈得电。

⑤→⑥ 继电器 KM 的常开触点 KM-1 闭合，电动机 M 得电起动运转，带动水泵工作。

⑥ 当水位监测器检测到农田中的水位高于 A 点时，晶体管 V 导通，继电器 KA 线圈得电。

7-1 KA 的常闭触点 KA-1 断开，交流接触器 KM 线圈失电，常开触点 KM-1 复位断开，电动机 M 失电，停止工作。

7-2 KA 的常开触点 KA-2 闭合。

池塘排灌控制电路正常工作时，需要具备正常的工作条件、性能良好的控制部件及执行电气部件。

当该类电路出现异常，不能正常工作时，先查看电路中的供电条件是否正常，可通过检测三端稳压器的输出进行判断，若输出正常，则表明供电正常。

接下来，应检测相关的一些控制部件，如晶体管 V、继电器 KA 及交流接触器 KM 等，完成池塘排灌控制电路的检测。

由此可知，在池塘排灌控制电路中应重点检测的部位及部件分别为三端稳压器的输出、晶体管、继电器及交流接触器。

1 三端稳压器输出电压的检测

池塘排灌控制电路中的三端稳压器是将直流电压稳定为 12V 电压，因此，判断该电路的工作条件是否正常时，可检测该器件输出的电压值，如图 17-40 所示。

图 17-40 三端稳压器输出电压的检测方法

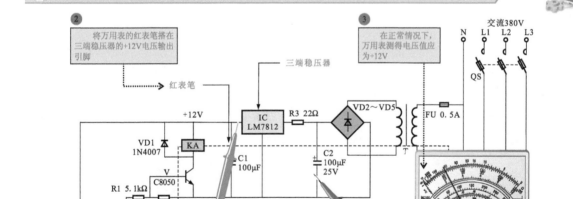

2 晶体管的检测

判断晶体管的性能是否正常时，可在断电状态下取下晶体管，检测该晶体管各引脚间的阻值是否正常，如图 17-41 所示。

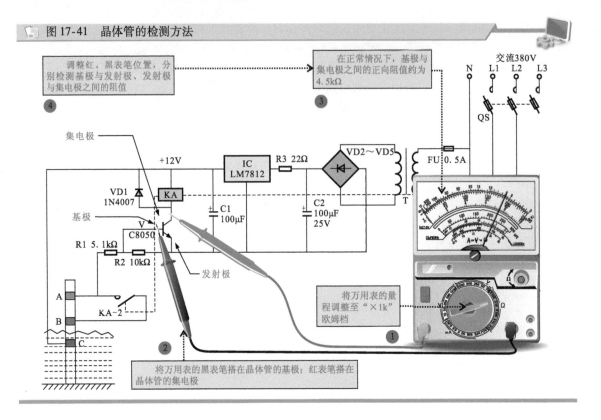

图 17-41 晶体管的检测方法

3 继电器的检测

当工作条件及晶体管均正常时，则需要检测继电器。判断继电器是否正常，可在断电情况下，分别检测线圈及触点间的阻值是否正常。在断电状态下，继电器线圈有一定阻值；常开触点的阻值为无穷大，如图 17-42 所示。若不满足上述规律，则多为电路中的继电器异常。

图 17-42 继电器的检测方法

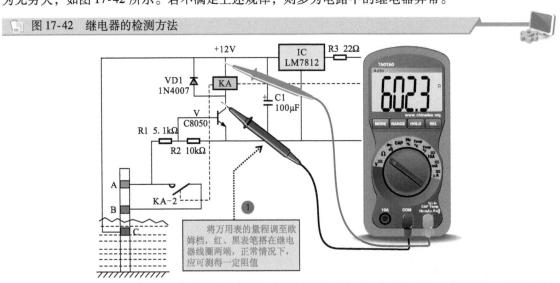

图 17-42 继电器的检测方法（续）

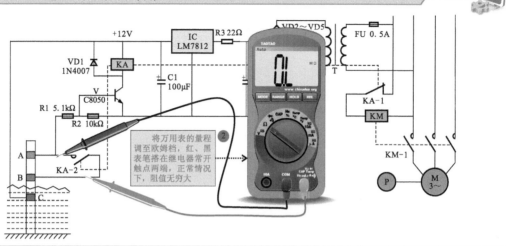

4 交流接触器的检测

交流接触器是三相交流电动机的直接控制部件，若其他的部件均正常，而电路中的电动机仍无法正常工作，则需要检测交流接触器。

判断交流接触器是否正常，可在水位低于 C 点时进行检测，此时交流 380V 电压经交流接触器的触点为电动机供电。正常情况下，在交流接触器触点的输出端应能检测到相应的电压。

图 17-43 为池塘排灌控制电路中交流接触器的检测方法。

图 17-43 池塘排灌控制电路中交流接触器的检测方法

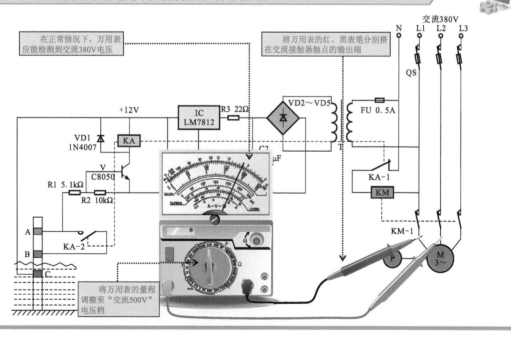